模 具 结 构

（第 2 版）

主　编　张　宇
副主编　朱朝光　钟良伟
主　审　代　兵

重庆大学出版社

内 容 简 介

本书共 4 个部分:塑料模具结构部分;冲压模具结构部分;压铸模具结构部分;其他典型模具结构部分。

本书根据应用型人才教育的特点,以培养学生从事实际工作的基本职业能力和技术应用为目的,理论知识以必需、够用为度,按少而精的原则选取编写内容,重点突出实践能力的培养。全书重点对塑料模具、冲压模具及压铸模具的结构有较系统、全面的介绍。其内容通俗易懂,图文并茂,实用性强。且每章均附有思考题,重点章节附有设计实例,以方便学生学习。

本书适用于各类高职高专,二类本科院校模具制造与设计专业学生学习使用,也可作为从事机械类工程技术人员的参考用书或自学用书。

图书在版编目(CIP)数据

模具结构/张宇主编.—重庆:重庆大学出版社,
2011.5(2019.8 重印)
高职高专模具制造与设计专业系列教材
ISBN 978-7-5624-6119-7

Ⅰ.①模… Ⅱ.①张… Ⅲ.①模具—结构—高等职业
教育—教材 Ⅳ.①TG763

中国版本图书馆 CIP 数据核字(2011)第 067104 号

模 具 结 构
(第 2 版)

主 编 张 宇
副主编 朱朝光 钟良伟
主 审 代 兵
策划编辑:周 立

责任编辑:文 鹏 杨跃芬 版式设计:周 立
责任校对:任卓惠   责任印制:张 策

*

重庆大学出版社出版发行
出版人:饶帮华
社址:重庆市沙坪坝区大学城西路 21 号
邮编:401331
电话:(023)88617190 88617185(中小学)
传真:(023)88617186 88617166
网址:http://www.cqup.com.cn
邮箱:fxk@ cqup.com.cn(营销中心)
全国新华书店经销
重庆升光电力印务有限公司印刷

*

开本:787mm×1092mm 1/16 印张:18 字数:449 千
2019 年 8 月第 2 版 2019 年 8 月第 3 次印刷
ISBN 978-7-5624-6119-7 定价:45.00 元

前　言

当前,我国已成为制造业大国,模具在企业大量被使用,但掌握模具制造与设计的技能型人才却严重短缺。为尽快培养一批模具制造与设计的高技能人才和高素质劳动者,各大中专院校都设立了模具制造与设计专业。

为了配合模具制造与设计专业的教学,我们总结了多年的模具理论和实践教学的经验,依据《全国高等职业教育系列教材编写要求》和重庆大学出版社《关于组织编写高职高专模具制造与设计专业系列教材实施方案》编写了这本《模具结构》,力图通过从零件图识读、工艺分析、实操的综合训练方式编写,使学生能够尽快地在理论与实操两方面获益。

本教材内容由浅入深、简明扼要、图文并茂、通俗易懂,使广大学生更容易接受。本书由南昌理工学院张宇任主编,江西技师学院朱朝光、南昌理工学院钟良伟任副主编,重庆理工大学代兵副教授任主审。其中,张宇编写了项目一至九、项目十四;朱朝光编写了项目十、十一;钟良伟编写了项目十二、十三;朱朝光负责所有制图。

本书编写时参阅了许多院校的教材、资料,部分资料来源于网络,并得到了许多模具同行及亲人、朋友的帮助,在此深表谢意。

由于时间仓促、水平有限,书中难免会有疏漏,恳请读者给予批评指正。

编　者

2019 年 1 月

目　录

绪　论

一　模具在工业生产中的重要地位

模具是工业生产中使用极为广泛的基础工艺装备。在汽车、电机、仪表、电器、电子、通信、家电和轻工等行业中,绝大部分的零件都要依靠模具成型。近年来,随着这些行业的迅速发展,对模具的精度要求越来越高,结构要求也越来越复杂。用模具生产制件所表现出来的高精度、高复杂性、高一致性、高生产效率和低消耗,是其他加工制造方法所不能比拟的。模具生产技术的高低,已成为衡量一个国家的产品制造水平的重要标志。

利用模具来成型零件的方法,实质上是一种少切削或无切削、多工序结合的生产方法。采用模具成型工艺代替传统的切削加工工艺,可以大大提高生产效率、保证零件质量、节约材料、降低生产成本,从而取得很高的经济效益。因此,模具成型方法在现代工业的主要部门,如机械、电子等工业中得到了极其广泛的应用。例如,70%以上的汽车、电器、仪表零件,80%以上的塑料制品,70%以上的日用五金及耐用消费品零件都采用模具成型的方法来生产。由此可见,利用模具来生产零件的方法已成为工业上进行成批或大批生产的主要技术手段,它对于保证制品质量、缩短试制周期进而争先占领市场,以及产品更新换代和新产品开发都具有决定性意义。因此,德国把模具称为"金属加工中的帝王",把模具工业视为"关键工业";美国把模具称为"美国工业的基石",把模具工业视为"不可估量其力量的工业";日本把模具说成是"促进社会富裕繁荣的动力",把模具工业视为"整个工业发展的秘密"。

从另一方面来看,机床、刀具工业素有"工业之母"之称,在各个工业发达国家中都占有非常重要的地位。

正是由于模具工业的重要性,模具成型工艺在各个工业部门得到了广泛应用,使得模具行业的产值已经大大超过机床、刀具工业的产值。这一情况充分说明:在国民经济蓬勃发展的过程中,在各个工业发达国家对世界市场进行激烈的争夺中,模具工业明显地成为技术、经济和国力发展的关键。

二　模具技术的现状及发展趋势

(一)模具技术的发展现状

模具属于边缘科学,它涉及机械设计制造、塑性加工、铸造、金属材料及其热处理、高分子材料、金属物理、凝固理论、粉末冶金、塑料、橡胶、玻璃等诸多学科、领域和行业。新中国成立后,我国模具工业从无到有,发展速度较快,目前已粗具规模,与国外的差距正在进一步缩小。纵观我国的模具工业,既有高速发展的良好势头,又存在精度低、结构欠合理、寿命短等一系列不足,无法满足整个工业迅速发展的迫切要求。现对现代模具的现状简介如下。

(1)精密模具

当代模具要求的精度要比传统模具高出一个数量级。多工位连续模、精冲模、精密塑料模的精度已达到 0.003 mm,甚至更高。多工位的连续模设计和制造技术已日趋成熟,在引进技术及设备情况下,部分企业的此类模具已达到或接近国外先进水平。比如照相机塑料件模具、多型腔小模数齿轮模具及塑封模具均已形成规模化生产,目前,模具超精密加工已达到纳米级精度。

(2)大型模具

我国已能生产轿车覆盖件模具,背投 40、52 英寸大屏幕彩色电视机前壳及后盖注塑模具,6.5 kg 大容量洗衣机全套塑料模,轿车仪表板形状复杂的注塑模,自动扶梯整体阶梯压铸模及汽车变速箱体压铸模等大型模具。另外,为了提高生产率,采用了多工位及多模腔方式,例如高生产率级进模有 50 多个工位,塑封模每模一次生产数百件等。

(3)模具材料及表面处理技术

因选材和用材不当致使模具过早报废的情况,大约占模具失效的 50%。在整个模具价格构成中,材料所占比例不大,一般占总成本的 20%~30%,所以,选用优质模具钢和应用表面处理技术来提高模具的寿命就显得十分必要。对于优质模具钢来说,要采用电渣重熔工艺,努力提高钢的纯净度、等向性、致密度和均匀性及研制更高性能或具特殊性能的模具钢,例如采用粉末冶金工艺制造的粉末高速钢等。粉末高速钢解决了原来高速钢冶炼过程中产生的一次碳化物粗大和偏析,从而影响材质质量的问题。其碳化物微细,组织均匀,没有材料方向性,因此,它具有韧性高、磨削工艺性好、耐磨性高、尺寸稳定等特点,特别对形状复杂的冲压件及高速冲压的模具,其优越性更加突出,是一种很有发展前途的模具钢。热处理和表面处理是影响模具钢性能的关键环节。目前,模具热处理的主要趋势是:由渗入单一元素向多元素共渗、复合渗发展;由一般扩散向 CAD、PVD 离子渗入、离子注入等方向发展;可采用的镀膜有 TiC、TiN、TiCN、TiALN、CrN、W_2C 等,同时,热处理手段由大气热处理向真空热处理发展。另外,目前的激光强化、辉光离子氮化技术及电镀(刷镀)防腐强化等技术也日益受到重视。

(4)高速加工技术

高速加工技术的出现,为模具制造技术开辟了一条崭新的道路。尽可能用高速加工技术来代替电加工,是加快模具开发速度、提高模具制造质量的必然趋势。与电火花加工相比,高速加工出来的产品质量好,工件表面的残余应力小,工件的热变形小,零件的加工精度高,表面质量好,常可省去后续的许多精加工工序,生产效率高。而且,高速切削时的切削力小,可以加工淬火钢,实现硬切削和干切削。另外,采用多轴控制五轴联动机床以及一次安装下完成所有车、铣、钻工序加工的复合加工机床是当前世界机床技术发展的潮流。高速车铣复合中心、铣车复合中心、车磨复合中心等高端机床产品的推广应用,必将带动模具加工技术的加速发展。

(二)模具技术的发展趋势

我国模具工业发展到今天,经历了一个艰辛的历程。自改革开放以来,由于我国机械、电子、轻工、仪表、交通等工业部门的蓬勃发展,需求模具在数量上越来越多,质量要求越来越高,供货期越来越短。因此,引起了我国有关部门对模具工业的高度重视,将模具列为"六五"和"七五"规划重点科研攻关项目,派人出国学习考察,引进国外模具先进技术,制定有关模具国家标准。通过这一系列措施,我国模具工业有了很大发展,并在某些技术方面有所突破。比如,第二汽车制造厂采用新技术、新材料为日本五十铃厂制造了高质量的大型模具,赢得了良好的国际信誉。1980 年,上海已能制造一模 400 个型腔的大型热固性塑料封装模,这种模具要求形位误差小,表面粗糙度小于 $0.1~\mu m$。随后,家用电器中大型复杂的塑料成型模具也陆续试制成功;平均刃磨寿命达 100 万冲次、毛刺在 0.5 以下的硬质合金级进模也被攻克,这种六工位转子片生产用模具已接近国际先进水平。同时,还制造出了十多个工位的精密级进模,以及精度和难度都较高的塑料成型模具,并通过消化引进技术来研制微米级精度的多工位级进模和多型腔塑料成型模。此外,模具的计算机辅助设计(CAD)和计算机辅助制造(CAM)技术也开始了研究,并取得了初步成果。在这个时期,我国模具工业才真正得到了较大的发展,已粗具规模。

最近几年,我国不断引进先进制造技术和先进设备,在零件测绘方面,一般不再用拓印法、样板法,而采用三坐标测量仪和激光扫描仪等先进测量设备和测量技术,测绘零件不仅准确、迅速,而且可将所测数据和图形直接输入计算机,建立各种文件,显示零件的三维模型和二维图形。在设计方面,由于 CAD 的普遍应用,许多企业和工厂已经甩掉了图板或正在甩掉图板,PRO/E、UG、CIMATRON、MASTERCAM 等三维造型软件的大力推广,不仅可为 CNC 编程和 CAD/CAE/CAM 集成提供保证,还可以在设计时进行装配干涉的检查,保证设计和工艺的合理性。在加工方面,数控机床的广泛使用不仅保证了模具零件的加工精度和质量,而且以高切削速度、高进给速度和高加工质量为主要特征的加工技术,比传统的切削加工效率提高几倍甚至十几倍。一些上规模、上水平的模具厂不断涌现,一些无技术、无水准、设备简陋的手工作坊逐步被淘汰出局,使我国的模具工业又有了长足的发展。在这种形势下,我们应该把模具生产中的精度问题突出出来,以推动我国的模具工业进入一个新的发展阶段,充分发挥模具工业在国民经济中的重要作用。

现代经济的飞速发展,带动了我国模具技术的快速发展。CAD/CAE/CAM 模具技术的日趋完善和在模具制造上的应用,使其在现代模具的制造中发挥了越来越重要的作用,已成为现代模具制造的必然发展趋势,并以科学合理的方法给模具制造者提供了一种行之有效的辅助工具,使模具制造者在模具制造之前就能借助计算机对零件、模具结构、加工工艺、成本等进行反复修改和优化,直至获得最佳结果。总之,CAD/CAE/CAM 模具技术能显著地缩短模具设计与制造周期,降低模具成本,提高产品的质量,是现代模具制造中不可缺少的辅助工具,它与"逆向工程"及现代先进加工设备等一起构成现代模具制造业中流行且具有竞争力的必要条件。它不仅缩短了模具的设计和制造周期,而且也提高了产品开发的成功率,增加了模具的价值和市场竞争力。可以断言,在不久的将来,模具制造业将从机械制造业中分离出来,而独立成为国民经济中不可缺少的支柱产业。模具技术既是先进制造技术的重要组成部分,又是先进制造技术的重要应用领域。而模具先进制造技术是模具制造业不断吸取信息技术和现代管理技术的成果,并将其综合应用于模具产品设计、加工、检验、管理、销售、使用、服务乃至回收的模具制造全过程,以实现优质、高效、低耗和灵活的生产,提高在多变的市场中的适应能力和竞争能力。现代制造业中,无论哪一行业的工程装备,都越来越多地采用由模具工业提供的产品。为了适应用户对模具制造的精度高、交货期短、成本低的迫切要求,模具工业正广泛应用现代先进制造技术来加速模具工业的技术进步,满足各行各业对模具这一基础工艺装备的迫切需求。

综上所述,市场对于产品的需求不仅局限在使用功能的满足,还要求外表美观、精致、技术含量高、舒适豪华、人性化等。因此,为适应市场对产品的多样化需求,模具结构将趋于更复杂,尺寸精度将要求更高。在产品市场多样化的环境条件下,产品的市场寿命将缩短,产品改型速度将加快。这不仅将模具年需求量提高,使供模期要求也越来越短。企业要保持产品的市场竞争力,必须加快建立以 CAD/CAE/CAM 为核心的数字化制造体系,以适应新产品开发试制速度加快的需求,提高企业的产品创新能力和快速反应能力。

三　本课程学习任务与学习目标

本课程是模具制造与设计专业的一门专业课。在学习本门课程之前,学生应已学习塑料成型工艺与模具设计、冷冲压工艺与模具设计等相关专业性课程,对模具设计工艺、典型模具结构已有初步的了解。模具种类繁多,结构形式多样,在实际生产中为了让学生尽快掌握模具选择、模具制造等相关工艺,必须对模具整体分类、结构有一定的了解和认识,从而尽快适应生产要求。因此,本课程的任务是使学生掌握各类典型常见模具设计相关结构的知识,从而深入理解各类模具在设计、制造、生产过程中的各种工艺知识,提高合理设计模具的能力。

本课程的实践性很强,涉及的知识面较广。因此,学生在学习本课程时,除了重视其中必要的工艺原理与特点等理论学习外,还应特别注意实践环节,尽可能参观一些模具厂,认真参加现场教学和实验,以增加感性认识。

第一部分　塑料模具结构

　　塑料模具,是塑料加工工业中和塑料成型机配套,赋予塑料制品以完整构型和精确尺寸的工具。由于塑料品种和加工方式繁多,塑料成型机和塑料制品的结构又繁简不一,所以,塑料模具的种类和结构也是多种多样的,如图所示为塑料模具。

　　近年来,随着塑料工业的飞速发展和通用与工程塑料在强度和精度等方面的不断提高,塑料制品的应用范围也在不断扩大。如在家用电器、仪器仪表,建筑器材,汽车工业、日用五金等众多领域,塑料制品所占的比例正迅猛增加,工业产品和日用产品塑料化的趋势不断上升,一个设计合理的塑料件往往能代替多个传统金属件。

项目 1 塑料模具分类与选用

【学习目标】1. 了解塑料模具的分类方法。

2. 了解各种塑料模具的特点。

3. 以各种塑料模具的特点为基础,掌握塑料模具的选用方法。

【能力目标】1. 掌握塑料模具的分类及各类塑料模具的特点。

2. 了解国内外塑料模具行业的发展动向。

3. 能根据不同的塑料制件合理选用塑料模具。

任务 1.1 塑料模具概述

全球主要模具生产国包括亚洲地区的日本、韩国与中国,以及美洲地区的美国,欧洲地区的德国。

近年来,我国塑料模具发展迅速。目前,塑料模具在我国整个模具行业中所占比重约为30%,在模具进出口中的比重高达50%~70%。随着中国机械、汽车、家电、电子信息和建筑建材等国民经济支柱产业的快速发展,这一比例还将持续提高。

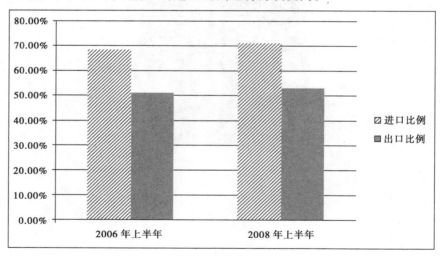

图 1.1 我国 2006、2008 年同期塑料模具在模具进出口所占的比重

我国塑料模具在高技术和支柱产业应用需求的推动下,形成了一个巨大的产业链条。从上游的原辅材料工业和加工、检测设备到下游的机械、汽车、摩托车、家电、电子通信、建筑建材等几大应用产业,塑料模具发展一片生机,特别是建筑、家电、汽车等行业对塑料的需求量都很大。据估计,仅汽车、摩托车行业每年就需要 100 多亿元的模具,家电行业的彩电模具每年也有约 28 亿元的市场。

在生产量高速增长的情况下,我国塑料模具水平也有很大提高。目前,国内已能生产单套重量达 60 t 的大型模具、型腔精度达 0.5 μm 的精密模具、一模有 7 800 腔的多腔模具及 4 m/min 以上挤出速度的高速模具。模具寿命也有很大提高,已可以达到 100 万次/模以上。比较能反映水平的典型例子如表 1.1 所示。

表 1.1　经典模具举例

大型模具	汽车保险杠、整体仪表板、大屏幕彩色电视机、大容量洗衣机等塑料件的模具等
精密模具	光盘、导光板、手机、音像设备、小模数齿轮、车灯等塑料件模具等
复杂模具	多色注塑、多层注塑、低压注塑、模内转印、蒸汽注塑、热流道以及气体辅助注塑等塑料模具
多腔模具	塑料封装模具、塑料包装模具等
高速模具	塑料型材挤出模,包括双腔、双色、双材质等共挤模具

1.1.1　塑料模具目前技术状况

除了产品技术状况已在表 1.2 中反映之外,现将模具企业生产技术方面的状况大致归纳如下:

①CAD/CAM 技术已在行业中得到基本普及。

②CAE 技术及 CAD/CAE/CAM 一体化技术已在部分企业中应用。

③PDM、CAPP、ERP 等信息化技术已在部分重点骨干企业中应用。

④RP/RT、高速加工、复合加工、逆向工程、并行工程、虚拟网络等技术已在少数企业中开始应用。

表 1.2　国内外塑料模具技术比较表

项　　目	国外指标	国内指标
注塑模型腔精度	0.005 ~ 0.01 mm	0.02 ~ 0.05 mm
型腔表面粗糙度	$R_a 0.10 ~ 0.05$ μm	$R_a 0.20$ μm
非淬火钢模具寿命	10 万 ~ 60 万次	10 万 ~ 30 万次
淬火钢模具寿命	160 万 ~ 300 万次	50 万 ~ 100 万次
热流道模具使用率	80% 以上	总体不足 10%
标准化程度	70% ~ 80%	小于 30%
中型塑料模生产周期	1 个月左右	2 ~ 4 个月
在模具行业中的占有量	30% ~ 40%	25% ~ 30%

1.1.2　塑料模具发展趋势

①模具产品将向着更大型、更精密、更复杂及更经济快速的方向发展;模具生产将朝着信

息化、无图化、精细化、自动化方向发展；模具企业将向着技术集成化、设备精良化、产品品牌化、管理信息化、经营国际化方向发展。

②模具 CAD/CAE/CAM/PDM 正向集成化、三维化、智能化、网络化和信息化方向发展，快捷高速的信息化时代将带领模具行业进入新时代。

③模具的质量、周期、价格、服务四要素中，已有越来越多的用户将周期放在首位，要求模具尽快交货，因此，模具生产周期将继续缩短。

④大力提高开发能力，将开发工作尽量往前推，直至介入模具用户的产品开发中去，甚至在尚无明确的用户对象之前进行开发（这需要有较大把握和敢冒一定风险的情况下进行），变被动为主动，以及一站式服务模式都已成为发展趋势。

⑤随着模具企业设计和加工水平的提高，过去以钳工为核心，大量依靠技艺的现象已有了很大变化。在某种意义上说，"模具是一种工艺品"的概念正在被"只装不配"的概念所替代，也正从长期以来主要依靠技艺而变为今后主要依靠技术。这不但是一种生产手段的改变，也是一种生产方式的改变，更是一种观念的改变。这一趋势使得模具标准化程度不断提高，模具精度越来越高，生产周期越来越短，钳工比例越来越低，最终促使整个模具工业水平不断提高。

⑥高速加工、复合加工、精益生产、敏捷制造及新材料、新工艺、新技术将不断得到发展。

1.1.3 我国塑料模具行业存在的主要问题

和国外先进水平相比，我国塑料模具行业与其发展需要主要存在六个方面的问题。

①发展不平衡，产品总体水平较低。虽然个别企业的产品已达到相当高的水平，甚至已达到或接近国际水平，但总体来看，模具的精度、型腔表面粗糙度、生产周期、寿命等指标与国外先进水平相比尚有较大差距，包括生产方式和企业管理在内的总体水平与国外工业发达国家相比尚有 10 年以上的差距。

②工艺装备落后，组织协调能力差。虽然部分企业经过近几年的技术改造，工艺装备水平已比较先进，但大部分企业工艺装备仍比较落后。更主要的是我们的企业组织协调能力差，难以很好整合或调动社会资源为我所用，从而就难以承接比较大的项目。

③大多数企业开发能力弱。一方面是技术人员比例低、水平不够高，另一方面是科研开发投入少，更重要的是观念落后，对开发不够重视。

④管理落后更甚于技术落后。技术落后往往容易看到，但管理落后有时却难以意识到。国内外模具企业管理上的差距十分明显，管理的差距所带来的问题往往比技术上的差距更为严重。

⑤市场需求旺盛，生产发展一时还难以跟上，供需矛盾一时还难以解决，供不应求的局面还将持续一段时间，特别是在中高档产品方面的矛盾更为突出。

⑥体制和人才问题的解决尚待时日。在社会主义市场经济中，在经济全球化的过程中，竞争性行业特别是像模具这样依赖于特殊用户、需单件生产的行业，许多企业目前的体制和经营机制仍旧很难适应多变的市场，人才的数量和素质水平也跟不上行业的快速发展。虽然各地都在努力解决这两个问题，但要得到较好解决尚待时日。

任务 1.2　塑料模具的分类与特点

表 1.3　塑料模具分类

分类方法	模具品种和名称
按模具的安装方向分	1. 卧式模具；2. 立式模具；3. 角式模具
按模具的操作方式分	1. 移动式模具；2. 固定式模具；3. 半固定式模具
按模具型腔数目情况分	1. 单腔模；2. 多腔模
按模具分型面特征分	1. 水平分型的模具；2. 垂直分型的模具
按模具总体结构分	1. 单分型面模具；2. 双分型面模具；3. 斜销侧向分型与抽芯机构模具；4. 简单推出机构模具；5. 二次推出机构模具；6. 定模设推出机构模具；7. 双推出机构模具；8. 手动卸除活动镶件模具
按浇注系统的形式分	1. 普通浇注系统模具；2. 无流道模具
按成型塑料的性质分	1. 热塑性塑料注塑模；2. 热固性塑料注塑模

最常见的塑料成型方法一般分为熔体成型和固相成型两大类：熔体成型是把塑料回热至熔点以上，使之处于熔融态后再进行成型加工的方式，属于此种成型方法的模塑工艺主要有注射成型、压塑（缩）成型、挤出成型等；固相成型是指塑料在熔融温度以下保持固态下的一类成型方法，如一些塑料包装容器生产的真空成型、压缩空气成型和吹塑成型等。此外还有液态成型方式，如铸塑成型、搪塑和蘸浸成型法等。

按照上述成型方法的不同，可以划分出对应不同工艺要求的塑料加工模具类型，主要有注射成型模具、挤出成型模具、吸塑成型模具、高发泡聚苯乙烯成型模具等。

1）塑料注射（塑）模具

它是热塑性塑料件产品生产中应用最为普遍的一种成型模具。塑料注射成型模具对应的加工设备是塑料注射成型机，其结构通常由成型部件、浇注系统、导向部件、推出机构、调温系统、排气系统、支撑部件等部分组成。制造材料通常采用塑料模具钢模块，常用的材质主要为碳素结构钢、碳素工具钢、合金工具钢、高速钢等。塑料首先在注射机底加热料筒内受热熔融，然后在注射机的螺杆或柱塞推动下，经注射机喷嘴和模具的浇注系统进入模具型腔，塑料冷却硬化成型，脱模得到制品。注射成型加工方式通常只适用于热塑料品的制品生产，用注射成型工艺生产的塑料制品十分广泛，从生活日用品到各类复杂的机械，电器、交通工具零件等都是用注射模具成型的，它是塑料制品生产中应用最广的一种加工方法。

2）塑料压塑（压缩）模具

它包括压缩成型和压注成型两种结构模具类型，是主要用来成型热固性塑料的一类模具，其所对应的设备是压力成型机。压缩成型方法是根据塑料特性，将模具加热至成型温度（一般为 103～108℃），然后将计量好的压塑粉放入模具型腔和加料室，闭合模具，塑料在高热，高压作用下呈软化黏流，经一定时间后固化定型，成为所需制品形状。压注成型与压缩成型不同的是没有单独的加料室，成型前模具先闭合，塑料在加料室内完成预热呈黏流态，在压力作用下调整挤入模具型腔,硬化成型。压缩模具也用来成型某些特殊的热塑性塑料,如难以熔融的热塑性塑料(如聚氟乙烯)毛坯(冷压成型),光学性能很高的树脂镜片,轻微发泡的硝酸纤维素汽车方向盘等。压塑模具主要由型腔、加料腔、导向机构、推出部件、加热系统等组成。压注模具广泛用于封装电器元件方面。

3)塑料挤出模具

它是用来成型生产连续形状的塑料产品的一类模具,又叫挤出成型机头,广泛用于管材、棒材、单丝、板材、薄膜、电线电缆包覆层、异型材等的加工。与其对应的生产设备是塑料挤出机,其原理是固态塑料在加热和挤出机的螺杆旋转加压条件下熔融、塑化,通过特定形状的口模而制成截面与口模形状相同的连续塑料制品。其制造材料主要有碳素结构钢、合金工具等,有些挤出模具在需要耐磨的部件上还会镶嵌金刚石等耐磨材料。挤出工艺通常只适用于热塑性塑料品制品的生产,其结构与注塑模具和压塑模具有明显区别。

4)塑料吹塑模具

它是用来成型塑料容器类中空制品(如饮料瓶、日化用品等各种包装容器)的一种模具。吹塑成型的形式按工艺原理分类,主要有挤出吹塑中空成型、注射吹塑中空成型、注射延伸吹塑中空成型(俗称"注拉吹")、多层吹塑中空成型、片材吹塑中空成型等。中空制品吹塑成型所对应的设备通常为塑料吹塑成型机,吹塑成型只适用于热塑料品种制品的生产。吹塑模具结构较为简单、维护容易、经济性能良好,所用材料多为碳素钢。

5)塑料吸塑模具

它是以塑料板、片材为原料成型某些较简单塑料制品的一种模具,其原理是利用抽真空盛开方法或压缩空气成型方法,使固定在凹模或凸模上的塑料板、塑料片在加热软化的情况下变形而贴在模具的型腔上得到所需成型产品,主要用于一些日用品、食品、玩具类包装制品等生产方面。吸塑模具因成型时压力较低,所以模具多选用铸铝或非金属材料制造,结构较为简单。

6)高发泡聚苯乙烯成型模具

它是应用可发性聚苯乙烯(由聚苯乙烯和发泡剂组成的珠状料)原料来成型各种所需形状的泡沫塑料包装材料的一种模具。其原理是可发聚苯乙烯在模具内能入蒸汽成型,包括简易手工操作模具和液压机直通式泡沫塑料模具两种类型,主要用来生产工业品的包装产品。制造此种模具的材料有铸铝、不锈钢、青铜等。

任务1.3 项目实施:典型塑件塑料模具的选用

(1)塑料制品的生产过程

塑料制品的生产是一种复杂而又繁重的过程,其目的在于根据各种塑料的固有性能,利用一切可以实施的方法,使其成为具有一定形状并有使用价值的制件或型材。当然,除了加工技术外,生产成本和制品质量也应重点考虑。

塑料制品生产主要由原料准备、成型、机械加工、修饰和装配等连续过程组成(见图1.2)。成型是将各种形态的塑料(粉料、粒料、溶液或分散体)制成所需型样的制品或坯件的过程,在整个过程中最为重要,是一切塑料制品或型材生产的必经过程。其他过程通常都是根据制品的要求来取舍的,也就是说,不是每种制品都须完整地经过这些过程。成型的种类很多,如各

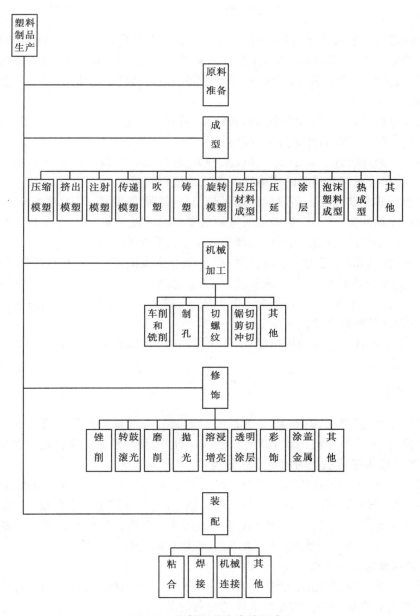

图 1.2 塑料制品生产的组成

种模塑、层压以及压延等。机械加工是指在成型后的工件上钻眼、切螺纹、车削或铣削等用来完成成型过程所不能完成或完成得不够准确的一些工作;修饰是为了美化塑料制品的表面或外观,也有为其他目的,如为提高塑料制品的介电性能要求它具有高度光滑的表面;装配是将各个已经完成的部件连接或配套使其成为一个完整制品的过程。这三种过程有时统称为加工。对比来说,加工过程常居于次要地位。

（2）**典型塑件塑料模具的选用**

塑件的工艺特性包括以下几个方面:①成型收缩性;②流动性;③相容性;④热敏性和吸湿

性;⑤比容和压缩率。

在对塑件进行工艺特性分析后,再进行塑件结构工艺性分析,包括:①塑件的尺寸和精度;②塑件的表面粗糙度;③塑件的形状;④塑件的斜度;⑤塑件的壁厚;⑥塑件的加强肋及其他增强防变形结构;⑦塑件的支承面、圆角、孔、螺纹等外形;⑧塑件是否带有嵌件;⑨塑件表面是否存在标记、符号、文字等。

综合上述分析结果,并结合各类塑料模特点,可选择出适合于该塑件的塑料模具。当然,对于具体企业实际生产还需考虑以下问题:

①塑料模具的经济性。对于某一种或某一类塑件,往往可以选择不同的塑料模具种类或模具型式,此时须考虑制造模具的成本选择合适的塑料模具。

②塑料模具的复杂程度。塑料模具越复杂,制造越困难,更换、维护越不容易,且与考虑塑料模具的经济性相冲突。因此,当发现所选用的塑料模具过于复杂时,可采用其他塑料模具或精简模具结构。不便成型的形状可由后期机械加工或修饰来完成。

③对实际情况的综合考虑。通常,一种塑件往往可以采用不同的塑料进行成型制件过程。因此,在考虑到经济性和复杂程度等因素后,还需考虑企业的实际情况,诸如压机的类型、数量;员工人数、员工技术水平。有时,为了降低成本,减少生产周期,可适当精简模具结构复杂程度,甚至可自制某些标准件。

此外,须考虑塑件的实际使用情况,诸如使用环境、受力等因素,对初选的塑料模具的工艺及结构进行调整。

【项目小结】

本项目所述的塑料模具的分类,亦为按照塑料制品成型方法分类。按此分类形式对塑料模具进行选择,有时亦叫作塑料成型工艺的选择。此外,塑料模具还有其他分类形式。

(1)**按塑料模具在压机上的固定方式分类**

①移动式模具:不固定在机床上,装料合模、开模及塑料制品由模具内取出,它们均在机外进行。这种模具结构、制造简单,但效率低、劳动强度高,只适用于中小批量件的加工。

②固定式模具:固定在机床上,整个过程中的装料、合模、成型、开模及推出塑料制品等均在机床上进行,使用方便、劳动强度低、效率高,但模具结构较为复杂,主要用于批量生产中。

(2)**按加料室的形式分类**

①敞开式模具:没有单独的加料室,合并在型腔中。压塑时,塑料自由向外溢出。这种模具只能用来加工形状简单并且质量要求高的塑料制品。

②半封闭式模具:在型腔上方设有加料室。压塑时,余料形成飞边。这种模具可制造形状比较复杂的塑料制品,制品致密度较高。

③封闭式模具:加料室是型腔的延续部分。压塑时,压机的压力全部作用在塑料制品上。制品组织致密,形成垂直飞边,容易清除,适用于形状较复杂的塑料制品。

(3)**按模具的分型面分类**

①垂直分型面模具:模具的分型面平行于压机的工作压力方向。

②水平分型面模具:模具的分型面垂直于压机的工作压力方向。

【思考与练习】

1. 塑料模具是如何分类的？列举按塑料成型方法分类的塑料模具分类。
2. 塑料制品的生产流程如何？
3. 如何进行塑件成型工艺性选择？
4. 简述注射模具特点。
5. 简述压塑、吹塑、挤出模具的特点。

项目2　注射模具的分类及选用

【**学习目标**】1. 了解注射模具的特点。

2. 了解注射模具的选用方法。

3. 了解典型注射模具设计的分析方法。

4. 掌握注射模具的分类方法及分类。

5. 掌握注射模具的结构组成。

【**能力目标**】1. 能掌握注射模具的分类方法及其分类，建立塑料模具分类系统框架结构。

2. 能熟识注射模具的特点，以便为今后学习打好基础。

3. 掌握典型注射模具中各工作零件的工作特点。

4. 能根据各种注射模具的特点以掌握选用不同塑料模具的方法。

5. 能学会并掌握查阅注射模具相关设计资料。

任务2.1　注射模具的特点和应用

注射成型是热塑料成型的一种重要方法，它主要适用于热塑性塑料的成型。虽然塑料的品种很多，但其注射成型工艺过程是相似的。注射成型的特点是成型周期短，生产率高，容易实现自动化生产；能一次成型形状复杂、尺寸精确、带有金属或非金属嵌件的塑料制件；除氟塑料以外，几乎所有的热塑性塑料都可以用注射成型地方法成型。由于注射成型的工艺优点显著，所以应用得最为广泛。近年来，随着成型技术的发展，一些热固性塑料的注射成型应用也日趋广泛。

任务2.2　注射模具的分类和结构

2.2.1　注射模具的分类

注射模具有很多分类方法。按注射模具的典型结构特征分类，可分为单分型面注射模具、双分型面注射模具、斜导柱(弯销、斜导槽、斜滑块、齿轮齿条)侧向分型与抽芯注射模具、带有活动镶件的注射模具、定模带有推出装置的注射模具和自动卸螺纹注射模具等；按浇注系统的结构形式分类，可分为普通流道注射模具、热流道注射模具；按注射模具所用注射机的类型分类，可分为卧式注射机用模具、立式注射机用模具和角式注射机用模具；按塑料的性质分类，可分为热塑性塑料注射模具、热固性塑料注射模具；按注射成型技术分类，可分为低发泡注射模具、精密注射模具、气体辅助注射成型注射模具、双色注射模具、多色注射模具等。

因工业生产中常以注射模具的典型结构特征作为注射模具的分类依据。因此，本部分也采用注射模具的典型结构特征为分类依据进行注射模具典型结构介绍。

2.2.2　注射模具的结构组成

注射模具的结构由塑件的复杂程度及注射机的结构形式等因素决定。注射模具可分为动模和定模两大部分,定模部分安装在注射机的固定模板上,动模部分安装在注射机的移动模板上。注射时,动模与定模闭合构成浇注系统和型腔;开模时,动模与定模分离,塑件取出。

根据模具上各个部分所起的作用,注射模具的总体结构组成如图 2.1 所示。

（1）成型部分

成型部分是指与塑件直接接触、成型塑件内表面和外表的模具部分,它由凸模(型芯)、凹模(型腔)以及嵌件和镶块等组成。凸模(型芯)形成塑件的内表面形状,凹模形成塑件的外表面形状。合模后,凸模和凹模便构成了模具模腔。图 2.1 所示的模具中,模腔由动模板 1、定模板 2、凸模 7 组成。

（2）浇注系统

浇注系统是熔融塑料在压力作用下充填模具型腔的通道(熔融塑料从注射机喷嘴进入模具型腔所流经的通道)。浇注系统由主流道、分流道、浇口及冷料穴等组成,对塑料熔体在模内流动的方向与状态、排气溢流、模具的压力传递等起到重要的作用。

（3）导向机构

为了保证动模、定模在合模时的准确定位,模具必须设计有导向机构。导向机构分为导柱、导套导向机构与内外锥面定位导向机构两种形式。图 2.1 中的导向机构由导柱 8 和导套 9 组成。此外,大中型模具还要采用推出机构导向,图 2.1 中的推出导向机构由推板导柱 16 和推板导套 17 组成。

（4）侧向分型与抽芯机构

塑件侧向如有凸凹形状及孔或凸台结构,就需要有侧向的型芯或型块来成型。在塑件被推出之前,必须先抽出侧向型芯或侧向成型块,然后才能离脱模。带动侧向型芯或侧向成型块移动的机构称为侧向分型与抽芯机构。

（5）推出机构

推出机构是将成型后的塑件从模具中推出的装置。图 2.1 中,推出机构由推杆固定板 14、拉料杆 15 推板导柱 16、推板导套 17、推杆 18 和复位杆 19 等零件组成。

（6）温度调节系统

为了满足注射工艺对模具的温度要求,必须对模具的温度进行控制,所以模具结构中一般都设有对模具进行冷却或加热的温度调节系统。模具的冷却方式是在模具上开设冷却水道(图 2.1 中的零件 3),而加热方式是在模具内部或四周安装加热元件。

（7）排气系统

在注射成型过程中,为了将型腔内气体排出模外,常常需要开设排气系统。排气系统通常是在分型面上有目的地开设几条排气沟槽,另外,许多模具的推杆或活动型芯与模板之间的配合间隙可起排气作用。小型塑件的排气量不大,因此可直接利用分型面排气。

（8）支承零部件

用来安装固定或支承成型零部件以及前述各部分机构的零部件均称为支承零部件。支承

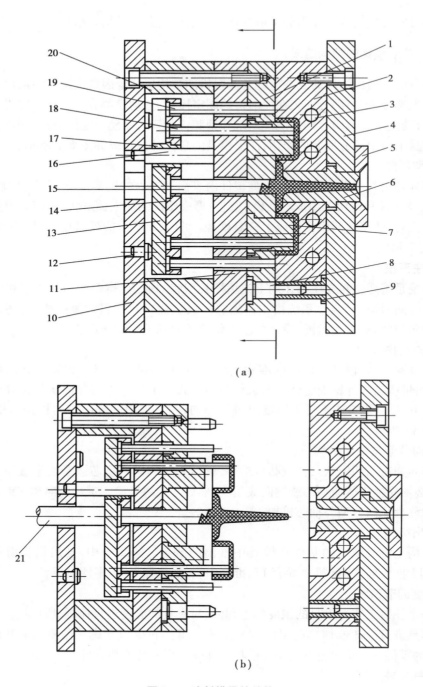

（a）

（b）

图 2.1　注射模具的结构

1—动模板；2—定模板；3—冷却水道；4—定模座板；5—定位圈；6—浇口套；
7—凸模；8—导柱；9—导套；10—动模座板；11—支承板；12—支承柱；
13—推板；14—推杆固定板；15—拉料杆；16—推板导柱；17—推板导套；
18—推杆；19—复位杆；20—垫块；21—注射剂液压顶杆

零部件组装在一起,构成了注射模具的基本骨架,如图 2.1 中的支承零部件有定模座板 4、动模座板 10、支承板 11 和垫板 20 等。

以上注射模具中部分相关零部件不仅仅适用于注射模具,还适用于其他塑料模具,甚至其他类型模具。比如冲裁模具中也存在导柱、导套、动模座板、定模座板、支承零部件等零件,与本任务介绍的注射模具零部件有异曲同工之处。特别地,依据塑料成型的工艺特点,注射模具还存在温度调节系统、排气系统等。

根据注射模中各零部件的作用,上述八大部分可以分为成型零部件和结构零部件两大类。成型零部件作为注射成型模具保证制件精度的工作零件,其设计和制造颇为严格。在结构零部件中,合模导向机构与支承零部件合称为基本结构零部件,因为二者组装起来可以构成注射模架(已标准化,可参阅相关塑料模具设计手册,如机械工业部出版的《中国模具设计大典》[①])。任何注射模均可以以这种模架为基础再添加成型零部件和其他必要的功能结构件来形成。

任务 2.3 项目实施:电动机门部件成型

图 2.2 为电动机门部件示意图,通过观察、比对,确定电动机门部件模具结构类型。该塑件采用注射成型法生产,采用点浇口成型,因此采用双分型面注射模。通过 Moldflow 塑料模具流动性分析确定塑件背部靠中心两点作为浇口,并以此为依据设计主流道、分流道及浇口。由于塑件的体积较大,生产的批量较小,而且对于塑件的背部质量要求并不高,故可采用推杆推出式单型腔注射模具。

由于塑件的体积较大且生产批量较小,采用单型腔模具一方面能提高塑件质量和精度,另一方面也能大大简化模具的整体结构。但是,即便采用了单型腔模具,鉴于塑件形状本身比较复杂,依然使得型腔的设计制造相对比较烦琐。考虑到模具零件的经济性以及良好的可维护性、较长的寿命,型腔选择组合式的,这样也可以相对提高塑件局部表面的精度,以便提高塑件质量。

综合考虑模具的分型面及其结构和浇注系统,选择国家标准模架即可满足要求。根据塑件的长宽高以及型腔的侧壁、底板的厚度等有关数据,选择模架尺寸为 250 mm×355 mm。

再依据电动机门部件的长宽高以及型腔的侧壁、底板的厚度有关数据,选取注射模为标准 A3 型中、小型模架,尺寸为 250 mm×350 mm。

电动机门部件注射模采用了双分型面,需要有动模和定模的导向机构,因此,要采用动模导柱和定模导柱。为了精确确定点浇注系统的分型在开模过程中的距离,要设置限位装置,而采用限位导柱,则既可起到限位的作用又可起到导向的作用。

脱模机构由多种零件组成,其工作过程是:推杆直接推出塑件,摩擦器由于摩擦的作用,在

① 塑性成型模拟及模具技术国家重点实验室作为主编单位,邀请和组织了 14 名院士和数十名知名专家教授,编写出版了《中国模具设计大典》。该著作由现代模具设计基础、轻工具设计、冲压模具设计、锻模和粉末冶金模设计、铸造工艺装备与压铸模设计等 5 卷、29 篇组成,共约 1 300 万字。《中国模具设计大典》是在认真总结我国模具各类工具书的编写经验,广泛汲取了近 20 年来模具工业的科技成果和国内外模具设计成功经验的基础上编撰而成的大型实用工具书,具有实用性强、权威性高、前瞻性好、使用范围广等特点。

17

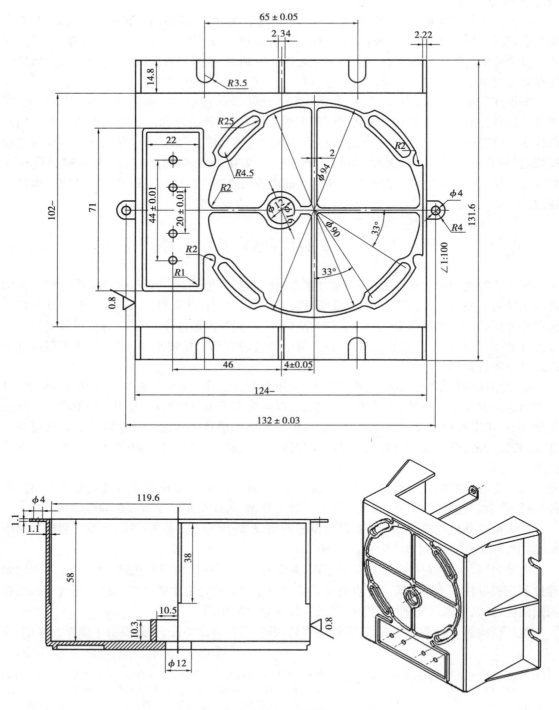

图2.2　电动机门部件零件图

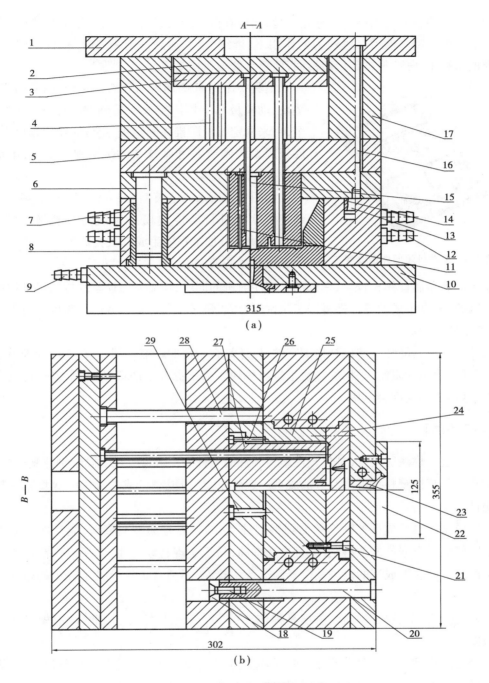

图 2.3　电动机门部件装配图

1—动模座板;2—推板;3—推杆固定板;4—推杆;5—推板;6,16—导柱;7—导套;8—定模板;
9、12—冷却水嘴;10—定模座板;11,15—组合型芯;13—锁紧螺钉;14—镶块;17—垫块
18—限位块;19—锁紧螺钉;20—导柱;21—内六角螺钉;22—浇口套;
23—浇口;24—型芯;25—镶块;26,29—限位螺栓;27—镶块;28—推杆

开模的过程中使模具的点浇注部分先分型,而后在限位导柱的作用下,将型腔板拉住,达到浇注系统的完全分型。然后在脱模力的作用下,继续分型,达到一定距离时,推杆将塑件推出。在合模的过程中,复位杆被定模板推回,使整个脱模机构复位。

图2.4　电动机门部件定模型芯

模具中用到 M12 的内六角螺钉 4 个,用来固定模板、垫块、动模板和动模固定板。用到 M6 的内六角螺钉 12 个,用来固定推板跟推板固定板;定位圈跟定模座板;型腔底板跟型腔侧壁。用到 M10 的沉头螺钉 2 个,用来固定限位导柱跟限位块。

如图 2.4 所示为定模型芯,可使用 Pro/E 或 UG 等三维建模软件进行实体建模后生成刀具轨迹,并结合其 CAM 模块进行加工程序生成以及在数控机床或加工中心上完成对型芯的加工。

鉴于此塑料制件体积较大,在选用大型注射机的同时,还需考虑模具结构的可维护性和经济性。因此,模具中成型零部件采用了镶拼组合式,便于工厂对破损或已坏零件进行更换和维修,降低了模具的成本。

虽然此副模具能够生产出合格的零件,但还是有一定的缺陷。例如:在选用标准模架的同时,由于开模距离的限制,采用的垫块是越级垫块。为了提高生产量,冷却水道也可以设计成环形的,这样冷却速度会更快。

【项目小结】

注射成型又称注射模具,是热塑性塑料制件的一种主要成型方法。除个别热塑性塑料外,几乎所有的热塑性塑料都可用此方法成型。近年来,注射成型已成功地用来成型某些热固性塑料制件。

注射成型模具可成型各种形状的塑料制件,它的特点是成型周期短,能一次成型外形复杂、尺寸精确、带有嵌件的塑料制件,且生产率高,易于实现自动化生产,所以广泛用于塑料制件的生产中。但注射成型的设备及模具制造费用较高,不适合单件及批量较小的塑料制件的生产。

此外,也有将单、双分型面注射模具称作二(两)、三板式模具。因此,注射模具分类形式可参考图 2.5。

一套注射模至少由两大部分组成,即定模部分与动模部分。定模、动模部分又可由若干部分组成。根据注射模具中各零件所起的作用,可将注射模具零部件分为:

（1）**定模部分**

1）定模座板

定模座板用来支撑定模模体,与注射机固定模板连接在一起,其上装浇口套、定位圈及定模抽芯机构。

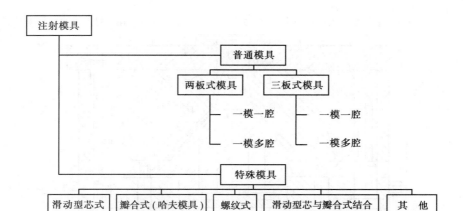

图 2.5 注射模具分类

2）定模板

定模板用来安装凹模镶块，其上还装有浇注系统、排气系统及加热、冷却系统，导向、定位零件等。

（2）**动模部分**

1）动模板

动模板的作用是承受成型压力导致的模板弯曲应力，支撑动模及推出机构重量。

2）垫块

垫块的作用是连接动模部分，调节推出行程和模具闭合高度。

3）动模座板

动模座板的作用是支撑动模模体，与注射机移动模板连接在一起。

4）推出机构

推出机构包括推板、推杆固定板、推杆（有时亦称作顶针）或推管、脱模板、拉料杆、回程杆及推出机构的导柱、导套等。

【思考与练习】

1. 简述塑料注射模的种类。

2. 简述注射模具结构组成及各部零件的作用。

3. 简述注射模具的特点。

4. 分析图 2.6 各零部件的作用及工作过程。

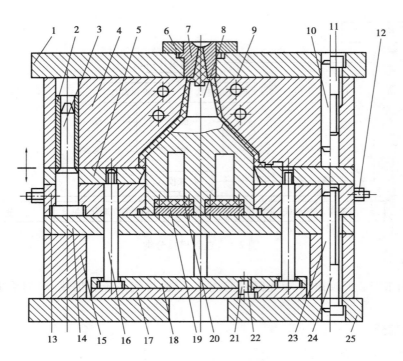

图 2.6　典型单分型面注射模具结构

1—定模板;2—导套;3—导柱;4—型腔;5、17—推板;6—定位圈;

7—浇口套;8—凸模;9—冷却水道;10、21、23—销钉;

11、22、24—螺钉;12—水嘴;13—凸模固定板;14—垫板;15—支块;

16—推杆;18—推杆固定板;19—盖板;20—密封垫;25—动模板

项目 3　单分型面注射模具

【学习目标】1. 熟悉单分型面注射模具的主要结构形式。

2. 掌握单分型面注射模具的工作原理。

3. 熟识单分型面注射模具的组成及各零部件的作用。

4. 了解注射模具结构设计步骤。

【能力目标】1. 能掌握单分型面注射模具的结构组成。

2. 能独立叙述单分型面注射模具的开、合模过程。

3. 能熟悉注射模具结构设计流程,并进行适当的典型零件注射模具结构设计。

任务 3.1　单分型面注射模具的特点

单分型面注射模是注射模中最简单、最常见的一种结构形式,也称两板式注射模。单分型面注射只有一个分型面,其典型结构如图 2.1 所示。单分型面注射模具根据结构需要,既可以设计成单型腔注射模,也可以设计成多型腔注射模,应用十分广泛。

任务 3.2　单分型面注射模具概述

3.2.1　工作原理

合模时,在导柱和导套的导向和定位作用下,注射机的合模系统带动动模部分向前移动,使模具闭合,并提供足够的锁模力锁紧模具。在注射压缸的作用下,塑料熔体通过注射机喷嘴经模具浇注系统进入型腔,待熔体充满型腔并经保压、补缩和冷却定型后开模,如图 2.1(a)所示。开模时,注射机合模系统带动动模向后移动,模具从动模和定模分型面分开,塑件包在凸模 7 上随动模一起后移,同时,拉料杆 15 将浇注系统主流道凝料从浇口套中拉出,开模行程结束;注射机液压顶杆 21 推动推板 13,推出机构开始工作,推杆 18 和拉料杆 15 分别将塑件及浇注系统凝料从凸模 7 和冷料穴中推出,如图 2.1(b)所示。至此完成一次注射过程。合模时,复位杆使推出机构复位,模具准备下次注射。

3.2.2 设计注意事项

（1）分流道位置的选择

分流道开设在分型面上，它可单独开设在动模一侧或定模一侧，也可以开设在动、定模分型面的两侧。

（2）塑件的留模方式

由于注射机的推进机构一般设置在动模一侧，为了便于塑件推出，塑件在分型后应尽量留在动模一侧。为此，一般将包紧力大的凸模或型芯设在动模一侧，包紧力小的凸模或型芯设置在定模一侧。

（3）拉料杆的设置

为了将主流道浇注系统凝料从模具浇口套中拉出，避免下次成型时堵塞流道，动模一侧必须设有拉料杆。

（4）导柱的设置

单分型面注射模的合模导柱既可设置在动模一侧，也可设置在定模一侧，这需要根据模具结构的具体情况而定，通常设置在型芯凸出分型面最长的那一侧。需要指出的是，标准模架的导柱一般都设置在动模一侧。

（5）推杆的复位

推杆有多种复位方法，常用的机构有复位杆复位和弹簧复位两种形式。

总之，单分型面的注射模是一种最基本的注射结构，根据具体塑件的实际要求，单分型面的注射模也可增添其他的部件，如嵌件、螺纹型芯或活动型芯等。在这种基本形式的基础上，还可演变出其他各种复杂的结构。

任务 3.3 项目实施：典型单分型面注射模具工作原理分析

单分型面注射模的一般工作过程为：模具闭合—模具锁紧—注射—保压—补缩—冷却—开模—推出塑件。合模后，动、定模组合构成型腔，主流道在定模一侧，分流道及浇口在分型面上，动模上设有推出机构，用以推出塑件和浇注系统凝料。

（1）单分型面注射模的组成

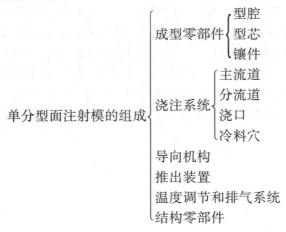

根据注射模各个零部件所起的作用,可以将注射模分为如下几个组成部分。

1)成型零部件

模具中用于成型塑料制件的空腔部分称为模腔,构成塑料模具模腔的零件统称为成型零部件。由于模腔是直接成型塑料制件的部分,因此模腔的形状应与塑件的形状一致。模腔一般是由型腔零件、型芯组成的。图 2.1 所示的模具型腔是由型腔(定模板)2、型芯 7、动模板 1和推杆 18 组成的,它们的作用分别是:

①定模板(零件 2)的作用是开设型腔,成型塑件外形;②型芯(零件 7)的作用是成型塑件的内表面;③动模板(零件 1)的作用是固定型芯和组成模腔;④推杆(零件 18)的作用是开模时推出塑件。

2)浇注系统

将塑料由注射机喷嘴引向型腔的流道称为浇注系统,如图 3.1 所示。浇注系统分主流道、分流道、浇口、冷料穴 4 个部分。图 2.1 所示的模具浇注系统是由浇口套 6、拉料杆 15 和定模板 2 上的流道组成,它们的作用分别是:

①浇口套(零件 6)的作用是形成浇注系统的主流道;②拉料杆(零件 15)的前端作为冷料穴,开模时拉料杆将主流道凝料从浇口套中拉出。

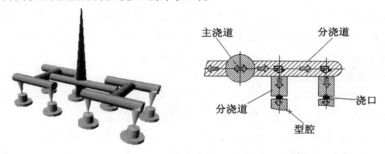

图 3.1 浇注系统结构

3)导向机构

为确保动模与定模合模时准确对中而设置导向零件,通常有导向柱(导柱)、导向孔或在动模板和定模上分别设置互相吻合的内外锥面。图 2.1 所示模具导向系统由导柱 8 和导套 9组成,其作用分别是:

①导柱(零件 8)的作用是合模时与导套配合,为动模部分和定模部分导向;②导套(零件 9)的作用是合模时与导柱配合,为动模部分和定模部分导向。

4)推出装置

推出装置是在开模过程中将塑件从模具中推出的装置。有的注射模具的推出装置为避免在顶出过程中推出板歪斜,还设有导向零件,使推板保持水平运动。图 2.1 所示的模具推出装置由推杆 18、推板 13、推杆固定板 14、复位杆 19、支承钉 12、推板导柱 16 及推板导套 17 组成,其作用分别是:

①推杆(零件 18)的作用是开模时推出塑件;②推板(零件 13)的作用是注射机顶杆推动推板,推板带动推杆推出塑件;③推杆固定板(零件 14)的作用是固定推杆;④复位杆(零件 19)的作用是合模时,带动推出系统后移,使推出系统恢复原始位置;⑤支承钉(零件 12)的作用是使推板与动模座板间形成间隙,以保证平面度,并有利于废料、杂物的去除;⑥推板导套

(零件17)的作用是与推板导柱配合为推出系统导向,使其平稳推出塑件,同时起到了保护推杆的作用。

5)温度调节和排气系统

为了满足注射工艺对模具温度的要求,模具设有冷却或加热系统。冷却系统一般在模具内开设冷却水道,加热系统则为模具内部或周围安装加热元件,如电加热元件。图2.1所示的模具冷却系统由冷却水道3和水嘴组成。

在注射成型过程中,为了将型腔内的气体排出,常常需要开设排气系统。常在分型面开设排气槽,也可以利用推杆或型芯与模具的配合间隙实现排气。

6)结构零部件

用来安装固定或支承成型零部件及前述的各部分机构的零部件,叫做结构零部件。支承零部件组装在一起,可以构成注射模具的基本框架。图2.1所示的模具结构零部件由定模座板4、动模座板10、垫板20和支承板11组成,其作用分别是:

①定模座板(零件4)的作用是将定模座板和连接于定模座板的其他定模部分安装在注射机的定模板上,定模座板一般比其他模板宽25~30 mm,便于用压板或螺栓固定;②动模座板(零件10)的作用是将动模座板和连接于动模座板的其他动模部分安装在注射机的动模板上,动模座板一般比其他模板宽25~30 mm,便于用压板或螺栓固定;③垫板(零件20)的作用是调节模具闭合高度,形成推出机构所需的推出空间;④支承板(零件11)的作用是注射时用来承受型芯传递过来的注射压力。

(2)单分型面注射模的工作过程

图2.1中,在导柱8和导套9的导向定位下,动模和定模闭合。型腔零件由定模板2与动模板1和型芯7组成,并由注射机合模系统提供的锁模力锁紧;然后注射机开始注射,塑料熔体经定模上的浇注系统进入型腔;待熔体充满型腔并经过保压、补缩和冷却定型后开模,开模时,注射机合模系统带动动模后退,模具从动模和定模分型面分开,塑件包在型芯7上随动模一起后退,同时,拉料杆15将浇注系统的主流道从浇口套中拉出。当动模移动一定距离后,注射机顶杆21接触推板13,推出机构开始动作,使推杆18和拉料杆15分别将塑件及浇注系统凝料从型芯7和冷料穴中推出,塑件与浇注系统凝料一起从模具中落下,至此完成一次注射过程。合模时,推出机构靠复位杆复位,并准备下一次注射。

(3)注射模具结构设计步骤

①确定型腔数目;②选择分型面;③确定型腔的布置方案;④确定浇注系统;⑤确定脱模方式;⑥确定调温系统;⑦确定凹模和型芯的固定方式;⑧确定排气形式;⑨决定注射模的主要尺寸;⑩选用标准模架;⑪绘制模具的结构草图;⑫校核模具与注射机有关尺寸;⑬注射模结构设计的审查;⑭绘制模具的装配图;⑮绘制模具零件图;⑯复核设计图样。

以上注射模具结构设计步骤中,⑬注射模结构设计的审查过后,若不合格则需要对模具结构进行调整甚至重新设计。对于⑩选用标准模架,可根据企业实际情况略作调整,比如采用国外标准或者由车间自制模架。

任务3.4 技能训练：塑料瓶盖注射模具结构方案设计及工作原理分析

3.4.1 塑料瓶盖注射模具结构方案设计

(1)注射成型制品分析

该塑料制件用于摩托车前灯壳体，其外形尺寸为140 mm×40 mm，盖内侧两对边有凹槽，并附有尺寸为Tr128×4的梯形螺纹，盖底厚度为1 mm，其余厚度为3 mm。选用HDPE塑料成型。HDPE无毒，无味，无臭白色粉末或柱状或半圆状颗粒，有耐磨性、耐容性、不透水性，易燃，柔软件性较差。

塑料的尺寸精度：本塑件采用一般精度等级，故选用6级精度。外表面粗糙度为$R_a = 0.2\ \mu m$，模腔表壁的表面粗糙度应为塑件的1/2，即$R_a = 0.1\ \mu m$。脱模斜度为$40' \sim 1°30'$，取1°塑件的圆角半径$R' = 1.5t = 1.5 \times 3 = 4.5\ mm$，$t$为塑件的壁厚。

注射成型条件：

1)温度

①料筒温度：前段170~200 ℃，中段160~170 ℃，后段140~160 ℃；②模温：35~55 ℃。

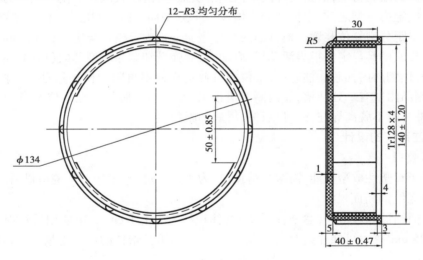

图3.2 塑料瓶盖零件图

2)压力

①注射压力：70~90 ℃MPa；②保压力：50~70 ℃MPa。

3)时间

①注射时间：15~60 s；②冷却时间：15~60 s；③成型周期：40~130 s；④高压时间0~3 s。

4)结构形式

注射机采用螺杆式，螺杆转速为30~60 r/min。

(2)注射机的技术规范

由于该塑件属中型注射量，故采用卧式注射机，塑化方式为螺杆式。为了简化模具结构，

27

提高塑件的精度,便于控制工艺参数,采用单腔模具。

在一个注射成型周期内,需注入模具内的塑件熔体的容量为制件和浇注系统两部分容量或质量之和,即

$$V = nV_n + V_j$$

其中　　n——型腔数目;

　　　　V_n——单个塑件的容量,cm;

　　　　V_j——浇注系统凝料的容量,cm^3。

单个塑件的容量:由 pro/e 造型并计算出体积 $V_n = 142.61$ cm^3。

浇注系统凝料:$V_j \approx 20\% V_n = 28.522$ cm^3

所以,$V = 142.61 + 28.522 = 171.1$ cm$^3 \leqslant 0.8 V_g$,V_g 为注射机额定注射量,$V_g \geqslant 213.9$ cm^3。

故选用注射机为 SZ-320/1250,其主要技术规格为理论注射容积:225 cm^3;螺杆直径:ϕ65 mm;注射压力:178 MPa;注射速率:165 g/s;塑化能力:35 g/s;螺杆转速:10 ~ 390 r/min;锁模力:1 500 kN;拉杆内间距:460 mm × 400 mm;最小模具厚度:220 mm;移模行程:430 cm;模具定位孔直径:125 mm;喷嘴球半径:15 mm;锁模形式:双曲轴。

（3）**模具结构方案的设计**

根据塑件的结构特征,需要设计两个内侧滑块抽芯,滑块安装在定模一侧。为了使塑料留在一侧,在动、定模分型之前,定模部分应增设一个分型面,使斜滑块沿凸模燕尾槽抽芯,采用弹簧螺钉式定距分型复位装置。模具的两个分型面分别为定模板与定模板座之间的表面。该结构类似三板式模具。定模板为活动板,启动时,靠弹簧和制品对型芯的包紧力使内侧滑块沿燕尾槽移动,作侧向内抽芯。抽芯后,限位螺钉使定模板不再随动模板移动,制件随动模移动继续开模,制品内壁有一处凸槽,靠内侧滑块顶出后,可向上脱出。在限位螺钉的限位距离之内,使滑块抽芯时不脱离导柱,故可以省去滑块的限位块。

（4）**浇注系统的设计**

1）浇口数目

根据 HDPE 塑性成型性能,需减少熔接痕,为了便于进浇,采用一个浇口进料。

2）浇注系统的断面尺寸

经过上面的计算可得到(含浇注系统)的体积约为 171.1 cm^3。由使用后注射机的公称注射量 $V_g = 225$ cm^3 查表可知注射时间 t 约为 1.32 s。HDPE 熔体的体积流量 $q_v = 171.1/1.32 = 129.62$ cm^3/s。

根据 r-q_v-R_n 关系曲线,查得主流道的当量半径 $R_n = 5$ cm(取剪切速率 r 为 5 × 10 /s),故主流道大端直径 $D = 8$ cm,小端直径由注射机的特性参数决定,$d = 5$ mm。浇注系统的布置和尺寸如图 3.4 所示,主浇道衬套配合孔尺寸公差为 H7,浇口套以图示模板固定,螺钉选用 M8 标准螺钉。

（5）**排气结构设计**

此塑件可利用:①分型面排气;②导柱运动间隙排气;③两个内侧型芯的运动间隙排气。塑件为壳体件,壁薄利于排气、散气,故可省去排气槽。

（6）**成型零部件的设计及模架的选择**

①凹模结构设计:采用整体式凹模,由整块材料加工制成,强度高,成型塑件表面光滑无痕

迹,适用于中、小型模具。

②型芯的结构设计:采用整体式型芯,将型芯加工在动模板上。

③凹模工作尺寸的计算:按平均收缩率为 s_{cp},塑件外形基本尺寸为 l_s,其公差值为 Δ,则塑件平均尺寸为 $l_s - \Delta/2$,型腔基本尺寸为 l_m。

其制造公差为 $\delta_z = \Delta/3, \delta_c = \Delta/6$,

$$l_m = \left[l_s + l_s s_{cp} - 3\Delta/4 \right]^0_{-\delta_z}$$

计算型腔深度尺寸时不考虑磨损 δ_c,

$$h_m = \left[h_s + h_s s_{cp} - 2\Delta/3 \right]^0_{-\delta_z}$$

④型芯工作尺寸的计算:型芯径向尺寸 $l_m = \left[l_s + l_s S_{cp} + 3\Delta/4 \right]$,型芯高度尺寸 $h_m = \left[h_s + h_s S_{cp} + 2\Delta/3 \right]$。

型芯工作尺寸的计算结构标于图 3.3 上。

⑤型腔压力的估算:据式 $P = KP_0$,取压力损耗系数 K 为 0.4,注射机的注射压力 $P_0 = 178$ MPa,则型腔压力 $P = KP_0 = 0.4 \times 178 = 71.2$ MPa。

⑥模具型腔侧壁厚度的计算:因模具型腔侧壁厚度和底板厚度的计算与模架有关,故选取标准模架时,应先计算型腔侧壁厚。

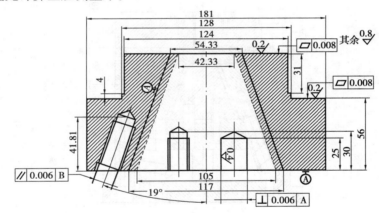

图 3.3 凸模结构形式

该模具采用整体式矩形凹模型腔,其厚度计算公式为

$$S = \sqrt[3]{CP/Eh}$$

式中 P——型腔压力;

E——钢材弹性模量,2.1×10 MPa,查表 HDPE 的允许变形量为 $\delta = 0.04$ mm;

h——型腔内壁受压部分的高度,40 mm

$$L/h = 1.81, C = (31^4/h^4)/(21^4/h^4 + 96) = 0.254$$

按刚度计算:$S = \sqrt[3]{\dfrac{0.254 \times 31.2 \times 40^4}{2.1 \times 10^5 \times 0.04}} = 55.68$ mm

按强度计算:$a/L = 40/76 = 0.553 > 0.41$

$$S = L \left[P(1 + \omega\Phi)/2(\sigma) \right]^{\frac{1}{2}} = 60.58 \text{ mm}$$

故型腔厚度应大于 60.58 mm,具体数值待确定模架后再定。

⑦标准模架的选择：根据模具的分型面类型选择派生模架 F2 型，根据塑件的长、宽及型腔厚度选择模架的长为 400 mm，宽为 315 mm。

对于型腔底板，为了保证其能承受注射时的压力，必须对其强度及刚度进行校核。

刚度计算：$h = \dfrac{Pbl}{32EB[\sigma]}(8L^3 - 4Ll^2 + l^3)^{\frac{1}{3}} = 43.96$ mm

强度计算：$h = \left[\dfrac{Pbl}{32EB[\sigma]}(2L - l)\right]^{\frac{1}{2}} = 49.87$ mm

考虑到必须留有一定的安全余量，取型腔底板厚度为 50 mm。

3.4.2 塑料瓶盖注射模具工作原理分析

将整副模具装在注射机上，注射机合模，在动、定模完全合上以后，注射机对模具进行锁紧，紧接着进行熔融态塑料注射，并保压、补缩，直至塑件完全成型。

脱模机构由多种零件组成，顶杆由顶出固定板和顶出板经螺栓连接后被夹固。由两个内滑块沿燕尾槽顶出塑件，脱模时将凝料顶出，并取出塑件。在合模时，拉杆及导柱上的弹簧将拉杆和导柱拉回原位，使两个内滑块复位。型面撞击，使整个脱模机构复位。

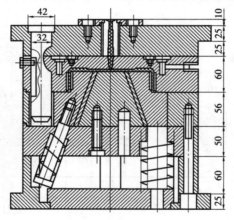

图 3.4 塑料瓶盖注射模具装配图

【项目小结】

单分型面注射模的工作原理：模具合模时，在导柱和导套的导向定位下，动模和定模闭合。型腔由定模板上的型腔与固定在动模板上型芯组成，并由注射机合模系统提供的锁模力锁紧。然后注射机开始注射，塑料熔体经定模上的浇注系统进入型腔，带熔体充满型腔并经过保压、补塑和冷却定型后开模。开模时，注射机合模系统带动动模后退，模具从动模和定模分型面分开，塑件包在型芯上随动模一起后退，同时，拉料杆将浇注系统的主流道凝料从浇口套中拉出。当动模移动一定距离后，注射机的顶杆接触推板，推板机构开始动作，使推杆和拉料杆分别将塑件及浇注系统凝料从型芯和冷料穴中推出，塑件在浇注系统凝料一起从模具中落下，至此完成一次注射过程。合模时，推出机构靠复位杆复位并准备下一次注射。

【思考与练习】

1. 以下哪组零件是推出装置的零件？（　　　）

    A. 推板、支承钉、垫块、推杆、复位杆、拉料杆

    B. 推杆固定板、支承板、推板、推杆、复位杆、拉料杆

    C. 支承钉、推杆固定板、推板、推杆、复位杆、拉料杆

    D. 推杆、复位杆、推杆固定板、推板、支承钉

2. 以下是从单分型面动作过程节选的一些动作，其中符合单分型面注射模的动作过程为（　　　）。

    A. 模具锁紧—注射—开模—拉出凝料—推出塑件和凝料

    B. 注射—模具锁紧—拉出凝料—推出塑件和凝料—开模

    C. 模具锁紧—注射—开模—推出塑件和凝料—拉出凝料

    D. 开模—注射—模具锁紧—拉出凝料—推出塑件和凝料

3. 单分型面注射模可由 ＿＿＿＿＿＿＿＿、＿＿＿＿＿＿＿＿、＿＿＿＿＿＿＿＿、＿＿＿＿＿＿＿＿、＿＿＿＿＿＿＿＿和＿＿＿＿＿＿＿＿组成。

4. 浇注系统中主流道和分流道的作用是什么？

5. 注射模具结构设计步骤是什么？简要叙述各个步骤设计的详细过程。

项目 4　双分型面注射模具

【学习目标】 1. 掌握双分型面注射模具的总体结构。

2. 掌握双分型面注射模具的分类。

3. 了解双分型面注射模具的组成及结构特点。

4. 掌握典型双分型面注射模具开合模过程。

5. 掌握双分型面注射模具常用零部件作用。

6. 掌握双分型面注射模具结构设计过程。

【能力目标】 1. 能描述典型双分型面注射模具工作过程。

2. 能以双分型面注射模具常用零部件作用为基础进行实际注射模具零部件
作用分析。

3. 能掌握普通点(针)浇口与潜伏式点浇口的各自特点与区别。

4. 能独立拆装实际注射模具结构。

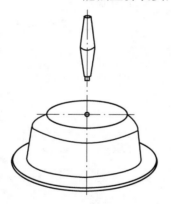

图 4.1　点浇口的塑料制件

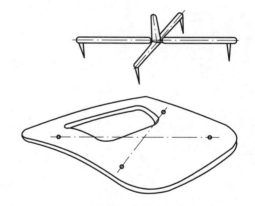

图 4.2　汽车内衬板制件

任务 4.1　双分型面注射模具概述

许多塑料制品要求外观平整、光滑,不允许有较大的浇口痕迹,因此采用单分型面注射模中介绍的各种浇口形式都不能满足制品的要求,这就需要采用一种特殊的浇口——点浇口。另外,对于大型塑料制件,如汽车门的内衬板,其制品面积非常大,因此每模只能成型一个制件。如果采用单分型面注射模,侧浇口的位置无法摆放。如果采用中间直接浇口,则从制件中心到制件边缘的距离较远,塑料流动困难不利于成型,因此要采用多浇口成型,这也必须借助于点浇口。

点浇口是一种非常细小的浇口,又称为针浇口。它在制件表面只留下针尖大的一个痕迹,不会影响制件的外观。由于点浇口的进料平面不在分型面上,而且点浇口为一倒锥形,所以模具必须专门设置一个分型面作为取出浇注系统凝料所用,因此出现了双分型面注射模。

双分型面注射模具的结构特征是有两个分型面,常常用于点浇口浇注系统的模具,也叫三板式(动模板、中间板、定模座板)注射模。在定模部分增加一个分型面(A 分型面),分型的目的是为取出浇注系统凝料,便于下一次注射成型;B 分型面为主分型面,分型的目的是开模推出塑件。双分型面注射模具与单分型面注射模具比较,结构较复杂。

任务 4.2 双分型面注射模具的浇注系统概述和典型结构

4.2.1 概述

(1)双分型面注射模结构特点

双分型面注射模具有两个分型面,也称为三板式注射板,也可称为流道板。

①采用点浇口的双分型面注射模可以把制品和浇注系统凝料在模内分离,为此应该设计浇注系统凝料的脱出机构,保证将点浇口拉断,还要可靠地将浇注系统凝料从定模板或型腔中间板上脱离。

点浇口对于注射模具具有有利于充模具、便于控制浇口凝固时间、便于实现塑件生产过程的自动化和浇口痕迹小、容易修整等优点。但另外一方面,点浇口对注射压力要求高,模具结构复杂,且不适合高黏度和对剪切速率不敏感的塑料熔体。

②为保证两个分型面的打开顺序和打开距离,要在模具上增加必要的辅助装置,因此模具结构较复杂。

(2)双分型面注射模组成

①成型零部件,包括型芯(凸模)、中间板;

②浇注系统,包括浇口套、中间板;

③导向部分,包括导柱、导套、导柱和中间板与拉料板上的导向孔;

④推出装置,包括推杆、推杆固定板和推板;

⑤二次分型部分,包括定距拉板、限位销、销钉、拉杆和限位螺钉;

⑥结构零部件,包括动模座板、垫块、支承板、型芯固定板和定模座板等。

(3)双分型面注射模具的工作过程

将双分型面注射模具的两个分型面分别定义为 A—A 分型面及 B—B 分型面。开模时,注射机开合模系统带动动模部分后移。由于弹簧的作用,模具首先在 A—A 分型面分型,中间板随动模一起后移,主浇道凝料随之拉出。当动模部分移动一定距离后,固定在中间板上的限位销与定距拉板左端接触,使中间板停止移动。动模继续后移,B—B 分型面分型。因塑件包紧在型芯上,这时浇注系统凝料再在浇口处自行拉断,然后在 A—A 分型面之间自行脱落或人工取出。动模继续后移,当注射机的推杆接触推板时,推出机构开始工作,推件板在推杆的推动下将塑件从型芯上推出,塑件在 B—B 分型面之间自行落下。

4.2.2 双分型面注射模具的浇注系统

（1）点浇口浇注系统

双分型面注射模具的浇注系统通常采用点浇口，它在制件表面只留下针尖大的一个痕迹，不会影响制件的外观。点浇口可与主浇道直接接通（菱形浇口或橄榄形浇口），还可经分流道的多点进料。

（2）潜伏式浇口

图4.3所示为潜伏式点浇口样式，浇口开在型芯一侧，开模时浇口自动切断，又称剪切浇口、隧道浇口。它是由点浇口变异而来，具备点浇口的一切优点，应用广泛。潜伏浇口可以开在定模，也可开在动模。开设在定模的潜伏浇口一般只能开设在塑件的外侧；开设在动模的潜伏浇口既可开在塑件外侧，也可开在塑件内部的型芯上或推杆上。

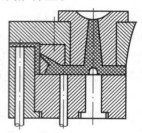

图4.3 潜伏式点浇口样式

潜伏浇口一般为圆锥形截面，其尺寸设计可参考点浇口。潜伏浇口的引导锥角应取10°～20°，对硬质脆性塑料应取大值，反之取小值。潜伏浇口的方向角愈大，愈容易拔出浇口凝料，一般取45°～60°，对硬质脆性塑料取小值。推杆上的进料口宽度为0.8～2 mm，具体数值应根据塑件的尺寸确定。采用潜伏浇口的模具结构，可将双分型面模具简化成单分型面模具。潜伏浇口由于浇口与型腔相连时有一定角度，形成了切断浇口的刃口，这一刃口在脱模或分型时形成的剪切力可将浇口自动切断，不过，对于较强韧的塑料则不宜采用。

（3）浇注系统的推出机构

1）单型腔点浇口浇注系统凝料的推出机构

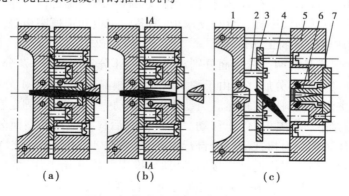

图4.4 带活动浇口套的推出机构

1—定模板；2—限位螺钉；3—挡板；4—限位螺钉；5—定模座板；6—压缩弹簧；7—浇口套

①带有活动浇口套的推出机构。图4.4为采用点浇口的单型腔注射模,其浇注系统凝料由定模板1与定模座板5之间的挡板自动脱出。图4.4(a)为闭模注射状态,注射机喷嘴压紧浇口套7,浇口套下面的压缩弹簧6被压缩,使浇口套的下端与挡板3和定模板1贴紧,保证注射的熔料顺利进入模具型腔。注射完毕后,注射机喷嘴后退,离开浇口套,浇口套7在压缩弹簧6的作用下弹起,这使得浇口套与主流道凝料分离,如图4.4(b)所示。图4.4(c)为模具打开的情况,在开模力的作用下,模具首先从A—A分模面打开。当定模座板5上的台阶孔的台阶与限位螺钉4的头部相接触时,定模座板5通过限位螺钉4带动挡板3运动,挡板3将点浇口拉断,并使点浇口凝料由定模板中拉出。当点浇口凝料全部拉出后,凝料在重力的作用下自动下落,完成了点浇口浇注系统凝料的自动脱出。

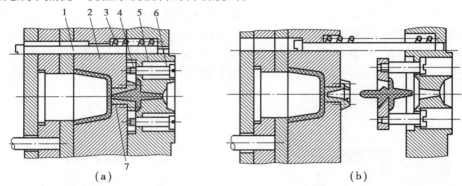

图4.5　带凹槽浇口套的推出机构

1—定距拉杆;2—定模板;3—弹簧;4—挡板;5—定模座板;6—限位螺钉;7—浇口套

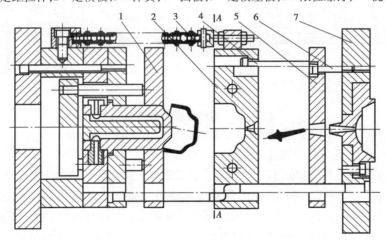

图4.6　分流道推板推出机构

1—推件板;2—型腔板;3—链条;4—定距拉杆;5—分流道推板;6—限位螺钉;7—定模座板

②带有凹槽浇口套的挡板自动推出机构。图4.5所示为带有凹槽浇口套的单型腔点浇口浇注系统凝料的自动推出机构,带有凹槽的浇口套7以H7/m6的过渡配合固定在定模板2上,浇口套与挡板4以锥面定位。图4.5(a)为模具闭合时的情况,弹簧3被压缩,浇口套的锥面进入挡板4中让熔融塑料注入模腔。图4.5(b)所示为模具打开时,在弹簧3的作用下,定模座板5首先

移动,由于浇口套内开有凹槽,将主流道凝料从定模座板中脱出。模具继续打开,限位螺钉6拉动挡板4一起移动,将点浇口拉断,并将浇注系统凝料从浇口套中拉出来,然后凝料靠自重落下。定距拉杆1用来限制定模板与定模座板的分型距离,并控制模具分型面的打开。

③利用分流道推板的自动推出机构。在图4.6所示的单型腔点浇口模具中,利用了分流道推板5自动推出浇注系统凝料。模具打开时,由A—A分型面首先分型,塑件包紧在型芯上,点浇口被拉断。模具继续打开,链条3被拉紧后,型腔板2停止运动,与分流道推板5分开,点浇口凝料被粘留在主流道孔中。当定距拉杆4使分流道推板5停止运动时,点浇口凝料被从主流道孔中拉出,靠自重坠落。

2)多型腔点浇口浇注系统凝料的推出机构

图4.7所示为利用定模推板推出多型腔浇口浇注系统凝料的结构。图4.7(a)为模具闭合注射状态;图4.7(b)为模具打开状态;模具打开时,定模座板1首先与定模推板2分型,浇注系统凝料随动模部分一起移动,从主流道中拉出。当定模推板2的运动受到限位钉3的限制后停止运动,型腔板4继续运动使得点浇口被拉断,并且凝料由型腔板中脱出,随后浇注系统凝料靠自重自动落下。

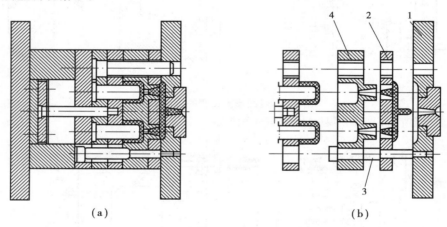

（a）　　　　　　　　　　　　　　　（b）

图4.7　定模推板推出机构

1—定模座板;2—定模推板;3—限位钉;4—型腔板

3)潜伏浇口浇注系统凝料推出机构

采用潜伏浇口的模具,其推出机构必须分别设置,即在塑件上和在流道凝料上都设计推出装置。在推出过程中,浇口被剪断,塑件与浇注系统凝料被各自的推出机构推出。

根据进料口位置的不同,潜伏浇口可以开设在定模,也可以开设在动模。开设在定模的潜伏浇口一般只能开设在塑件的外侧;开设在动模的潜伏浇口既可以开设在塑件的外侧,也可以开设在塑件内部的型芯上或推杆上。

4.2.3　双分型面注射模典型结构

(1)双分型面注射模结构分类

双分型面注射模的两个分型面分别用于取出塑件与浇注系统凝料,为此要控制两个分型面的打开顺序和打开距离,这就需要在模具上增加一些特殊结构。根据这些结构的不同,可以将双分型面注射模按结构分类,如弹簧分型拉板定距双分型面注射模、弹簧分型拉杆定距双分型面注射模、导柱定距双分型面注射模、摆钩分型螺钉定距双分型面注射模。

（2）**工作原理**

弹簧式双分型面注射模利用了弹簧机构来控制双分型面注射模分型面的打开顺序。

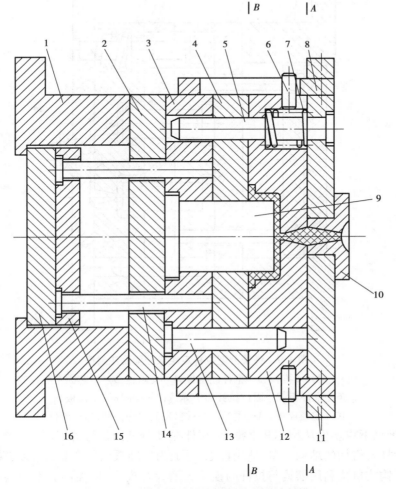

图 4.8　弹簧分型拉板定距双分型面注射模

1—支架;2—支承板;3—型芯固定板;4—推件板;5—导柱;

6—限位销;7—弹簧;8—定距拉板;9—型芯;10—浇口套;

11—定模座板;12—中间板(定模板);13—导柱;14—推杆固定板;15—推板

图 4.8 所示为弹簧分型拉板定距双分型面注射模具,开模时,动模部分向后移动,由于压缩弹簧 7 的作用,模具首先在 A 分型面分型,中间板(定模板)12 随动模一起后退,主流道凝料从浇口套 10 中随之拉出。当动模部分移动一定距离后,固定在定模板 12 上的限位销 6 与定距拉板 8 左端接触,使中间板停止移动,A 分型面分型结束。动模继续后移,B 分型面分型。因塑件包紧在型芯 9 上,这时浇注系统凝料在浇口处拉断,然后在 B 分型面之间自行脱落或由人工取出。动模部分继续后移,当注射机的顶杆接触推板 16 时,推出机构开始工作,推件板 4

37

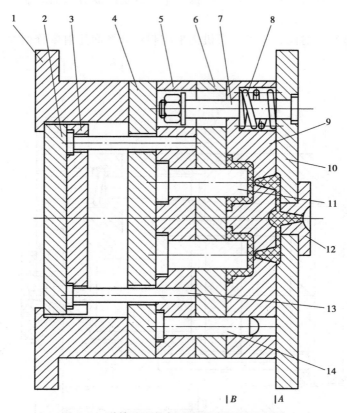

图4.9 弹簧分型拉杆定距双分型面注射模

1—支架;2—推板;3—推杆固定板;4—支承板;5—型芯固定板;
6—推件板;7—限位拉杆;8—弹簧;9—中间板(定模板);
10—定模座板;11—型芯;12—浇口套;13—推杆;14—导柱

在推杆14的推动下将塑件从型芯9上推出,塑件在B分型面自行落下。

弹簧—滚柱式机构的结构简单,适用性强,已成为标准系列化产品,直接安装于模具外侧。

弹簧—摆钩式机构利用摆钩与拉杆的锁紧力增大开模力,以控制分型面的打开顺序。此种机构适用性广,已成为标准系列化产品,直接安装于模具外侧。

弹簧—限位钉式机构装在模具之内,结构紧凑。

图4.9所示是弹簧分型拉杆定距双分型面注射模。其工作原理与弹簧分型拉板定距式双分型面注射模基本相同,只是定距方式不同,即采用拉杆端部的螺母来限定中间板的移动距离。限位拉杆还常兼作定模导柱,此时它与中间板应按导向机构的要求进行配合导向。

图4.10所示是导柱定距双分型面注射模。开模时,由于弹簧16的作用使顶销14压紧在导柱13的半圆槽内,以便模具在A分型面分型。当定距导柱8上的凹槽与定距螺钉7相碰时,中间板停止移动,强迫顶销14退出导柱13的半圆槽。接着,模具在B分型面分型。这种定距导柱既是中间板的支承和导向,又是动、定模的导向,使模板面上的杆孔大为减少。对模具分型面比较紧凑的小型模具来说,这种结构是经济合理的。

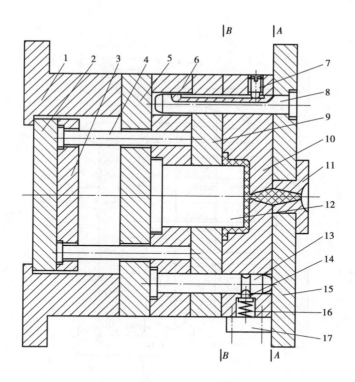

图4.10 导柱定距双分型面注射模

1—支架;2—推板;3—推杆固定板;4—推杆;5—支承板;6—型芯固定板;
7—定距螺钉;8—定距导柱;9—推件板;10—中间板(定模板);11—浇口套;
12—型芯;13—导柱;14—顶销;15—定模座板;16—弹簧;17—压块

图4.11是摆钩分型螺钉定距双分型面注射模。两次分型的机构由挡块1、摆钩2、压块4、弹簧5和限位螺钉12等组成。开模时,由于固定在中间板7上的摆钩拉住支承板9上的挡块,模具从A分型面分型。分型到一定距离后,摆钩在压块的作用下产生摆动而脱钩,同时,中间板7在限位螺钉的限制下停止移动,B分型面分型。设计时,摆钩和压块等零件应对称布置在模具的两侧,摆钩拉住动模上挡块1的角度取1°~3°为宜。

摆钩式双分型面注射模是利用摆钩机构控制双分型面注射分型面的顺利打开。在模具安装时,摆钩要水平放置,以保证摆钩在开模过程中的动作可靠。

(3)主要结构形式

1)浇口的形式

三板式点浇口注射模具的点浇口截面积较小,直径只有0.5~1.5 mm。由于浇口截面积太小,熔体流动阻力太大。

2)导柱的设置

三板式点浇口注射模具在定模一侧一定要设置导柱,用于对中间板的导向和支承。加长该导柱的长度,也可以对动模部分进行导向,因此动模部分就可以不设置导柱。如果是推件板推出机构,动模部分也一定要设置导柱。

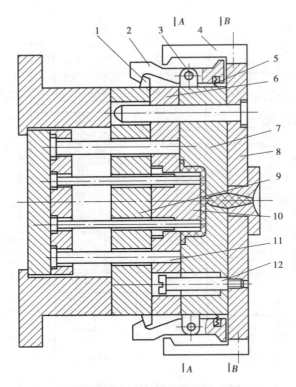

图 4.11　摆钩分型螺钉定距双分型面注射模

1—挡块；2—摆钩；3—转轴；4—顶块；5—弹簧；6—动模板；

7—中间板（定模板）；8—定模座板；9—支承板；10—型芯；11—推杆；12—限位螺钉

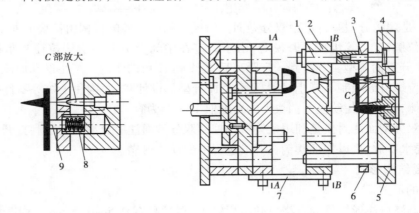

图 4.12　拉料杆推出机构双分型面注射模

1—拉杆；2—型腔板；3—限位螺钉；4—分流道拉料杆；5—定模座板；

6—分流道推板；7—拉板；8—压缩弹簧；9—顶销

（4）双分型面注射模的分型形式

　　由于双分型面注射模在开模过程中要进行两次分型，必须采取顺序定距分型机构，即定模部分先分开一定距离，然后主分型面分型。A 分型面分型距离一般为：

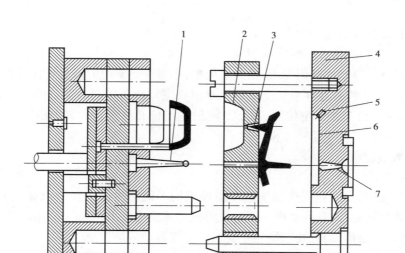

图 4.13 分流道末端斜孔推出机构双分型面注射模

1—主流道拉料杆;2—型腔板;3—点浇口凝料;4—定模座板;
5—分流道斜孔;6—分流道;7—主流道

$$s = s' + (3 \sim 5)$$

式中　s——A 分型面分型距离,mm;

s'——浇注系统凝料在合模方向上的长度,mm。

　　双分型面注射模顺序定距分型的方法较多,图 4.2 所示是弹簧分型拉板定距两次分型机构,适合于一些中小型的模具。在分型机构中,弹簧应至少 4 个,弹簧的两端应并紧且磨平。弹簧的高度应一致,并对称布置于分型面上模板的四周,以保证分型时中间板受到的弹力均匀,移动时不被卡死。定距拉板一般采用两块,对称布置于模具两侧。

任务 4.3　项目实施:电脑排风扇叶注射模具结构

(1)模具结构分析

1)塑件在型腔中的位置

　　本塑件在注射时采用一模四腔,浇注形式为点浇注。考虑到该塑件结构简单且对称,所以塑件成型型腔相对于模具中心线两两对称,其最大优点是便于设置分型机构。

2)分型面的设置

　　考虑到塑件在开模时尽可能留在动模部分,同时由于塑件有曲面扇叶,所以也要尽可能将型芯设置在动模部分;另一方面考虑到浇注系统和有利于气体的排出,应采用水平分型方式。

3)流道结构

　　因塑件较小,且型腔数量较少,应采用较小的流道。主

图 4.14　电脑排风扇叶

41

流道截面为圆形,分流道截面为半圆形。

4)导向与定位机构

根据模具导柱、导套的选用要求,在此选用中、小型模具常用的带头导柱、带头导套以及长导柱导套。为了便于模具在注射机上安装以及模具浇口套与注射机的喷嘴孔精确定位,在模具上(通常在定模上)安装了定位圈,用于与注射机定位孔匹配。此外,还应用了螺钉和圆柱销固定浇口套、定位圈以及定模座板。

(2)塑件脱模过程

1)脱模原理

模具采用了机动脱模和浇注系统凝料脱模机构。机动脱模主要是依靠注射机的开模动作,用固定的顶柱相配合,驱使动模一侧的脱模机构从模内推出制品。注射成型自动化生产不仅要求制品能自动脱模,而且要求浇注系统凝料也能自动脱落。

2)脱模方法

此种电脑排风扇叶采用了点浇口设计,模架结构为三板式结构,有两个分型面分别用于取出制品和浇注系统凝料。于是,采用了双分型面和模具浇注系统凝料脱模,利用拉料杆拉断点浇口来实现扇叶零件的脱模。

3)扇叶脱模过程

扇叶模具设计中,拉料杆拉断点浇口的形式如图4.15所示,在定模座板内设置有拉料杆6。开模时,确保模具先沿A—A面分型,浇口被拉断,凝料滞留在脱浇板上。继续开模,推料板将浇注系统凝料由拉料杆6和浇口套中脱出并自然坠落。随后,长拉杆起限位作用,定模座板与脱浇板B—B面分型脱出凝料,动模板和定模板沿C—C面分型,顶杆推出制品。

(3)扇叶模具的工作原理

本模具的工作原理如图4.15所示。模具安装在注射机上,定模部分固定在注射机的定模板上,动模固定在注射机的动模板上。合模后,注射机通过喷嘴将熔料经流道注入型腔,经保

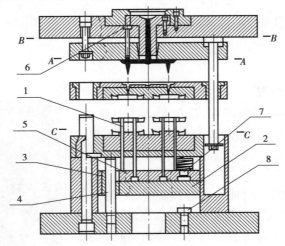

图4.15 拉料杆拉断点浇口脱模过程

1—顶杆;2—推杆固定板;3—导套;4—导柱;5—推料板;
6—拉料杆;7—限位导柱;8—限位钉

压、冷却后,塑件成型。开模时,动模部分随动模板一起移动,首先在定模座板内设置有拉料杆,定模座板与脱浇板用限位螺栓联接。开模时,确保模具先沿 A—A 面分型,浇口被拉断,凝料滞留。继续开模,定模座板与推料板 B—B 面分型,凝料自然坠落,随后动模板和定模板沿 C—C 面分型。最后,在注射机的顶出装置的作用下通过推动推板促使推杆运动将塑件顶出。合模时,随着分型面的紧密闭合,导柱、限位杆复位至型腔,复位杆同时也对推杆进行复位,推杆由复位弹簧进行复位,完成合模状态,进行再一次注射。

任务4.4 技能训练:双分型面注射模具实例分析

4.4.1 双分型面注射模具实例分析

以图4.16为实例进一步掌握双分型面注射模具结构及分型过程。

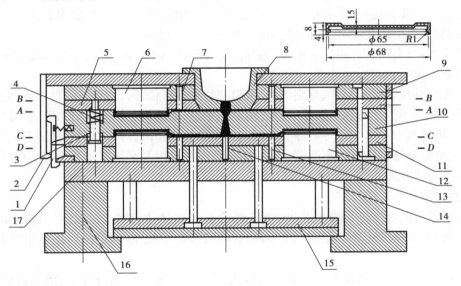

图4.16 双分型面注射模典型结构实例

4.4.2 典型双分型面注射模具拆装实验

(1)实验目的和意义

模具拆装实验是模具专业学生直观、感性认识模具结构的重要过程,是在老师指导下对真实的塑料模进行拆卸和重装的实验教学环节。通过塑料模拆装实验,可使学生进一步了解典型模具结构及工作原理,了解组成模具的零件、作用,以及相互之间的装配关系,熟悉模具的装配顺序。通过这一实践环节,可使学生增强感性认识,巩固和加深所学的理论知识,锻炼动手能力,提高分析问题、解决问题的能力,为以后的设计工作和处理现场问题打好实践基础。

（2）**实验内容及步骤**

本实验内容及操作步骤如下：

1）实验准备

①小组人员分工。拆卸、观察、测量、记录、绘图分工负责。

②工具准备。领用和清点拆卸工具、测量用具，了解工具的使用方法及使用要求，将工具摆放整齐。实验结束时，按工具清单清点工具上交指导老师验收。

③熟悉实验内容。复习有关理论知识，详细阅读本指导内容，对实验报告所要求的内容在实验过程中作详尽地记录。

2）观察分析

接到具体要拆装的模具后，需对下述问题进行观察分析，并作好记录。

①模具类型分析：为给定模具进行模具类型分析与确定。

②模具制件分析：根据模具分析，确定被加工零件的几何形状及尺寸。

③模具的工作原理：要求分析其浇注系统类型、分型面及分型方式、顶出方式等。

④模具的零部件：模具各零部件的名称、功用、相互配合关系。

⑤确定拆卸顺序：拆卸模具之前，应先分清可拆卸件和不可拆卸件，指定拆卸方案，提请指导老师审查同意后方可拆卸。

一般先将动模和定模分开，分别将动、定模的禁锢螺钉松开，再打出销钉，用拆卸工具将模具各主要拆块拆下。然后从定模板上拆下主浇注系统，从动模上拆下顶出系统，拆散顶出系统各零件，从固定板中压出型芯等零件。有侧向分型抽芯机构时，拆下侧向分型抽芯机构的各零件，如有电加热系统则该系统不能够拆卸。具体针对各种模具必须具体分析其结构特点，采用不同的拆卸方法和顺序。

3）拆卸模具

①按所拟定的顺序进行模具拆卸。要求体会拆卸联接件的用力情况，对所拆下的每一个零件进行观察、测量并记录。记录拆下零件的位置，按一定秩序摆放好，以免在组装时出现错误或漏装零件。

②测绘主要零件。从模具中拆下的型芯、型腔等主要零件要进行测绘，要求测量尺寸、进行粗糙度估计、配合精度测估、画出零件图并标注尺寸及公差。（公差按要求估计）

③拆卸注意事项。正确使用拆卸工具和测量工具，拆卸配合件时要分别采用拍打、压出等不同方法对待不同配合关系的零件。注意受力平衡，不可盲目用力敲打，严禁用铁铆头直接敲打模具零件。不可拆卸的零件和不宜拆卸的零件不要拆卸，拆卸过程中要特别强调注意同学们的自身安全及不损坏模具各器械。拆卸遇到困难时，应仔细分析原因，并可请教指导老师，遵守课堂纪律，服从教师安排。

4）组装模具

①拟定装配顺序。以先拆的零件后装、后拆的零件先装为一般原则制定装配顺序。

②按顺序装配模具。按拟定的顺序将全部模具零件装回原来的位置。注意正反方向，防止漏装。其他注意事项与拆卸模具相同，遇到零件受损不能进行装配时应学习用工具将其修复后再装配。

③装配后的检查。观察装配后的模具与拆卸前是否一致，检查是否有错误或漏装等。

④绘制模具总装草图。绘制模具草图时,应在图上记录有关尺寸。

(3)实验报告

①绘制所拆装模具的主要零件工件图(由教师制订);对所拆模具进行分析(包括模具类型、名称、成型零件的结构特点、模具工作原理等)。

②记录对拆装的实验体会。

【项目小结】

由于双分型面注射模具具有两个分型面,其中一个分型面用于取出塑件,另外一个分型面用于取出浇注系统凝料。因此,需要在模具结构之上增添相应的控制机构以控制两个分型面的打开与闭合,从而顺利完成制件。

除了以上介绍的典型结构双分型面注射模之外,还有两种双分型面注射模具较为常用。

(1)**滑块式双分型面注射模**

滑块式双分型面注射模利用滑块的移动控制双分型面注射模分型面的打开顺序,其分型机构的动作可靠,使用范围广。

(2)**胶套式双分型面注射模**

它采用胶套与模具孔壁间的摩擦力控制双分型面注射模分型面的打开顺序,是一种方便实用的方法,特别适合于中、小型双分型面的注射模具。

【思考与练习】

1.仔细学习以下段落后详细分析图4.17聚氯乙烯淘米筐模具工作原理。

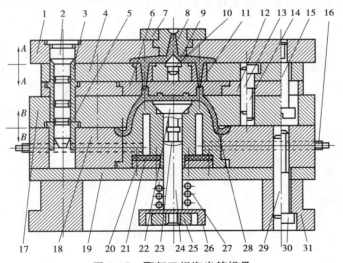

图4.17　聚氯乙烯淘米筐模具

1—定模板;2—导柱;3、5—双联导套;4—活动模板;6—镶件;7—定位圈;
8—浇口套;9—点浇口废料;10—分流锥;11—分浇口套;12—镶件固定板;
13、23、29—销钉;14、30—螺钉;15—拉板螺钉;16—水嘴;17—大型腔;
18—型芯固定板;19—动模垫板;20—橡皮密封圈;21—压板;22—推板;
24—推杆;25—螺母;26—托簧板;27—弹簧;28—塑料制品;31—动模板

多分型面注射模具是有两个以上分型面的注射模具的统称。这类模具又可分为双分型面和三分型面(包括垂直分型面和水平分型面)注射模具,以双分型面注射模具最为常见。双分型面塑料注射成型模具又称为三板式塑料注射成型模具,如图4.17所示。双分型面塑料注射成型模具用途广泛,主要用于设点浇口的单型腔或多型腔注射模具、侧向分型抽心机构设在定模一侧的注射模具以及因塑件结构特殊需要顺序分型的注射模具。

如图4.17所示,多分型面注射模具与单分型面注射模具相比,在动模和定模之间增加了一个可移动的活动模板4(又称浇注板),其浇注系统凝料和制品一般是从不同分型面上取出。开模时,活动模板4与定模板1首先沿A—A分型面定距分型,其分型距离由定距拉板螺钉15控制,以便取出这两块板之间的浇注系统凝料。随着开模的继续,沿B—B面分型,然后在注射机推出机构作用下,连接推杆24推动塑件从型心上脱出。闭模时,A—A和B—B分型面自动闭合,推板22在弹簧27的作用下复位,完成一次注射过程。

2.试分析图4.12及图4.13拉料杆推出机构双分型面注射模及分流道末端斜孔推出机构双分型面注射模的工作过程及各零部件作用。

3.单分型面注射模与双分型面注射模各采用哪些浇口形式?各有何特点?举出4种不同的浇口形式在塑件上的应用。

4.单分型面注射模与双分型面注射模在结构组成上有哪些部分相同?哪些部分不相同?举例说明。

5.双分型面注射模的两个分型面在开模时的打开距离如何确定?开模时如何控制?

6.潜伏式浇口的形式如何?

7.本项目中介绍了哪些双分型面注射模点浇口浇注系统凝料的推出机构?

8.潜伏式浇口浇注系统凝料的推出机构有何特点?

项目5　带有侧向分型与抽芯注射模具

【学习目标】1. 了解各种侧向分型与抽芯机构的结构和工作原理。

2. 掌握斜导柱侧向分型与抽芯机构注射模的总体结构。

3. 掌握斜导柱侧向分型与抽芯机构注射模的各主要零部件的结构与功能。

4. 掌握斜导柱侧向分型与抽芯机构中斜导柱、滑块等零件的设计方法。

【能力目标】1. 能掌握斜导柱侧向分型与抽芯机构的设计步骤和设计方法。

2. 能掌握各种侧向分型与抽芯机构的结构、工作原理及其特点。

3. 能熟练掌握斜导柱侧向分型与抽芯机构的设计方法。

4. 能掌握侧向分型与抽芯机构各主要零部件的结构与功能及设计要点。

5. 能掌握避免干涉的设计条件。

任务5.1　带有侧向分型与抽芯注射模具概述

观察图5.1所列塑件的特点可知：

当塑件侧壁有孔、凹槽或凸起时，其成型零件必须制成可侧向移动的，否则塑件无法脱模。带动侧向成型零件进行侧向移动的整个机构称为侧向分型与抽芯机构。斜导柱侧向分型与抽芯注射模是一种比较常用的侧向分型与抽芯结构形式。

斜滑块侧向分型与抽芯注射模是一种比较典型的模具结构形式，它与斜导柱侧向分型与抽芯注射模作用相同，是用来成型塑件上带有侧向凹槽或凸起的侧向分型与抽芯的注射模具。斜滑块侧向分型与抽芯的作用力由推出机构提供，动作是由可斜向移动的斜滑块来完成的，一般用于侧向分型面积较大、抽芯距离较短的场合。

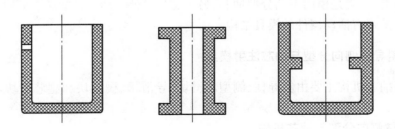

图5.1　塑件上有侧向孔、侧向凸凹、侧向的凸台

任务5.2　带有侧向分型与抽芯注射模具的分类和工作过程

5.2.1　侧向分型与抽芯机构的类型

根据动力来源的不同,侧抽芯机构一般可分为机动、液压（液动)或气动以及手动等三大类型。

（1）机动侧抽芯机构

机动侧抽芯机构是利用注射机开模力作为动力,通过有关传动零件（如斜导柱)使力作用于侧向成型零件而将模具侧分型或把活动型芯从塑件中抽出,合模时,又靠它使侧向成型零件复位。

这类机构虽然结构比较复杂,但分型与抽芯不用手工操作,生产率高,在生产中应用最为广泛。根据传动零件的不同,这类机构可分为斜导柱、弯销、斜导槽、斜滑块和齿轮齿条等不同类型的侧抽芯机构,其中,斜导柱侧抽芯机构最为常用。

（2）液压或气动侧抽芯机构

液压或气动侧抽芯机构是以液压力或压缩空气作为动力进行侧分型与抽芯,同样亦靠液压力或压缩空气使活动型芯复位。

液压或气动侧抽芯机构多用于抽拔力大、抽芯距比较长的场合,例如大型管子塑件的抽芯等。这类侧抽芯机构是靠液压缸或气缸的活塞来回运动进行的,抽芯的动作比较平稳,特别是有些注射机本身就带有抽芯液压虹,所以采用液压侧分型与抽芯更为方便,但缺点是液压或气动装置成本较高。

（3）手动侧抽芯机构

手动侧抽芯机构是利用人力将模具侧分型或把侧向型芯从成型塑件中抽出。这一类机构操作不方便、工人劳动强度大、生产率低,但模具的结构简单、加工制造成本低,因此常用于产品的试制、小批量生产或无法采用其他侧抽芯机构的场合。

手动侧抽芯机构的形式很多,可根据不同塑件设计不同形式的手动侧抽芯机构。手动侧抽芯可分为两类,一类是模内手动分型抽芯,另一类是模外手动分型抽芯。而模外手动分型抽芯机构实质上是带有活动镶件的模具结构。

5.2.2　斜导柱侧向分型与抽芯注射模具

斜导柱侧抽芯机构主要由斜导柱、侧型芯滑块、导滑槽、楔紧块和型芯滑块定距限位装置等组成。

（1）斜导柱侧向分型与抽芯机构

斜导柱又叫斜销,它靠开模力来驱动从而产生侧向抽芯力,迫使斜型芯滑块在导滑槽内向外移动,达到侧抽芯的目的。

侧型芯滑块是成型塑件上侧凹或侧孔的零件,滑块与侧型芯既可做成整体式,也可做成组合式。

导滑槽是维持滑块运动方向的支撑零件,要求滑块在导滑槽内运动平稳,无上下窜动和卡紧现象。

楔紧块是闭模装置,其作用是在注射成型时承受滑块传来的侧推力,以免滑块产生位移或使斜导柱因受力过大产生弯曲变形。

使型芯滑块在抽芯后保持最终位置的限位装置由限位挡块、滑块拉杆、螺母和弹簧组成,它可以保证闭模时斜导柱能很准确地插入滑块的斜孔,使滑块复位。

1)斜导柱安装在定模、滑块安装在动模(见图 5.4)此种结构是斜导柱侧向分型抽芯机构的模具中应用最广泛的形式,它既可用于结构比较简单的注射模,也可用于结构比较复杂的双分型面注射模,模具设计人员在接到设计具有侧抽芯塑件的模具任务时,首先应考虑使用这种形式。

①干涉的概念。所谓"干涉现象",是指滑块的复位先于推杆的复位致使活动侧型芯与推杆相碰撞,造成活动侧型芯或推杆损坏的事故。侧向型芯与推杆发生干涉的可能性出现在两者垂直于开模方向平面上的投影发生重合的条件下。

②避免发生干涉现象发生的方法。在模具结构允许的情况下,应尽量避免在侧型芯的投影范围内设置推杆。如果受到模具结构的限制而侧型芯的投影下一定要设置推杆,应首先考虑能否使推杆在推出一定距离后仍低于侧型芯的最低面,当这一条件不能满足时,就必须分析产生干涉的临界条件和采取措施使推出机构先复位,然后才允许型芯滑块复位,这样才能避免干涉。

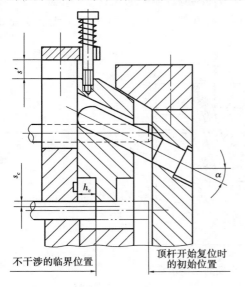

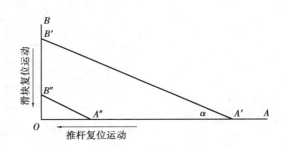

图 5.2 不发生干涉的临界条件   图 5.3 不发生干涉的临界条件

如图 5.2 所示,不发生干涉的临界条件可由下式计算:

$$h_c = S_c \cot \alpha = S_c / \tan \alpha \tag{5.1}$$

则不发生干涉的条件即为:$h_c > S_c \cot \alpha$。

如图 5.3 所示,AA''、BB'' 为推杆及滑块的已复位距离;$A''O$、$B''O$ 为推杆及滑块的待复位距离;$A'B'$ 为推杆及滑块联动开始的位置。当推杆及滑块运动到不干涉临界位置时,$A''O = h_c$,$B''O = S_c$。

所以,在设计时应注意:避免在侧型芯的投影范围内设置推杆;推出距离 $< h_c$;$h_c > S_c \cot \alpha = S_c / \tan \alpha$;采用先行复位机构。

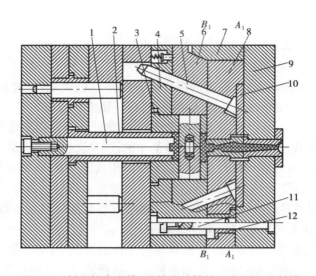

图 5.4　斜导柱在定模、滑块在动模的双分型面注射模

1—型芯;2—推管;3—动模镶件;4—动模板;5—斜导柱;6—侧型芯滑块;

7—楔紧块;8—中间板;9—定模座板;10—垫板;11—拉杆导柱;12—导套

在一般情况下,只要使 $h_c \tan \alpha - S_c > 0.5$ mm 即可避免干涉。如果实际的情况无法满足这个条件,则必须设计推杆先复位机构。

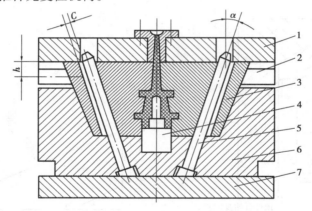

图 5.5　斜导柱在动模、滑块在定模的结构示意 1

1—定模座板;2—导滑槽;3—凹模滑块;4—凸模;5—斜导柱;6—动模板;7—动模座板

2)斜导柱安装在动模、滑块安装在定模(见图 5.5、图 5.6)对于斜导柱安装在动模、滑块安装在定模的结构,由于在开模时一般要求塑件包紧于动模部分的型芯留在动模,而侧型芯则安装在定模,这样就会产生以下两种情况:一种情况是侧抽芯与脱模同时进行,由于侧型芯在合模方向的阻碍作用,使塑件从动模部分的凸模上强制脱下而留于定模型腔,侧抽芯结束后,塑件就无法从定模型腔中取出;另一种情况是由于塑件包紧于动模凸模上的力大于侧型芯使塑件留于定模型腔的力,则可能会出现塑件被侧型芯撕破或细小侧型芯被折断的现象,导致模具损坏或无法工作。

从以上分析可知,斜导柱安装在动模、滑块安装在定模结构的模具特点是脱模与侧抽芯不能同时进行,两者之间有一个滞后的过程。

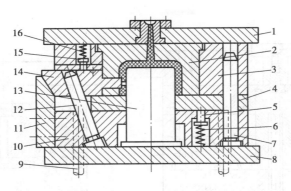

图 5.6　斜导柱在动模、滑块在定模的结构示意 2

1—定模座板;2—型腔镶件;3—定模板;4—推件板;5—顶销;6—弹簧;

7—导柱;8—支承板;9—推杆;10—动模板;11—楔紧块;12—斜导柱;

13—凸模;14—侧型芯滑块;15—定位顶销;16—弹簧

3)斜导柱与滑块同时安装在定模(见图 5.7、图 5.8)

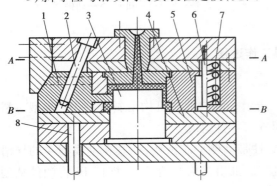

图 5.7　斜导柱与滑块同在定模的结构示意 1

1—侧型芯滑块;2—斜导柱;3—凸模;4—推件板;

5—型腔;6—定距螺钉;7—弹簧;8—推杆

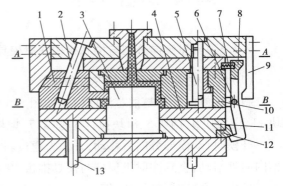

图 5.8　斜导柱与滑块同在定模的结构示意 2

1—侧型芯滑块;2—斜导柱;3—凸模;4—推件板;

5—定距螺钉;6—转轴;7—弹簧;8—摆钩;9—压块;

10—定模板;11—动模板;12—挡块;13—推杆

　　斜导柱与滑块同时安装在定模的结构要造成两者之间的相对运动,否则就无法实现侧抽芯动作。要实现两者之间的相对运动,就必须在定模部分增加一个分型面,因此就需要用顺序分型机构。斜导柱与滑块同在定模的结构设计要点:斜导柱的长度可适当加长,而让定模部分分型,分型后斜导柱工作端仍留在侧型芯滑块的斜孔内,因此不需设置滑块的定位装置。

　　以上介绍的两种顺序分型机构,除了应用于斜导柱与滑块同时安装在定模形式的模具外,只要 A 分型距离足以满足点浇口浇注系统凝料的取出,就可用于点浇口浇注系统的三板式模具。

　　4)斜导柱与滑块同时安装在动模(见图 5.9)斜导柱侧抽芯机构除了对塑件进行外侧抽芯与侧向分型外,还可以对塑件进行内侧抽芯(见图 5.10)。设计这类模具时,由于缺少斜导柱从滑块中抽出时的滑块定位装置,因此要求将滑块设置在模具的上方,利用滑块的重力定位。

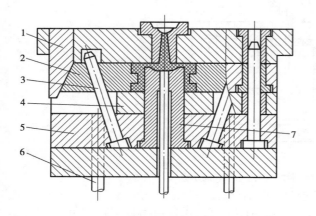

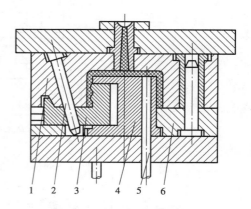

图 5.9　斜导柱与滑块同在动模的结构
1—楔紧块；2—侧型芯滑块；3—斜导柱；4—推件板；
5—动模板；6—推杆；7—凸模

图 5.10　斜导柱的内侧抽芯
1—定模板；2—斜导柱；3—侧型芯滑块；
4—凸模；5—推杆；6—动模板

5.2.3　常见侧向分型与抽芯机构注射模具工作过程

（1）斜导柱侧向分型与抽芯注射模

斜导柱侧向分型与抽芯注射模具如图 5.11 所示。侧向抽芯机构由斜导柱 10、侧型芯滑块 11、楔紧块 9、挡块 5、滑块拉杆 8、弹簧 7、螺母 6 等零件组成。

开模时，动模部分向后移动，开模力通过斜导柱带动侧型芯滑块，使其在动模板 4 的导滑槽内向外滑动，直到注射机顶杆与模具推板 19 接触，推出机构开始工作，推杆 16 将塑件从型芯上推出。合模时，复位杆（图中未画出）使推出机构复位，斜导柱使侧型芯滑块向内移动复位，最后侧型芯滑块由楔紧块 9 锁紧。

斜导柱侧向抽芯结束后，为了保证滑块不侧向移动和合模时斜导柱能顺利地插入滑块的斜导孔中使滑块复位，侧型芯滑块应有准确的定位。图 5.11 中的定位装置由挡块 5、滑块拉杆 8、螺母 6、弹簧 7 和垫片等组成。楔紧块的作用是防止注射时熔体压力使侧型芯滑块产生位移，楔紧块的斜面应与侧型芯滑块上斜面的斜度一致。

（2）斜滑块侧向分型与抽芯注射模具工作原理

图 5.12 所示是斜滑块侧向分型与抽芯注射模。开模时，动模部分向左移动，塑件包在型芯 5 上一起随动模后移，拉料杆 9 将主流道凝料从浇口套 4 中拉出。当注射机顶杆与推板 13 接触时，推杆 7 推动斜滑块 3 沿动模板 6 的斜向导滑槽滑动，塑件在斜滑块带动下从型芯 5 上脱模的同时，斜滑块从塑件中抽出。合模时，动模部分向前移动，当斜滑块与定模座板 2 接触时，定模座板迫使斜滑块推动推出机构复位。

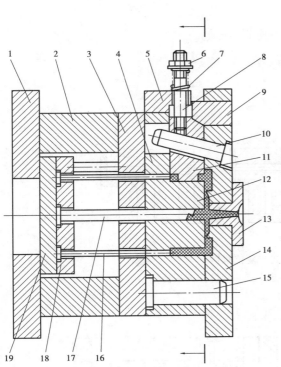

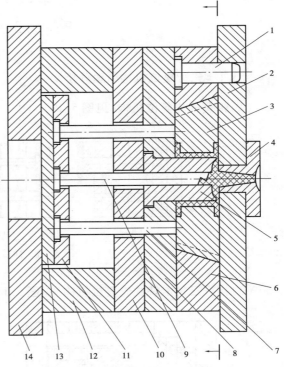

图 5.11　斜导柱侧向分型与抽芯注射模

1—动模座板;2—垫块;3—支承板;4—动模板;

5—挡块;6—螺母;7—弹簧;8—滑块拉杆;

9—楔紧块;10—斜导柱;11—侧型芯滑块;

12—型芯;13—浇口套;14—定模座板;15—导柱;

16—推杆;17—拉料杆;18—推杆固定板;19—推板

图 5.12　斜滑块侧向分型与抽芯注射模

1—导柱;2—定模座板;3—斜滑块;4—浇口套;

5—型芯;6—动模板;7—推杆;8—型芯固定板;

9—拉料杆;10—支承板;11—推杆固定板;

12—垫块;13—推板;14—动模座板

也有斜滑块安装在定模板斜向导滑槽内的斜滑块侧向分型与抽芯机构,不过,这时的斜滑块侧向分型与抽芯的动力一般由固定在定模的液压缸提供。

当塑件的侧凹较浅、抽拔力较大而抽芯距不大时,可采用斜滑块侧向分型与抽芯机构。斜滑块侧向分型与抽芯机构的特点是:斜滑块进行侧向分型抽芯的同时塑件从型芯上脱出,即侧抽芯与脱模同时进行,但侧抽芯的距离比斜导柱侧抽芯机构的短。在设计、制造斜滑块侧向分型与抽芯机构注射模时,要求斜滑块移动可靠、灵活,不能出现停顿及卡死现象,否则侧抽芯将不能顺利进行,甚至会将塑件或模具损坏。

任务 5.3　项目实施

5.3.1　先行复位机构原理分析

（1）弹簧式先复位机构（见图 5.13）

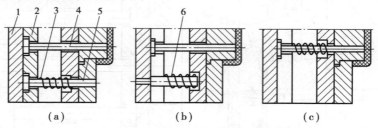

图 5.13　弹簧式先复位机构

1—推板;2—推板固定板;3—弹簧;4—推杆;5—复位杆;6—簧柱

（2）楔杆三角滑块式先复位机构（见图 5.14）

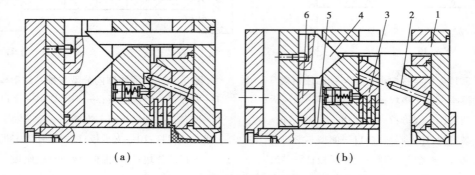

（a）　　　　　　　　　　　　　　（b）

图 5.14　楔杆三角滑块式先复位机构

（a）合模状态;（b）楔杆接触三角滑块初始状态

1—楔杆;2—斜导柱;3—侧型芯滑块;4—三角滑块;5—推管;6—推管固定板

（3）楔杆摆杆式先复位机构（见图 5.15、图 5.16、图 5.17）

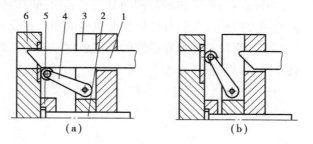

（a）　　　　　　　　　（b）

图 5.15　楔杆摆杆式先复位机构

（a）合模状态;（b）开模状态

1—楔杆;2—推杆;3—支承板;4—摆杆;5—推杆固定板;6—推板

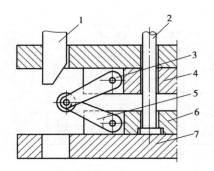

图 5.16　楔杆双摆杆式先复位机构

1—楔杆;2—推杆;3、5—摆杆;4—支承板;6—推杆固定板;7—推板

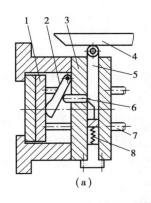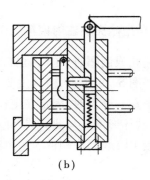

（a）　　　　　　　　　　　（b）

图 5.17　楔杆滑块摆杆式先复位机构

（a）合模状态;（b）合模过程中楔杆接触滑块的初始状态

1—推杆固定板;2—摆杆;3—支承板;4—楔杆;5—滑块;6—滑销;7—推杆;8—弹簧

（4）连杆式先复位机构（见图 5.18）

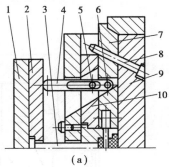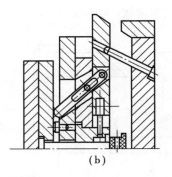

（a）　　　　　　　　　　　（b）

图 5.18　连杆式先复位机构

（a）合模状态;（b）斜导柱接触滑块初始状态

1—推板;2—推杆固定板;3—推杆;4—连杆;5—圆柱销;

6—转销;7—侧型芯滑块;8—斜导柱;9—定模板;10—动模板

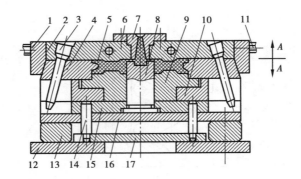

图 5.19 靠定模上斜导柱操作的哈夫块模具

1—楔紧块;2—定模板;3—斜导柱;4—哈夫块;5—塑料制品;6—定位圈;7—浇口套;
8—型芯;9—型腔镶块;10—型腔镶件固定板;11—水嘴;12—动模固定板;
13—支块;14—推杆;15—型芯固定板;16—动模垫板;17—推板

5.3.2 带有典型哈夫块注射模具工作原理

当塑件带有侧孔或侧凹时,在机动抽心分型的模具里设有斜导柱、斜滑块或哈夫块等侧向分型抽心机构。如图 5.19 所示,模具主要用于成型有侧孔或内凹的塑件,哈夫块的运动方向与模具开模方向垂直。开模时,固定在定模板 2 上的斜导柱 3 作用于哈夫块 4,使哈夫块 4 外移,并脱离塑件 5 的环形槽。与此同时,注射机的顶出系统顶动推板 17,推板 17 推动推杆 14,将型腔镶件固定板 10 顶起,使塑件 5 脱离型心 8。

任务 5.4 技能训练

5.4.1 带有弯销的侧向分型与抽芯机构分析

(1)弯销侧抽芯机构(见图 5.20)

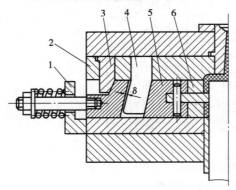

图 5.20 弯销侧抽芯机构

1—挡块;2—定模板;3—楔紧块;4—弯销;
5—侧型芯滑块;6—动模板

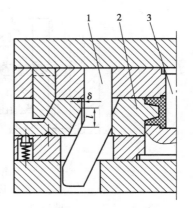

图 5.21 弯销延时抽芯

1—弯销;2—滑块;3—型芯

①工作原理分析。

②结构特点。

该机构的强度高,可采用较大的倾斜角,也可以延时抽芯(见图5.21)。

(2)弯销在模具上的安装方式

①模外安装,见图5.21。

②模内安装,见图5.22、图5.23。

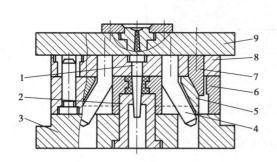

图 5.22 弯销在模内的结构

1—型芯;2—动模镶块;3—动模座板;
4—弯销;5—侧型芯滑块;6—动模板;
7—楔紧块;8—定模板;9—定模座板

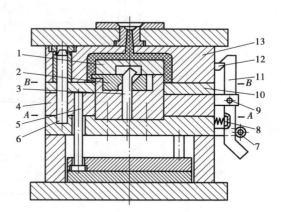

图 5.23 弯销的内侧抽芯

1—组合凹模;2—侧型芯滑块;3—弯销;4—动模板;
5—推杆;6—导柱;7—滚轮;8—弹簧;9—转轴;
10—推件板;11—摆钩;12—挡块;13—定模板

5.4.2 斜导槽侧抽芯机构(见图5.24)

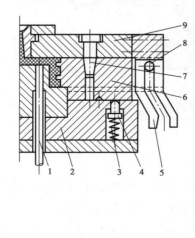
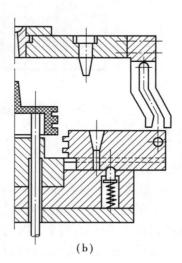

(a)   (b)

图 5.24 斜导槽侧抽芯机构

(a)合模状态;(b)抽芯后推出状态

1—推杆;2—动模板;3—弹簧;4—顶销;5—斜导槽板;
6—侧型芯滑块;7—止动销;8—滑销;9—定模板

5.4.3 齿轮齿条侧抽芯机构（见图5.25）

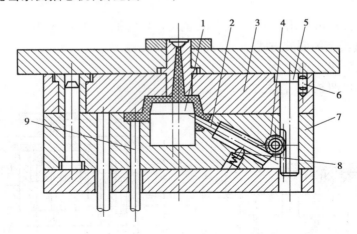

图5.25 传动齿条固定在定模一侧的结构

1—型芯；2—齿轮型芯；3—型腔；4—齿轮；

5—导柱齿条；6—销钉；7—动模固定板；8—弹簧销；9—推杆

5.4.4 液压或气动侧抽芯机构（见图5.26）

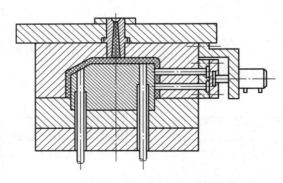

图5.26 定模部分的液压（气动）侧抽芯机构

【技术拓展】

（1）斜齿轮脱模机构的改善

如图5.27所示，此件产品要成型斜齿，一般方法是用顶块推动产品一边旋转一边脱模。由于此产品中间有碰穿面，且整体强度不高，故不能采用此常用的结构。

通过运动分析，斜齿轮脱模有两个方向的分运动，一个分运动向上，另一个分运动向一边旋转。向上的分运动用顶杆可以实现；旋转的运动需要和向上的运动联动，实现同步运动。

通过拷贝斜齿面，设计出图5.28中的斜销作为动力来源。斜销固定在推板上，与顶杆联动，实现了预期的联动脱模效果。通过 Pro/E 运动仿真模块的仿真分析，认证了运动的可行性。在实际生产中，保证了模具的结构稳定性和顺利交付，并提高了塑件质量。

图 5.27　带有斜齿的零件

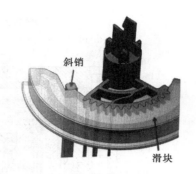

图 5.28　改进后脱模结构

（2）正—斜双联齿轮四板注塑模

对于一些包含斜齿轮结构的特殊塑件,常规的推出方式无法实现塑件脱模,需要借助特殊的脱模机构完成脱模。目前常用的斜齿脱模方式有两种:齿形型腔旋转脱模和齿轮塑件脱模。前者可采用设置轴承、钢珠等方法减小齿形型腔旋转过程中的摩擦力,通过齿形型芯的旋转实现斜齿脱模;后者可采用强制脱模或采用推管上开高螺旋槽的方法使塑件旋转脱模。对于这些包含斜齿轮结构模具,斜齿脱模结构是否合理将直接影响模具的寿命、品质等。

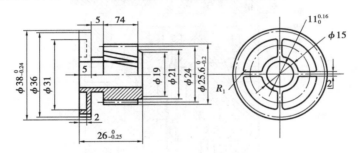

图 5.29　正—斜双联齿轮

1）塑件结构分析

图 5.29 所示为正—斜双联塑料齿轮,该塑件精度要求高,斜齿部分齿宽尺寸大,螺旋角较大。正—斜双联齿轮是复印机中的一个重要零件,该零件由直齿轮和斜齿轮两部分组成,直齿齿数为 40,模数为 1,斜齿齿数为 30,模数为 0.8。斜齿部分螺旋角较大,为 15°,长度为 26 mm,斜齿轮的齿顶圆为 25.6 mm;直齿轮的齿顶圆直径为 38 mm,中间有一底径为 15 mm、宽为 5 mm 的环形凹槽,因此需采用哈夫滑块侧向分型抽芯机构。

2）注射模结构

由塑件的结构可知,对于塑件中的斜齿轮结构,应用常规脱模无法实现脱模。斜齿轮的脱模机构设计也是本套模具设计的难点。考虑到塑件的结构特点和精度要求,本套模具应采用齿形型腔旋转脱模的模具结构。通过在动模上设置轴承、滚针、钢珠等零件以保证斜齿部分的齿形型腔在塑件推出过程中沿着斜齿的螺旋方向旋转,这样既保证了斜齿部分的顺利脱模,又保证了塑件精度。模具的总体结构如图 5.30 所示。从图 5.30 可以看出,模具的主体结构由斜齿轮的脱模机构、侧向抽芯机构及模具的 3 次定距分型机构几个部分组成。其中,斜齿轮的脱模机构是整个模具设计的难点,侧向抽芯及 3 次定距分型机构是重点。

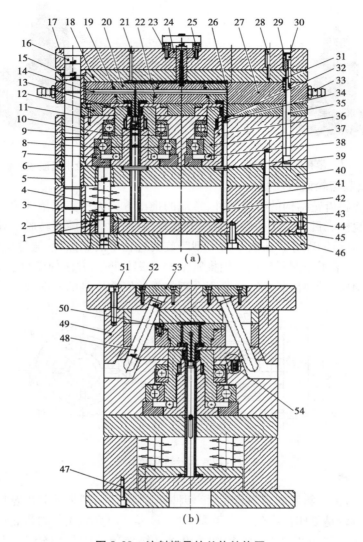

图 5.30　注射模具的总体结构图

(a)齿形型腔旋转脱模机构图;(b)侧向抽芯机构图

1—推板导套;2—推板导柱;3—垫块;4—复位弹簧;5—导套Ⅰ;6—导套Ⅱ;7—套筒Ⅰ;

8—深沟球轴承;9—动模板;10—推力球轴承;11—螺钉M5×25;12—导轨;13—滑块;14—水道;

15—导套Ⅲ;16—导柱;17—定模座板;18—流道推板;19—O形密封圈;20—定模型芯;

21—拉料杆;22—O形密封圈Ⅱ;23—定位圈;24—浇口套;25—螺钉M4×25;26—铜棒;

27—定模固定板;28—定距螺钉;29—套筒;30—螺钉M10×40;31—弹簧;32—螺纹堵头;

33—水嘴;34—滚针轴承;35—定距拉杆;36—动模型芯;37—斜齿型芯;38—钢珠;

39—销钉Φ6×40;40—支承板;41—螺钉M6×145;42—推管;43—推板固定板;44—螺钉;

45—推板;46—动模座板;47—螺钉M10×35;48—斜导柱;49—楔紧块;50—螺钉M4×10;

51—螺钉M8×45;52—螺钉M4×20;53—压块;54—限位装置

①齿形型腔旋转脱模机构。如图 5.30(a)所示,在动模板 9 上分别安装一个深沟球轴承 8 和一个推力球轴承 10,使其与动模板 9 间能够相互转动,减小摩擦。与此同时,滚针轴承 34 和 8 个钢珠 38 减小了动模型芯与 36 斜齿型芯 37 之间的摩擦力。通过这一系列结构,当动定模开模到一定距离时,注塑机推杆通过推板 45 和推管 42 推动塑件前移,塑件的斜齿带动斜齿型芯 37 转动,从而实现塑件斜齿的脱模。

由于塑件的尺寸不是很大,因此每个塑件只需 1 个顶件即可。考虑到塑件本身包含一个圆环结构,如图 5.29 所示,模具中采用推管 42 将塑件顶出。

模具中使用的推管直径参数为:外径 $d_{外} = 16$ mm;内径 $d_{内} = 11$ mm。

此外,在推管中挖一个销孔,该结构用来安装直径为 6 的销钉 39 以实现推管防转。销孔的长度根据推管的活动距离确定为 28 mm,推管和销孔具体结构如图 5.30(a)所示。

②侧向抽芯机构。该套模具采用斜导柱导滑的方式,利用斜导柱起到导向与侧向分型的作用,侧向抽芯机构如图 5.30(b)所示。为了限制滑块侧向滑行的距离,在动模板上还增加了限位装置 54。为了保证滑块平稳滑动,采用 T 形槽的形式将滑块固定于动模板上。导轨的材料为 45 钢,经过淬火处理后硬度可达到 HRC48。

经计算,本套模具中侧向抽芯机构的几个重要参数为:斜导柱的倾斜角 $\alpha = 22°$,抽芯距 $S = 8$ mm,斜导柱固定端大端直径 $D = 20$ mm,斜导柱固定板的厚度 $h = 90$ mm,斜导柱工作部分直径 $d = 16$ mm,斜导柱的总长度 $L = 140$ mm,有效行程为 13.4 mm,最小开模行程为 18.4 mm。

由于顶出行程要保证产品能够顺利顶出,所以需要考虑产品的脱模距离和最大高度。经测量,本设计的产品的脱模距离为 16 mm,产品的高度为 26 mm,再加 5 mm 左右的裕量,因此本结构取推出距离为 45 mm。

③模具定距分型原理及工作过程。注射保压后开模,动模后退,分型面 Ⅰ 打开,在拉料杆 21 的作用下,内浇口被拉断,流道凝料脱离定模型芯 20。同时,斜导柱 48 驱动滑块 13 完成侧向分型抽芯。

当定模固定板 27 接触定距拉杆 35 时,分型面 Ⅰ 分型结束,分型面 Ⅱ 打开,流道推板 18 使凝料脱开拉料杆 21 和浇口套 24,流道凝料自动脱落。

当流道推板 18 带动定距螺钉 28 移动接触定模座板 17 时,分型面 Ⅱ 分型结束,分型面 Ⅲ 打开,塑件从定模型腔中脱出。

当开模至一定距离后,注塑机推杆通过推板 45 和推管 42 推动塑件前移,塑件的螺旋斜齿轮带动斜齿型腔转动,从而使塑件顺利脱离斜齿型芯 37。

塑件取出后,注塑机推杆回位,复位弹簧 4 使推出机构先复位。合模过程中,斜导柱带动滑块复位。

④小结。本副模具采用齿形型腔旋转脱模的结构实现斜齿轮的脱模,通过在动模上设置各类轴承、滚针、钢珠等零件以减小齿形型芯和周边零件之间的摩擦力,从而保证塑件在推出过程中齿形型芯沿螺旋方向顺利旋转;同时,应用斜导柱—哈夫侧向分型机构实现侧向抽芯,模具采用一模两腔布局,使用点浇口形式进料提高塑件表面品质,通过四板模结构实现了 3 次顺序分型定距。

【项目小结】

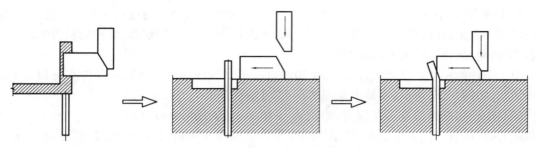

图5.31 侧抽芯机构的干涉现象

$$\text{按动力来源分}\begin{cases}\text{机动侧抽芯机构}\\\text{液压或气动侧抽芯机构}\\\text{手动侧抽芯机构}\end{cases}$$

$$\text{按模具结构分}\begin{cases}\text{斜导柱分型与抽芯机构}\\\text{斜滑块分型与抽芯机构}\\\text{其他侧抽芯机构}\end{cases}$$

当注射成型侧壁带有孔、凹穴、凸台等的塑件时,模具上成型该处的零件就必须制成可侧向移动的零件,称为活动型芯。在塑件脱模前先将活动型芯抽出,否则就无法脱模。带动活动型芯作侧向移动(抽拔与复位)的整个机构称为侧分型与抽芯机构,简称侧抽芯机构。

滑块与推杆同在合模过程中复位,若滑块先复位而推杆后复位,则有可能发生侧型芯撞击推杆的现象,称为侧向抽芯与分型机构的干涉现象。

【思考与练习】

一、是非题

1.斜导柱与斜滑块之间应采用大间隙配合。　　　　　　　　　　　　　　　　(　　)

2.斜导柱抽芯不是常用的抽芯机构。　　　　　　　　　　　　　　　　　　(　　)

3.压紧块的楔角应小于斜导柱的倾角。　　　　　　　　　　　　　　　　(　　)

4.斜导柱固定在定模部分,侧型芯滑块安装在动模部。　　　　　　　　　　(　　)

5.斜滑块侧向分型抽芯机构是利用开模力来驱动斜滑块斜向运动的。　　　　(　　)

二、填空题

1.在斜导柱抽芯机构中,斜楔的楔角应比斜导柱倾角大_____度,否则导柱无法带动滑块。

2.斜导柱固定在定模部分,侧型芯滑块安装在动模部分,设计时要防止干涉现象。干涉现象是指_____,避免干涉的临界条件为_____,倘若无法满足这个条件,必须设计推杆先复位机构,常用的先复位机构有_____、_____、_____。

3.斜导柱侧向分型抽芯机构主要由_____、_____、_____和_____等部件组成。

4.复位机构主要有_____、_____和_____三种形式。

三、简答题

1.斜导柱侧向分型与抽芯机构由哪几部分组成? 各部分的作用是什么?

2.斜导柱及斜滑块侧向分型与抽芯机构各自具有什么样的特点?

3.斜滑块侧向分型模具设计时,应注意哪些问题?

项目6 带有活动镶件的注射模具

【学习目标】1. 了解带有活动镶件典型注射模具的结构形式。

2. 掌握带有活动镶件典型注射模具的工作原理。

3. 了解个别塑件强制脱模原理及工艺过程。

【能力目标】1. 能分析带有活动镶件的典型注射模具的结构形式及工作原理。

2. 能熟练运用强制脱模的注意事项判断塑件是否需要强制脱模。

任务6.1 带有活动镶件的注射模具概述

塑件上除了有侧向的孔及凹、凸形状外,一些特殊的塑件上还有螺纹孔及外螺纹表面等。这样的塑件成型时,即使采用侧向抽芯机构也无法实现侧向抽芯的要求。在设计中为了简化模具结构,可以将局部的成型零件设置成活动镶件,而不采用斜导柱、斜滑块等机构。

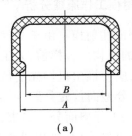 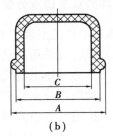

(a)　　　　　　　　　(b)

图6.1　带有凹槽(或外凸)形状零件

任务6.2 带有活动镶件的注射模具的工作原理和结构

6.2.1　工作原理

开模时,这些活动镶件在塑件脱模时连同塑件一起被推出模外,然后通过手工或用专门的工具将活动镶件与塑件分离,在下一次合模注射之前再重新将活动镶件放入模具内。

6.2.2　结构分析

采用带有活动镶件结构形式的模具,其特点是省去了斜导柱、斜滑块等复杂结构的设计与制造,模具结构简单,外形缩小,降低了制造成本。另外,在某些无法安排斜导柱、斜滑块结构的场合,使用活动镶件这种形式更为灵活。带有活动镶件注射模的缺点是生产效率较低,操作时安全性差,无法实现自动化生产。

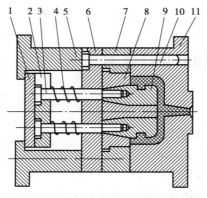

图 6.2　带有活动镶块的注射模具

1—推板；2—推杆固定板；3—推杆；4—弹簧；
5—支架；6—支架板；7—动模板；8—型芯座；
9—活动镶块；10—导柱；11—定模座板（型腔）

如果塑件带有内侧凸、凹槽或螺纹，在模具上就需要设置活动型芯、螺纹型芯、型环或哈夫块等，这种注射模具就成为带有活动镶块的注射模具。如图 6.2 所示模具，塑件内壁带有凸台，模具采用活动镶块 9 成型。开模时，塑件与流道凝料同时留在活动镶块 9 上，同动模一起运动。当模具的动模与定模拉开一定距离后，注射机上的顶出机构推动推板 1，从而推动推杆 3，使模具的活动镶块 9 随同塑件一起推出模外，然后用手工使塑件与镶块分离，再将活动镶块重新装入动模。在镶块装入动模前，推杆 3 由于弹簧 4 的作用已经复位，型芯座 8 的锥孔（面）保证镶块定位准确可靠。

<h2 style="text-align:center">任务 6.3　项目实施</h2>

6.3.1　带有活动镶件的点浇口双分型面注射模工作原理分析

图 6.3 所示是带有活动镶件的点浇口双分型面注射模。由于塑件的内侧有一局部圆环，所以无法设置斜导柱或斜滑块，故采用活动镶件的机构。合模前，人工操作将活动镶件 11 定位于动模板 15 的对应孔中。为了便于安装镶件，应使推出机构先复位，为此在四只复位杆上安装了四个弹簧。开模时，动模部分向后移动，A 分型面首先分型，点浇口凝料从浇口套中脱出。定距导柱 16 左端限位挡圈接触中间板 14 时，A 分型面分型结束，B 分型面分型，塑件包在型芯 12 和活动镶件 11 上随动模一起后移。分型结束时，推出机构开始工作，推杆 17 和 9 将塑件及活动镶件 11 一起推出模外。合模时，弹簧 5 使推杆先复位后，人工操作将与塑件分离后的活动镶件重新放入模具内合模，然后再进行下一次注射成型。

对于成型带螺纹塑件的注射模，可以采用螺纹型芯或螺纹型环，其实质上也是活动镶件。开模时，活动螺纹型芯或型环随塑件一起被推出机构推出模外，然后用手工或专用工具将螺纹型芯或型环从塑件中旋出，再将其放入模具中进行下一次注射成型。

6.3.2　带有活动镶件的注射模注意事项

设计带有活动镶件的注射模时应注意：活动镶件在模具中应有可靠的定位和正确的配合；除了和安放孔有一段 5~10 mm $H8/f8$ 的配合外，其余长度应设计成 3°~5° 的斜面以保证配合间隙；由于脱模工艺的需要，有些模具在活动镶件的后面需要设置推杆，开模时将活动镶件推出模外后，为了下一次安放，活动镶件推杆必须预先复位，否则活动镶件将无法放入安装孔内。图 6.3 中的弹簧 5 便能起到使推出机构先复位的作用。弹簧一般为 4 个，安装在复位杆上。此外，也可以将活动镶件设计成在合模时部分与定模分型面接触，在推杆将其推出时并不全部推出安装孔，还保留一部分（但应方便取件），以便安装活动镶件，合模时由定模分型面将

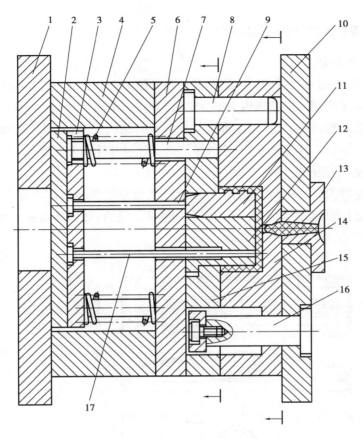

图 6.3　带有活动镶件的注射模

1—动模座板;2—推板;3—推杆固定板;4—垫块;5—弹簧;6—支承板;
7—复位杆;8—导柱;9—推杆;10—定模座板;11—活动镶件;12—型芯;
13—浇口套;14—中间板;15—动模板;16—定距导柱;17—推杆

活动镶件全部压入所安放的孔内。这种设计方法往往将推杆与活动镶件用螺纹连接。活动镶件放在模具中容易滑落的位置(如立式注射机的上模或受冲击振动较大的卧式注射机的动模一侧)时,活动镶件插入时应有弹性连接装置加以稳定,以免合模时镶件落下或移位造成塑件报废或模具损坏。

图 6.4 是用豁口柄的弹性形式将活动螺纹型芯安装在立式注射机上模的安装孔内,用来直接成型内螺纹塑件。成型后,镶件随塑件一起拉出,然后用专用工具将镶件从塑件上取下。由于豁口的弹性连接力较弱,所以这种弹性安装形式适合于直径小于 8 mm 的活动镶件。

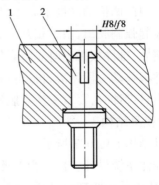

图 6.4　弹性连接的活动镶件的安装形式
1—上模;2—带有豁口柄的活动螺纹型芯

65

【技术拓展】塑件强制脱模机构设计

（1）塑件工艺性分析

注射模设计中，当用于注射成型的塑件上有与开模方向不同的侧孔、侧凹或侧向凸台时，其模具结构一般要采用侧向抽芯机构来进行模内脱模，或采用活动镶件（型芯）来进行模外脱模。采用侧向抽芯机构，模具生产效率高但会导致模具结构复杂；采用活动镶件（型芯），模具结构简单但生产效率低。对于聚乙烯、聚丙烯等这类材料弹性较大的塑件，若在结构允许的情况下采用强制脱模，则能解决以上矛盾。

图6.5所示塑件，其材料为软PP，生产批量大，关键是要成型内部高度为2 mm的斜向内槽。由于受塑件结构限制，空间不够，采用斜向内抽芯不适合；如用活动镶件来进行模外脱模，则生产效率低，也不适合。

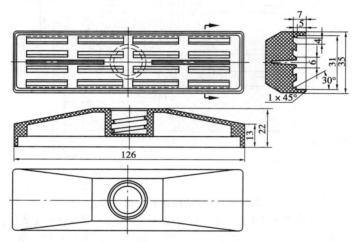

图6.5 塑件

由于斜向凹槽的高度不高，材料PP的弹性较大，可采用强制脱模，推件板推出。但如果4排凹槽一起强制脱出，由于相互牵制，产品变形较大，较难脱出。经分析，决定分成两次强制脱模。开模后，推件板推出时先将靠外的2排凹槽脱出，中间的2排凹槽成型零件则做成活动镶件随推件板移动一段距离，再进行强制脱模。

在模具设计时，要着重注意脱模机构的设计，尤其是活动镶件的复位问题。

（2）模具结构

模具结构如图6.7所示。

①浇注系统设计。模具为1模2腔，为保证塑件外形美观，采用潜伏浇口，塑件中间部位较厚大，所以从中心部位进料，可避免中间部位收缩较大。

②分型面设计。为保证塑件脱模后留在动模一侧及外观要求，根据塑件结构特点，分型面选在倒角45°处，即模具结构图3中的分型面Ⅰ。

③型腔结构设计。定模型腔较简单，采用整体镶入式，用电火花成型。动模用推件板推出

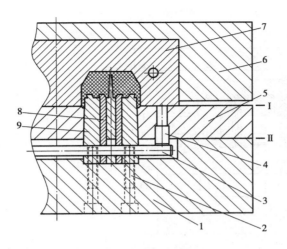

图 6.6　强制脱模机构

1—动模板;2—动模型芯紧固螺钉;3—复位杆;4—限位杆;

5—推件板;6—定模板;7—定模镶件;8—动模型芯镶件;9—动模型芯

机构,斜向凹槽用强制脱模。

④脱模机构分析与设计。如图 6.6 所示,模具脱模机构比较独特,不采用常见的活动镶件模外脱模或先斜顶块内抽后再脱模,而是利用塑料弹性进行强制脱模。

由于塑件横向有 4 排斜向凹槽,开模后,塑件将会随动模型芯一起移动而留在动模。当推件板推出时,应先将靠外的 2 排斜向凹槽强行脱出,由于中间的 2 排斜向凹槽成型零件做成了活动镶件,可随推件板一起移动,这样不但减小了斜向凹槽的脱模力,而且还减少了 4 排斜向凹槽之间的相互牵扯,从而减小了塑件斜向凹槽因强制脱模而引起的变形。

限位钉的加入,保证了活动镶件复位平稳可靠。

(3)模具工作过程

模具结构如图 6.7 所示。开模时,由于 4 排斜向凹槽的作用,分型面 I 先分型,塑件与定模型腔开始脱离随动模型芯 5 一起移动。开模结束后,注塑机顶杆推动推板 2,推出机构开始工作,使推件板 7 向前推出,先将靠外的 2 排斜向凹槽强行脱出,活动镶件(动模型芯镶件 6)随推件板 7 一起向前移动一段距离后,限位杆 12 碰到动模型芯 5 上孔的上壁而使动模型芯镶件 6 不能再向前移动,推件板继续向前推出将中间 2 排斜向凹槽强行脱出,使塑件脱出;合模时,由于限位钉 11 是固定在推件板 7 上,而限位杆 12 是与动模型芯镶件 6 固定联接在一起,限位杆 12 碰到限位钉 11 后,迫使活动镶件(动模型芯镶件 6)进行复位,完成整个合模过程。

(4)模具设计注意事项

①动模型芯与推件板配合孔应留有斜度,以免擦伤动模型芯。

②活动镶件(动模型芯镶件)应有适当的滑动行程,以保证斜向凹槽能完全脱出。

③装配时应注意活动镶件滑动平稳,无卡滞及跳动现象。

从塑件结构看,较难成型的是斜向凹槽。由于采用了巧妙的结构,避免了使用斜向内抽芯及活动镶件模外脱模,使模具结构变得较为简单、可靠,缩短了制造周期,降低了模具成本。

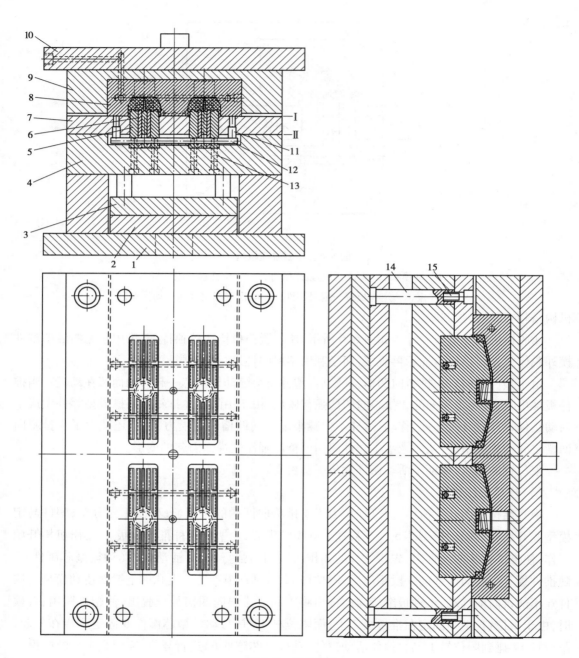

图 6.7 模具结构

1—动模座板;2—推板;3—推杆固定板;4—动模板;5—动模型芯;
6—动模型芯镶件;7—推件板;8—定模镶件;9—定模板;10—定模座板;
11—限位钉;12—限位杆;13—动模型芯紧固螺钉;14—复位杆;15—螺钉

【项目小结】

由于某些塑料制品的特殊结构(如制件局部或内、外侧表面带有凸台、凹槽),无法通过简单的分型从模具内取出制品,需要在注射模中设置可以活动的成型零部件,如活动凸模、活动凹模、活动成型杆、活动成型镶块等,以便能在开模时方便地脱取制品。

塑料制品注射模设计中,当塑料制品上有与模具开模方向不一致的侧凹(或侧凸)时,为了顺利脱模而不损坏塑料制品,需要在模具上设计侧向分型与抽芯机构。具有侧向分型与抽芯机构的注射模结构复杂,成本高。为了降低成本,简化模具结构,当尺寸精度要求不高时,对于带有侧凹(或侧凸)的塑料制品常常考虑采用强制脱模的设计思想。强制脱模主要是依靠塑料制品的侧凹(或侧凸)部位可发生的弹性变形来脱出。强制脱模应注意的事项如下:

①塑料制品上的侧凹(或侧凸)尺寸应较小,且具有圆角,一般规定尺寸大小如图 6.1 所示。$a - \dfrac{A - B}{B} < 5\%$;$b - \dfrac{A - B}{C} < 5\%$。

②这类塑料制品使用的塑料必须具有较好的弹性和韧性,例如聚乙烯、聚丙烯、聚苯乙烯、聚甲醛等;硬而脆的尼龙、聚甲基丙烯酸甲酯等塑料不能用于强制脱模。

③模具上必须设计与塑料制品弹性变形相适应的结构。由于强制脱模主要是使塑料制品发生弹性变形而脱出侧凹(或侧凸)部分,因此在模具结构上必须留有使塑料制品发生弹性变形的空间,这是设计者首先要考虑的关键问题。

④强制脱模的注射模典型结构主要有两种,一是利用开模过程中的开模力实现强制脱模;二是利用推出过程中的推出力实现强制脱模。两种结构在设计上都必须具有保证注射模先后动作的机构或零件,如定距分型机构、拉模器、锁模器及开闭器等。

强制脱模的设计思想是使塑料制品发生弹性变形而脱模。这一设计思想不仅可用在脱出塑料制品的侧凹(或侧凸)上,还可用在塑料螺纹制品的脱螺纹机构中。经生产验证,采用强制脱模的注射模结构简单、紧凑,动作可靠;生产的塑料制品质量满足用户要求,生产效率高,已取得了良好的经济和社会效益。

【思考与练习】

1.相对于整体型芯,活动镶件使模具更加复杂化。试解释注射模具中引入活动镶件的原因。

2.哪些材料适合强制脱模?哪些又不适合?为什么?

3.强制脱模的方式有哪几种?原理为何?请分别叙述出来。

4.请简述带有活动镶件注射模具的脱模过程以及合模过程。

项目 7　其他类型结构的注射模具

【学习目标】 1. 了解自动卸螺纹注射模具的工作原理。

2. 了解角式注射机用注射模具的结构特点和工作原理。

3. 了解热流道注射模具的基本结构组成和工作原理。

4. 掌握热固性塑料注射模具的特点。

【能力目标】 1. 能熟练列举带螺纹嵌件脱螺纹的几种形式。

2. 能掌握热流道系统各组成部分的功能及结构要求。

3. 能掌握热流道注射模的特点。

4. 能分析典型热流道注射模具的工作原理。

5. 能掌握热固性塑料注射模具与热塑性塑料注射模具的联系与区别。

任务 7.1　其他注射模具概述

对于成型带有螺纹的塑件,考虑到浇注系统凝料较为浪费塑料原材料、扩大注射模具所选用材料的范围及其他诸多原因,对普通类型的塑料注射模具结构加以改变或改进,便有了自动卸螺纹注射模具、角式注射机用注射模具、无流道注射模具及热固性塑料注射模具等其他类型结构的模具。

任务 7.2　其他注射模具的分类、结构特点和工作原理

7.2.1　自动卸螺纹注射模具

当成型带有内、外螺纹的塑件时,模具可采用自动卸螺纹装置。在模具结构设计中,设置可转动的螺纹型芯和螺纹型环,利用注射机的往复运动或旋转运动,或设置专门的驱动装置(如电机、液压马达及传动装置)与模具连接,开模后带动螺纹型芯或型环转动,使塑件脱出。图 7.1 所示是直角式注射机上用的自动卸螺纹注射模具。螺纹型芯的旋转由注射机开合模的丝杆带动,使其与塑件分离。为了防止螺纹型芯与制品一起旋转,一般要求塑件外形具有防转结构。自动卸螺纹注射模具就是利用塑件顶面的凸出图案来防止塑件随着螺纹型芯转动而转动,以便塑件与螺纹型芯分开,见图 7.1。开模时,在 A—A 分型面处先分开,与此同时,螺纹型芯 7 由注射机的开合螺杆带动而旋转,从而开始拧出塑件(塑件设计时,开合螺杆的螺距大于制品螺纹的螺距)。此时,B—B 分型面也随螺纹型芯的拧出而分型,塑件暂时还留在型腔内不动。当螺纹型芯在制品内尚有一个螺距时,定距螺钉 4 拉着支撑板 5,使分型面 B—B 加速打开,塑件即被带出凹模。继续开模,塑件全部脱离型芯和凹模。

70

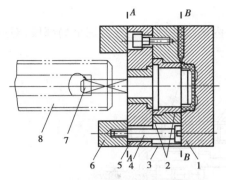

图 7.1 自动卸螺纹的注射模具

1—定模座板;2—衬套;3—动模板;4—定距螺钉;

5—支承板;6—支架;7—螺纹型芯;8—注射机合模螺杆

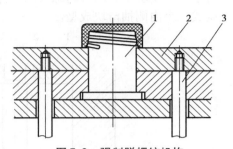

图 7.2 强制脱螺纹机构

1—螺纹型芯;2—推件板;3—推杆

（1）带螺纹嵌件的脱模

塑件上的螺纹分外螺纹和内螺纹两种。外螺纹成型比较容易,通常是由滑块来成型,成型后打开滑块,即可取出塑件。也可以采用活动型环来成型外螺纹,成型后塑件与活动型环一起由模具内取出,然后在模外旋转脱下活动型环,得到带外螺纹的塑件。塑件上的内螺纹成型时,受到模具空间的限制,因此其脱模方式较为复杂,常见的形式有:

1）活动型芯模外脱螺纹

成型螺纹塑件时,先将活动型芯放入模内,成型后将塑件与活动型芯一起从模内取出,再旋转脱出活动型芯,得到带内螺纹的塑件。这种脱模方式结构简单,但生产效率低,操作工人劳动强度大,只适用于小批量生产。

2）强制脱螺纹

带有内螺纹的塑件成型后包紧在螺纹型芯上,推杆在注射机推出装置的作用下推动推杆板,强制将塑件从螺纹型芯上脱出。采用强制螺纹的方法受到一定条件的限制:首先,塑件应是聚烯烃类柔性塑料;其次,螺纹应是半圆形粗牙螺纹,螺纹高度小于螺纹外径的25%;最后,塑件必须有足够的厚度吸收弹性变形能。

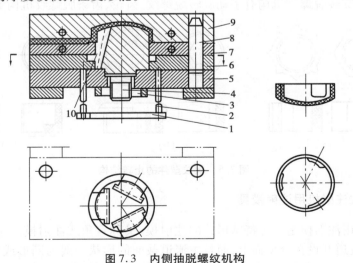

图 7.3 内侧抽脱螺纹机构

1—推板;2—推杆;3—锁紧螺母;4—主型芯;5—支承板;

6,7—推件板;8—导柱;9—定模板;10—螺纹滑块

71

3）内侧抽脱螺纹（如图7.3所示）

对于一些要求不高的带内螺纹的塑件，可以将内螺纹在圆周上分为三个局部段，对应在模具上制成三个内侧抽滑块成型。

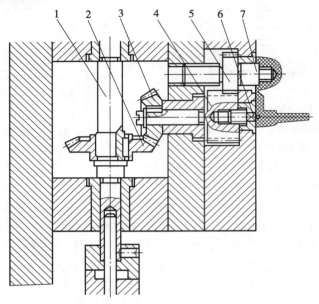

图7.4　手动旋转脱螺纹机构

1—手动轴；2,3—锥齿轮；4,5—齿轮；6—活动型芯；7—螺纹型芯

4）模内旋转脱螺纹

许多带内螺纹的塑件要采用模内旋转的方式脱出。使用旋转方式脱螺纹，塑件与螺纹型芯之间要有周向的相对转动和轴向的相对移动，因此，螺纹塑件必须有止转的结构，如图7.5所示。图7.5(a)所示是在塑件外表面设置凸楞止转；图7.5(b)所示是在塑件内表面设置凹槽止转；图7.5(c)所示是在塑件端面上设置凸起止转。

常用的模内旋转脱螺纹机构有手动旋转脱螺纹、齿轮、齿条脱螺纹机构等。

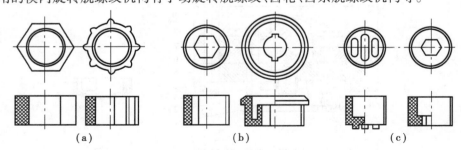

（a）　　　　　　　　（b）　　　　　　　　（c）

图7.5　螺纹塑件的止转结构

7.2.2　角式注射机用注射模具

角式注射机用注射模是一种特殊形式的注射模，又称直角式注射模。这类模具的结构特点是主流道、分流道开设在分型面上，而且主流道截面的形状一般为圆形或扁圆形，注射方向与合模方向垂直，特别适合于一模多腔、塑件尺寸较小的注射模具，模具结构如图7.6所示。

开模时,塑件包紧在型芯 10 上,与主流道凝料一起留在动模一侧,并向后移动,经过一定距离以后,推出机构开始工作,推件板 11 将塑件从型芯 10 上脱下。为防止注射机喷嘴与主流道端部的磨损和变形,主流道的端部一般镶有淬火块,图 7.6 中的浇道镶块 7 就是为了这一原因所设计的。

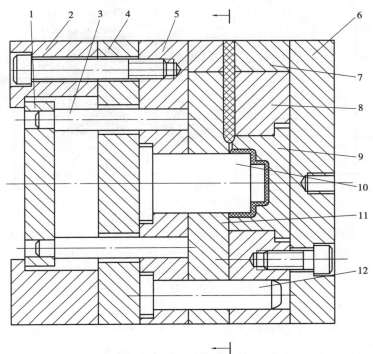

图 7.6　角式注射机用注射模具
1—推板;2—支架;3—推杆;4—支承板;5—型芯固定板;6—定模座板;
7—浇道镶块;8—定模板;9—凹模;10—型芯;11—推件板;12—导柱

7.2.3　无流道注射模具

在成型过程中,使用无流道注射模具(又称无流道凝料注射模具)可使模具浇注系统中的塑料始终保持熔融状态,这是一种成型后只需取出塑件而无流道凝料的注射模具,如图 7.7 所示。图中,塑料从喷嘴 21 进入模具后,在流道中给以加热保温,使其仍保持熔融状态。每一次注射完毕,只有在型腔内的塑料冷凝成型,没有流道冷凝料,取出塑件后又可继续注射,这就大大节省了塑料用量,提高了生产效率,有利于实现自动化生产和保证塑件质量。但热流道注射模具结构复杂,造价高,模温控制要求严格,因此仅适用于大批量生产。

(1)热流道注射模

1)热流道浇注系统

热流道浇注系统亦称无流道浇注系统,它与普通浇注系统的区别在于:在整个生产过程中,浇注系统内的塑料始终处于熔融状态,压力损失小,可以对多点浇口、多型腔模具及大型塑件实现低压注射。另外,这种浇注系统没有浇注系统凝料,可实现无废料加工,省去了去除浇

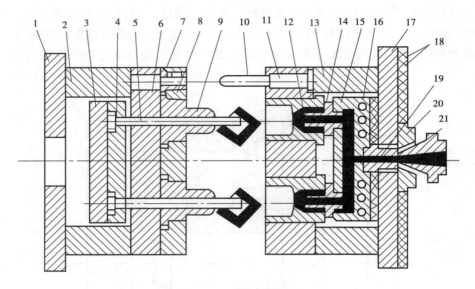

图 7.7　热流道注射模具

1—动模座板;2,13—垫块;3—推板;4—推杆固定板;5—推杆;6—支承板;
7—导套;8—动模板;9—型芯;10—导柱;11—定模板;12—凹模;
14—二级喷嘴;15—热流道板;16—加热器孔;17—定模座板;
18—绝热层;19—主流道衬套;20—定位圈;21—喷嘴

口的工序,可节约人力、物力。

采用热流道浇注系统成型塑件时,要求塑件的原材料性能有较强的适应性。

①热稳定性好。塑料的熔融温度范围宽,黏度变化小,对温度变化不敏感,在较低的温度下具有较好的流动性,在较高温度下也不易热分解;②对压力敏感。不施加注射压力时,塑件不流动,但施加较低的注射压力塑件就会流动;③固化温度和热变形温度较高。塑件在比较高的温度下即可固化,缩短成型周期;④比热容小。它既能快速冷凝,又能快速熔融;⑤导热性能好。它能把树脂所带来的热量快速传给模具,加速固化。

从原理上讲,只要模具设计与塑件性能相结合,几乎所有的热塑性塑料都可采用热流道注射成型,但目前在热流道注射成型中应用最多的是聚乙烯、聚丙烯、聚苯乙烯、聚丙烯腈、聚氯乙烯 ABS 等。

热流道可以分为绝热流道和加热流道,介于两者之间的称为半绝热流道。

2)热流道注射模工作原理

注射时,熔融塑料流经浇口套、热流道板和喷嘴进入模具型腔,热流道板设有电加热圈为其加热,以保证熔融塑料的温度。喷嘴无加热装置,其温度靠热传导获得。喷嘴应选用导热性好的材料。在注射时,有一部分熔融塑料流入定模板与喷嘴之间,形成一层隔热层,以保证喷嘴处有足够的温度。热流道板由顶心套及定位销定位,由压紧螺钉压紧,并可做适当的调节。隔热板用于定模板与热流道板之间的隔热,以保持各自的适当温度。注射完毕后,模具打开,浇口被拉断,塑料制件包紧在型芯上。当动模部分打开到一定位置时,注射机两侧的定出杆顶推推件板,便制件脱出。限位销控制了推件板的移动距离。

3）热流道喷嘴

①直接接触式喷嘴（如图7.8所示）。该喷嘴采用外加热,内部通道粗大。

②绝热式喷嘴（如图7.9所示）。该喷嘴采用塑料隔热层与模具型腔板绝热,常用导热性好的铍铜合金制造。

③内热式喷嘴。内热式喷嘴是在喷嘴的内部设置加热棒,对喷嘴内的塑料进行加热。加热棒安装于分流梭中央,其加热功率可由电压调节。分流梭四周的熔体通道间隙一般为3～5 mm。间隙过小,则流动阻力大,散热快;间隙过大,则熔体径向温差大,并且结构尺寸也大。

④阀式热流道喷嘴。用一根可控制启闭的阀芯置于喷嘴中,使浇口成为阀门,在注射保压时打开,在冷却阶段关闭。这种喷嘴可防止熔体拉丝和流涎,特别适用于低黏度塑料。阀式热流道喷嘴按阀启闭的驱动方式分为两类:一类是靠熔体压力驱动;另一类是靠油缸液压力驱动。

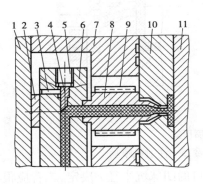

图7.8 直接接触式喷嘴

1—定模座板;2—垫块;3—止动销;4—堵头;

5—螺塞;6—热流道板;7—侧支板;

8—直接接触式喷嘴;9—加热圈;

10—定模板;11—动模板

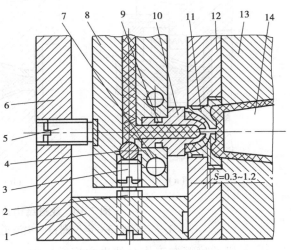

图7.9 绝热式喷嘴

1—侧支板;2—定距螺钉;3—螺塞;4—密封钢球;

5—支承螺钉;6—定模座板;7—加热器孔;

8—热流道板;9—弹簧圈;10—喷嘴;

11—喷嘴套;12—定模板;13—定模型腔板;14—型芯

⑤热管式热流道。热管是超级导热元件,它是综合液体蒸发与冷凝原理和毛细管现象设计的,直径通常为2～8 mm,长40～200 mm,其导热能力是同样直径铜棒的几百倍甚至上千倍。它是铜管制成的密封件,在真空状态下加入传热介质,热端蒸发段的传热介质在较高温度下沸腾蒸发,经绝热段向冷凝段流动,放出热量后又凝结成液态。管中细金属丝结构的芯套,起着毛细管的抽吸作用,将传热介质送回蒸发阶段重新循环,这一过程将继续进行到热管两端温度平衡为止。

4）热流道注射模结构

热流道注射模是注射模的发展趋向,它与普通注射模相比有许多优点,如节省原料、生产效率高,故应用较广泛。热流道注射模可以分为绝热流道注射模和加热流道注射模。

①结构组成:成型零部件;浇注系统隔热板、电加热圈、热流道板、浇口套、喷嘴、密封圈;导

向部分导柱、推件板和定模板上的导向孔;推出装置推件板;结构零部件。

②绝热流道注射模的流道截面相当粗大,这样,就可以利用塑料比金属导热性差的特性,让靠近流道内壁的塑料冷凝成一个完全或半熔化的固化层,从而起到绝热作用。而流道中心部位的塑料在连续注射时仍然保持熔融状态,熔融的塑料通过流道的中心部分顺利充填型腔。由于不对流道进行辅助加热,其中的融料容易固化,要求注射成型周期较短。

a. 井坑式喷嘴。井坑式喷嘴又称为绝热流道,它是一种结构简单并适用于单型腔的绝热流道。它在注射机喷嘴与模具入口之间装有一个主流道杯,杯外采用空气隙绝热。在注射过程中,与井壁接触的熔体很快固化而形成一个绝热层,使位于中心部位的熔体保持良好的流动状态,熔体在注射压力的作用下通过点浇口充填型腔。采用井坑式喷嘴注射成型时,一般注射成型周期不大于 20 s。

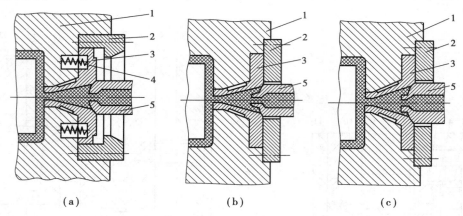

图 7.10　改进结构的井坑式喷嘴形式
1—定模板;2—定位圈;3—主流道杯;4—弹簧;5—注射机喷嘴

注射机的喷嘴在工作时伸进主流道杯中,其长度由杯口的凹球坑半径 r 决定,二者应很好贴合。储料井直径不能太大,要防止熔体反压使喷嘴后退产生漏料。

b. 多型腔绝热流道。多型腔绝热流道可分为直接浇口式和点浇口式两种类型。其分流道为圆截面,直径常取 16 ~ 32 mm,成型周期愈长,直径愈大。在分流道板与定模板之间设置气隙并且减小二者的接触面积,以防止分流道板的热量传给定模板,影响塑件的冷却定型。

一模多型腔绝热流道对整个流道(主流道和分流道)绝热。模具的主流道和分流道都很粗大,模具不加热,主要靠料流的冷硬层绝热保持流道内塑料的熔融状态。其缺点为塑件上带有一小段浇口凝料,须经后续处理。

③加热流道注射模。加热流道注射模又简称为热流道注射模。加热流道是指设置加热器使浇注系统内塑料保持熔融状态,以保证注射成型正常进行。

由于能有效地维持流道温度恒定,使流道中的压力能良好传递,压力损失小,可适当降低注射温度和压力,减少塑料制品内残余应力。加热流道模具对加热温度控制精度要求更高。

a. 单型腔加热流道。单型腔加热流道采用了延伸式喷嘴结构,是将普通注射机喷嘴加长后与模具上浇口部位直接接触的一种喷嘴。喷嘴自身装有加热器,型腔采用点浇口进料。喷嘴与模具间要采取有效的绝热措施,防止将喷嘴的热量传给模具。

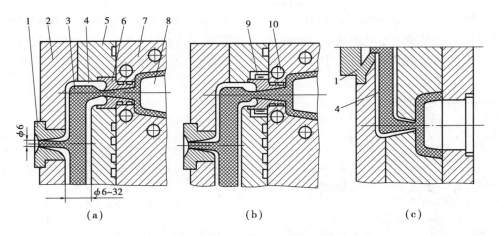

图 7.11　多型腔绝热流道

1—浇口套;2—热流道板;3—分流道;4—固化绝热层;5—分流道板;
6—直接浇口衬套;7—定模板;8—型芯;9—加热圈;10—冷却水管

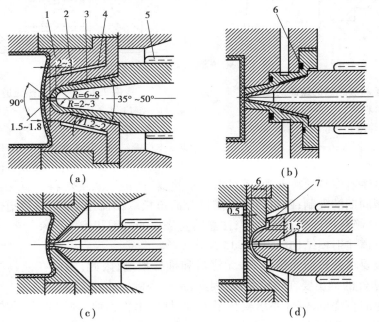

图 7.12　延伸式喷嘴

1—衬套;2—浇口套;3—喷嘴;4—空气隙;
5—电加热圈;6—密封圈;7—聚四氟乙烯密封垫

延伸式喷嘴(如图 7.12、图 7.13 所示)是将喷嘴延伸至浇口附近,只能用于单型腔注射模具。喷嘴与型腔间采用塑料或空气绝热。它已成功用于 PE、PP、PS 等塑料的成型,但因绝热间隙存料,故不适合于热稳定性差和易分解的塑料。因与喷嘴接触的浇口附近型腔壁很薄,为防止被喷嘴顶坏或变形,故喷嘴与浇口套之间设置了环形承压面 A。

延伸式喷嘴上带有电加热圈和温度测量、控制装置。喷嘴温度一般要高于料筒温度5 ~

20 ℃。同时,应尽量减少喷嘴与模具的接触时间和接触面积,通常注射保压后喷嘴应脱离模具。也可以采用气隙或塑料层减小接触面积,一般喷嘴应为 $\Phi 0.8 \sim 1.2 \ mm$ 直径的点浇口。

b.多型腔加热流道(如图7.14)。多型腔流道系统由主流道、热流道板和喷嘴三部分组成。

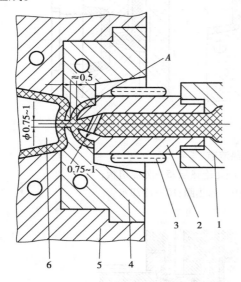

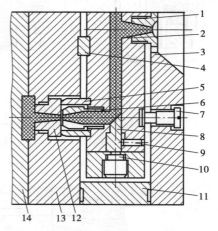

图7.13　塑料层绝热的延伸式喷嘴

1—注射机料筒;2—延伸式喷嘴;

3—加热圈;4—浇口衬套;

5—定模板;6—型芯

图7.14　多腔加热流道

1—浇口套;2—热流道板;3—定模座板;

4—垫块;5—滑动压环;6—喷嘴套;

7—支撑螺钉;8—堵头;9—止动销;10—加热器;

11—侧板;12—浇口杯;13—定模板;14—动模板

c.加热流道注射模具的特点为:模具内设加热器,使浇注系统塑料一直保持熔融状态;模具不受塑料成型周期的限制;停机后也不需打开流道板取出流道凝料;对流道的加热装置、温度调节系统、模具绝热措施要求更严格;注意防止浇口的凝固和流涎现象。

⑤典型热流道注射模结构(如图7.15所示)。

洗衣机盖板要求外表面光滑美观,无浇口和推杆痕迹,因此,塑件在模具中要倒置,如图7.15所示。其塑件的推出要在定模一侧,因此,定模一侧尺寸较大。

如采用普通的直浇口,浇注系统凝料很多,而且取出不方便,因此采用了热流道。浇口套8的外侧带有多组电加热圈对浇口套进行加热,浇口套与模具模板间采用空气间隙绝热。

由于浇口套过于细长,中间位置增加卡环9,用以给浇口套定位。模具注射时,熔料经浇口套8进入模腔。注射结束后,模具打开。当打开到一定距离后,拉板13推动推件板12推出制件,同时通过推件板上用螺钉连接的复位杆3拉动推杆固定板5运动,使推杆6推出制件。

7.2.4　热固性塑料注射模具简介

典型的热固性塑料注射模的结构如图7.16所示,它与热塑性塑料注射模结构类似,包括浇注系统、型腔、型芯、导向机构、推出机构、侧抽芯机构等,其在注射机上的安装方法也相同。下面就与热塑性注射模某些要求不同的地方做简单介绍。

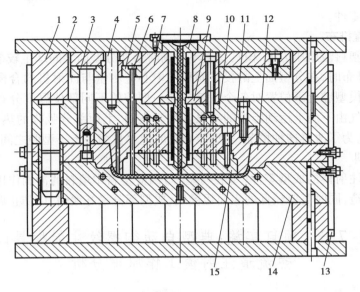

图7.15 洗衣机盖板热流道注射模

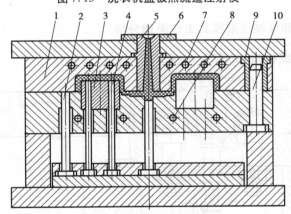

图7.16 热固性塑料注射模结构
1—定模板(凹模);2—复位杆;3—凸模;4—推杆;5—浇口套;
6—定位圈;7,8—电热棒孔;9—导套;10—导柱

（1）**浇注系统设计**

因热固性塑料成型时在料筒内没有加热至足够的温度（防止提前固化），因此希望主流道的截面积要小一些以增加摩擦力，一般主流道的锥角为2°～4°。为了提高分流道的表面积以利于传热，一般采用圆形或梯形截面的分流道。分流道在相同截面积的情况下其深度可适当取小些。浇口的类型及位置选择原则和热塑性注射模基本相同，即点浇口的尺寸不宜太小，一般不小于1.2 mm，侧浇口的深度在0.8～3 mm内选取，以防止熔体温度升高过大、加速化学交联反应进行，使黏度上升，充型发生困难。

（2）**推出机构设计**

热固性塑料由于熔融温度比固化温度低，物料在一定的成型条件下的流动性好，可以流入细小的缝隙中而成为飞边。因此，制造时应提高模具合模精度，避免采用推件板推出机构，同时尽量少用镶拼零件。

（3）型腔位置排布

由于热固性塑料注射压力大,模具受力不平衡时会在分型面之间产生较多的溢料与飞边。因此,型腔位置排布时,在分型面上的投影面积的中心应尽量与注射机的合模力中心相重合。热固性塑料注射模型腔上下位置对各个型腔或同一型腔的不同部位温度分布影响很大,这是自然对流时热空气由下向上运动影响的结果。实测表明,上面部分吸收的热量与下面部分可相差两倍。因此,为了改善这种情况,多型腔布置时应尽量缩短上下型腔之间的距离。

（4）模具材料

热固性塑料注射模的成型零件(型腔与型芯)因受塑料中填料的冲刷作用,需要采用耐磨性较好的材料制造,同时需要较低的表面粗糙度,成型部分最好镀铬,以防止腐蚀。

任务7.3　项目实施:典型自动御螺纹注射模具以及热流道注射模工作原理分析

7.3.1　典型自动卸螺纹注射模具工作原理分析

（1）齿轮齿条脱螺纹机构(如图7.17所示)

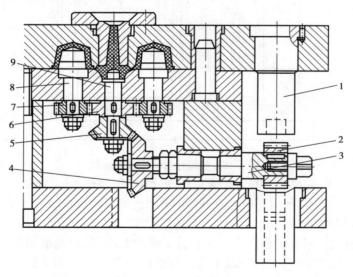

图 7.17　齿轮齿条脱螺纹机构
1—齿条;2—齿轮;3—轴;4,5,6,7—齿轮;8—螺纹型芯;9—拉料杆

7.3.2　典型热流道注射模工作原理分析

（1）塑料杯热流道注射模（如图 7.18 所示）

（2）端盖热流道注射模具（如图 7.19 所示）

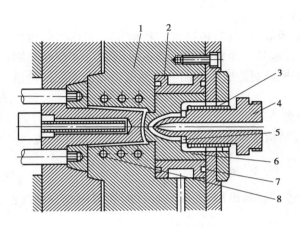

图 7.18　塑料杯热流道注射模具

1—定模板；2—冷却套；3—电加热圈；

4—延伸喷嘴；5—隔热密封圈；

6—浇口套；7—密封圈；8—冷却水孔

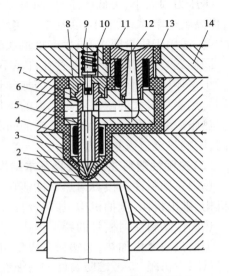

图 7.19　端盖热流道注射模具

1—隔热圈；2—喷嘴头；3—隔热外壳；

4—电加热圈；5—针阀；6—喷嘴套；

7—热流道板；8—端盖；9—弹簧；

10—针阀顶杆；11—浇口套；12—电加热圈；

13—隔热外壳；14—定模座板

（3）电池热流道注射模具（如图 7.20 所示）

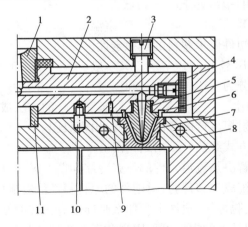

图 7.20　电池壳热流道注射模具

1—浇口套；2—热流道板；3—固定螺钉；4—隔热套；5—喷嘴；6—密封圈；

7—浇口套；8—定模板；9—热电偶孔；10—支撑柱；11—定位圈

【项目小结】

（1）**热流道注射模的特点**

①压力损失小，可低压注射，同时有利于压力传递、提高塑件质量；②有利于实现自动化生产，提高生产率、降低成本；③基本上实现了无废料加工，节约塑料原料；④模具结构复杂、制造成本高，适用于质量要求高、生产批量大的塑件成型。

同样，热流道注射模具还存在许多不足之处：

①整体模具闭合高度加大。因加装热浇道板等，模具整体高度有所增加。②热辐射难以控制。热浇道最大的缺点就是浇道的热量损耗，这是一个需要解决的重大课题。③存在热膨胀。热胀冷缩是我们设计时要考虑的问题。④模具制造成本增加。热浇道系统标准配件价格较高，影响热浇道模具的普及。

（2）**热固性塑料注射模模具基本结构及特点**

热固性塑料注射模具与热塑性塑料注射模结构基本相同，这包括：成型部分、浇注系统、导向机构、推出机构、侧抽机构、加热及排气系统。

热固性塑料注射模具的特点为：

①模具要考虑加热；②塑料在成型前要经过足够的烘烤；③模具设计时要考虑充分排气；④尽量减少拼缝；⑤考虑防腐性和耐蚀性。

综合热固性与热塑性注射模具的共同特点，注射成型所适用的材料要求为：①流动性好；②塑化温度范围宽；③热稳定性好；④快速固化性。

【思考与练习】

1．采用热流道浇注系统注射模生产塑件可节省（　　　　）。

  A．时间　　　　　　B．原料　　　　　　C．压力　　　　　　D．温度

2．热流道浇注系统中的塑料处于（　　　　）状态。

  A．熔融　　　　　　B．凝固　　　　　　C．室温　　　　　　D．半凝固

3．热流道注射模成型塑件要求塑料的热稳定性（　　　　）。

  A．差　　　　　　　B．较好　　　　　　C．一般　　　　　　D．好

4．热流道注射模可以分为＿＿＿＿＿＿＿＿＿和＿＿＿＿＿＿＿＿＿两种。

5．热固性塑料主要采用＿＿＿＿＿＿＿＿＿和＿＿＿＿＿＿＿＿＿的方法成型。

6．找出一种热流道注射模生产的产品，并测绘出模具图。

7．热流道板采用哪些方式绝热？画出结构图。

8．热流道注射模如何解决热流道元件的热胀冷缩问题？

9．采用热流道浇注系统成型塑件时，对塑件的原材料性能有哪些要求？

10．采用模内旋转方式脱螺纹，塑件上为什么必须带有止转的结构？

11．什么情况下塑料制品上的螺纹可采用拼合型芯或型环脱模方式？

12．热流道可以分为哪几种？

13．绝热流道的特点是什么？

14．内加热式多型腔加热流道有哪些特点？

项目 8   其他塑料模具结构

【学习目标】1.了解压缩、压注、挤出、气动成型、发泡成型的成型机理。

2.掌握其他塑料模具结构的结构组成、各自特点。

3.掌握其他塑料模具结构的工作过程。

4.掌握其他塑料模具结构及成型过程的联系与区别。

5.了解各种其他塑料模具结构的分类。

【能力目标】1.能根据各种其他塑料模具成型机理对不同塑件进行成型工艺的判断与选择。

2.能根据各种其他塑料模具的结构组成及特点进行成型工艺的判断与选择。

3.能对一般常见塑件的其他塑料模具成型工艺进行分析。

4.能对一般常用塑件的其他塑料模具工作过程进行分析。

5.能进行常见典型塑件的简单其他塑料模具的结构设计。

任务 8.1   其他塑料模具概述

塑料技术发展日新月异,针对全新应用的新材料开发、针对已有材料市场的性能完善以及针对特殊应用的性能提高可谓新材料开发与应用创新的几个重要方向。

其中,对于机械类专业的学生来说,对塑料应用的创新尤为重要。

塑料模具是塑料加工工业中和塑料成型机配套,赋予塑料制品以完整构型和精确尺寸的工具。由于塑料品种和加工方法繁多,塑料成型机和塑料制品的结构又繁简不一,所以,塑料模具的种类和结构也是多种多样的。

任务 8.2   其他塑料模具的分类、结构特点和工作原理

8.2.1   压缩模

压缩成型又称为压制成型、压塑成型等,它主要适用于热固性塑料的成型。其基本原理是将粉状或松散粒状的固态塑料直接加入到模具的加料室中,通过加热、加压方法使它们逐渐软化熔融,然后根据模腔形状进行流动成型,最终经过固化变为塑料制件。

这里主要介绍热固性塑料压缩模的设计结构,与注射模类似的合模导向机构、侧向抽芯机构、温度调节系统等就不再介绍了。

（1）压缩模的结构组成

压缩模的典型结构如图 8.1 所示。模具的上模和下模分别安装在压力机的上、下工作台

上,上下模通过导柱、导套导向定位。上工作台下降,使上凸模 5 进入下模加料室 4 与装入的塑料接触并对其加热。当塑料成为熔融状态后,上工作台继续下降,熔料在受热受压的作用下充满型腔并发生固化交联反应。塑件固化成型后,上工作台上升,模具分型,同时压力机下面的辅助液压缸开始工作,推出机构的推杆将塑件从下凸模 7 上脱出。

（2）**压缩模的分类**

压缩模分类有多种方法,可按模具在压力机上的固定方式分类,也可按模具加料室的结构形式进行分类。

1）按模具在压力机上的固定形式分类

根据在压力机上的固定形式,模具可分为固定式压缩模、半固定式压缩模和移动式压缩模。

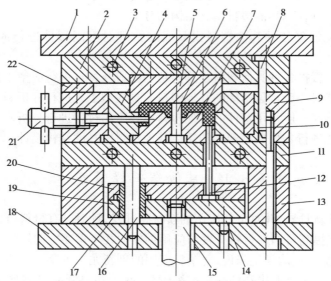

图 8.1　固定式压缩模结构

1—上模座板;2—上模板;3—加热孔;4—加料室(凹模);5—上凸模;6—型芯;
7—下凸模;8—导柱;9—下模板;10—导套;11—支承板(加热板);12—推杆;
13—垫块;14—支承柱;15—推出机构连接杆;16—推板导柱;17—推板导套;
18—下模座板;19—推板;20—推杆固定板;21—侧型芯;22—承压块

①固定式压缩模。固定式压缩模结构如图 8.1 所示,上下模分别固定在压力机的上下工作台上。开合模及塑件的脱出均在压力机上完成,因此生产率较高,操作简单,劳动强度小,模具振动小,寿命长;缺点是模具结构复杂,成本高,且安放嵌件不如移动式压缩模方便,适用于成型批量较大或形状较大的塑件。

②半固定式压缩模。半固定式压缩模结构如图 8.2 所示,一般将上模固定在压力机上,下模可沿导轨移进压力机进行压缩或移出压力机外进行加料和在卸模架上脱出塑件。下模移进时用定位块定位,合模时靠导向机构定位。这种模具结构便于安放嵌件和加料,且上模不移出机外,从而减轻了劳动强度。也可按需要采用下模固定的形式,工作时移出上模,用手工取件或卸模架取件。

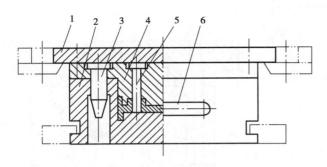

图 8.2 半固定式压缩模结构

1—上模座板;2—凹模(加料室);3—导柱;

4—凸模(上模);5—型芯;6—手柄

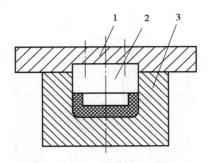

图 8.3 移动式压缩模结构

1—凸模固定板;2—凸模;3—凹模

③移动式压缩模。移动式压缩模结构如图 8.3 所示,模具不固定在压力机上。压缩成型前,打开模具把塑料加入型腔,然后将上模放入下模,把合好的压缩模送入压力机工作台上对塑料进行加热,之后再加压固化成型。成型后,将模具移出压力机,使用专用卸模工具开模脱出塑件。这种模具结构简单,制造周期短,但因加料、开模、取件等工序均手工操作,劳动强度大、生产率低、模具易磨损,适用于压缩成型批量不大的中小型塑件以及形状复杂、嵌件较多、加料困难及带有螺纹的塑件。

2)根据模具加料室形式分类

根据加料室形式不同,模具可分为溢式压缩模、不溢式压缩模和半溢式压缩模。

①溢式压缩模。溢式压缩模如图 8.4 所示。这种模具无单独的加料室,型腔本身就可作为加料室,型腔高度 h 等于塑件高度。由于凸模和凹模之间无配合,完全靠导柱定位,故塑件的径向尺寸精度不高,而高度尺寸精度尚可。压缩成型时,由于多余的塑料易从分型面处溢出,故塑件具有径向飞边。挤压环的宽度 B 应较窄,以减薄塑件的径向飞边。图中环形挤压面 B(即挤压环)在合模开始时,仅产生有限的阻力,合模到终点时,挤压面才完全密合。因此,塑件密度较低,强度等力学性能也不高,特别是合模太快时,会造成溢料量的增加,浪费较大。溢式模具结构简单,造价低廉,耐用(凸凹模间无摩擦),塑件易取出。除了可用推出机构脱模外,通常可用压缩空气吹出塑件。这种压缩模对加料量的精度要求不高,加料量一般仅大于塑件重量的 5% 左右,常用预压型坯进行压缩成型,它适用于压缩流动性好或带短纤维填料以及精度与密度要求不高且尺寸小的浅型腔塑件。

②不溢式压缩模。不溢式压缩模如图 8.5 所示。这种模具的加料室在型腔上部延续,其截面形状和尺寸与型腔完全相同,无挤压面。由于凸模和加料腔之间有一段配合,故塑件径向壁厚尺寸精度较高。由于配合段单面间隙为 0.025 ~ 0.075,故压缩时仅有少量的塑料流出,使塑件在垂直方向上形成很薄的轴向飞边,去除比较容易,其配合高度不宜过大,在设计不配合部分时可以将凸模上部截面设计得小一些,也可以将凹模对应部分尺寸逐渐增大而形成 15′ ~ 20′ 的锥面。模具在闭合压缩时,压力几乎完全作用在塑件上,因此塑件密度大、强度高。这类模具适用于成型形状复杂、精度高、壁薄、流程长的深腔塑件,也可成型流动性差、比容大的塑件,特别适用于含棉布纤维、玻璃纤维等长纤维填料的塑件。

不溢式压缩模由于塑料的溢出量少,加料量直接影响着高度尺寸,因此每模加料都必须准

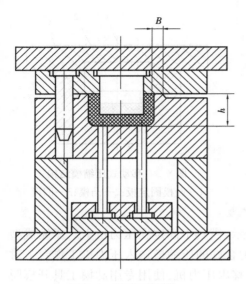

图 8.4　溢式压缩模

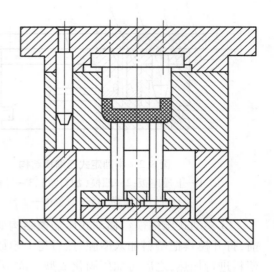

图 8.5　不溢式压缩模

确称量,否则塑件高度尺寸不易保证。另外,由于凸模与加料室的侧壁摩擦,将不可避免地会擦伤加料室侧壁。同时,塑件推出模腔时经过划伤痕迹的加料室也会损伤塑件外表面,并且脱模较为困难,故固定式压缩模一般设有推出机构。为避免加料不均,不溢式模具一般不宜设计成多型腔结构。

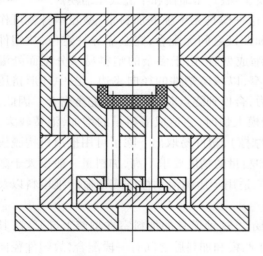

图 8.6　半溢式压缩模

③半溢式压缩模。半溢式压缩模如图 8.6 所示。这种模具在型腔上方设有加料室,其截面尺寸大于型腔截面尺寸,两者分界处有一环形挤压面,其宽度为 4 ~ 5 mm。凸模与加料室呈间隙配合,凸模下压时受到挤压面的限制,故易于保证塑件高度尺寸精度。凸模在四周开有溢流槽,过剩的塑料通过配合间隙或溢流槽溢出。因此,此模具操作方便,加料时的加料量不必严格控制,只需简单地按体积计量即可。

半溢式压缩模兼有溢式和不溢式压缩模的优点,塑件径向壁厚尺寸和高度尺寸的精度均较好,密度较大,模具寿命较长,塑件脱模容易,塑件外表不会被加料室划伤。当塑件外形较复杂时,可将凸模与加料室周边配合面形状简化,从而减少加工困难,因此在生产中被广泛采用。半溢式压缩模适用于压缩流动性较好的塑件以及形状较复杂的塑件,由于有挤压边缘,因而不适于压缩以布片或长纤维作填料的塑件。

以上所述的模具结构是压缩模的三种基本类型,将它们的特点进行组合或改进,还可以演变成其他类型的压缩模。

8.2.2 压注模

(1)压注成型原理

压注成型原理如图 8.7 所示。压注成型时,将热固性塑料原料(塑料原料为粉料或预压成锭的坯料)装入闭合模具的加料室内,使其在加料室内受热塑化,如图 8.7(a)所示;塑化后,熔融的塑料在压柱压力的作用下,通过加料室底部的浇注系统进入闭合的型腔,如图 8.7(b)所示;塑料在型腔内继续受热、受压而固化成型,最后打开模具取出塑件,如图 8.7(c)所示。

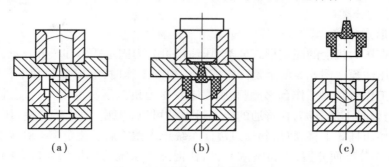

图 8.7 压注成型原理

(2)压注模的结构组成

压注模的结构组成如图 8.8 所示,主要由以下几个组成部分组成:

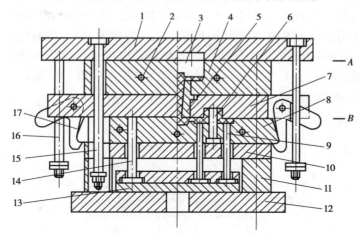

图 8.8 压注模结构

1—上模座板;2—加热器安装孔;3—压柱;4—加料室;5—浇口套;6—型芯;
7—上模板;8—下模板;9—推杆;10—支承板;11—垫块;12—下模座板;
13—推板;14—复位杆;15—定距导柱;16—拉杆;17—拉钩

①成型零部件:是直接与塑件接触的那部分零件,如凹模、凸模、型芯等。

②加料装置:由加料室和压柱组成,移动式压注模的加料室和模具是可分离的,固定式加料室与模具在一起。

③浇注系统:与注射模相似,主要由主流道、分流道、浇口组成。

④导向机构:由导柱、导套组成,对上下模起定位、导向作用。

⑤推出机构:注射模中采用的推杆、推管、推件板及各种推出结构,在压注模中一也同样适用。

⑥加热系统:压注模的加热元件主要是电热棒、电热圈,加料室、上模、下模均需要加热。移动式压注模主要靠压力机的上下工作台的加热板进行加热。

⑦侧向分型与抽芯机构:如果塑件中有侧向凸凹形状,必须采用侧向分型与抽芯机构,具体的设计方法与注射模的结构类似。

(3)压注模的分类

1)按固定形式分类

按照模具在压力机上的固定形式分类,压注模可分为固定式压注模和移动式压注模。

①固定式压注模。图8.8所示是固定式压注模。工作时,上模部分和下模部分分别固定在压力机的上工作台和下工作台,分型和脱模随着压力机液压缸的动作自动进行。加料室在模具的内部,与模具不能分离,在普通的压力机上就可以成型。塑化后合模,压力机上工作台带动上模座板使压柱3下移,将熔料通过浇注系统压入型腔后硬化定型。开模时,压柱随上模座板向上移动,A分型面分型,加料室敞开,压柱把浇注系统的凝料从浇口套中拉出。当上模座板上升到一定高度时,拉杆16上的螺母迫使拉钩17转动,使其与下模部分脱开;接着,定距导柱15起作用,使B分型面分型;最后,压力机下部的液压顶出缸开始工作,顶动推出机构将塑件推出模外,然后再将塑料加入到加料室内进行下一次的压注成型。

②移动式压注模。移动式压注模结构如图8.9所示,加料室与模具本体可分离。工作时,模具闭合后放上加料室2,将塑料加入到加料室后把压柱放入其中,然后把模具推入压力机的工作台加热,接着利用压力机的压力将塑化好的物料通过浇注系统高速挤入型腔。硬化定型后,取下加料室和压柱,用手工或专用工具(卸模架)将塑件取出。移动式压注模对成型设备没有特殊的要求,在普通的压力机上就可以成型。

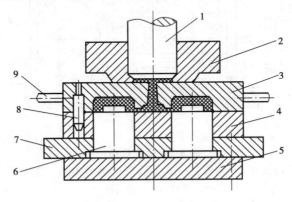

图8.9 移动式压注模

1—压柱;2—加料室;3—凹模板;4—下模板;

5—下模座板;6—凸模;7—凸模固定板;8—导柱;9—手把

2)按机构特征分类

按加料室的机构特征,压注模可分为罐式压注模和柱塞式压注模。

①罐式压注模。罐式压注模用普通压力机成型,使用较为广泛,上述所介绍的在普通压力机上工作的固定式压注模和移动式压注模都是罐式压注模。

②柱塞式压注模。柱塞式压注模用专用压力机成型,与罐式压注模相比,柱塞式压注模没有主流道,只有分流道,主流道变为圆柱形的加料室,与分流道相通。成型时,柱塞所施加的挤压力对模具不起锁模的作用,因此,需要用专用的压力机。压力机有主液压缸(锁模)和辅助液压缸(成型)两个液压缸,主液缸起锁模作用,辅助液压缸起压注成型作用。此类模具既可以是单型腔,也可以一模多腔。

a. 上加料室式压注模。上加料室式压注模如图 8.10 所示。压力机的锁模液压缸在压力机的下方,自下而上合模;辅助液压缸在压力机的上方,自上而下将物料挤入模腔。合模加料后,当加入加料室内的塑料受热成熔融状态时,压力机辅助液压缸工作,柱塞将熔融物料挤入型腔;固化成型后,辅助液压缸带动柱塞上移,锁模液压缸带动下工作台将模具分型开模,塑件与浇注系统凝料留在下模,推出机构将塑件从四模镶块 5 中推出。此结构成型所需的挤压力小,成型质量好。

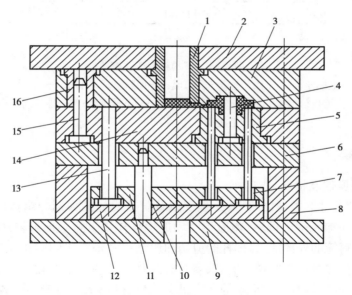

图 8.10 上加料室压注模

1—加料室;2—上模座板;3—上模板;4—型芯;5—凹模镶块;6—支承板;
7—推杆;8—垫块;9—下模座板;10—推板导柱;11—推杆固定板;12—推板;
13—复位杆;14—下模板;15—导柱;16—导套

b. 下加料室式压注模。下加料室式压注模如图 8.11 所示。模具所用压力机的锁模液压缸在压力机的上方,自上而下合模;辅助液压缸在压力机的下方,自下而上将物料挤入型腔。与上加料室柱塞式压注模的主要区别在于:它是先加料,后合模,最后压注成型;而上加料室柱塞式压注模是先合模,后加料,最后压注成型。由于余料和分流道凝料与塑件一同推出,因此,清理方便,节省材料。

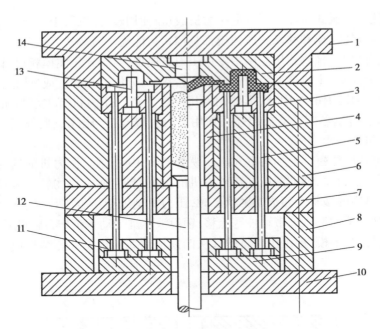

图 8.11 下加料室压注模

1—上模座板;2—上凹模;3—下凹模;4—加料室;5—推杆;6—下模板;
7—支承板(加热板);8—垫块;9—推板;10—下模座板;11—推杆固定板;
12—柱塞;13—型芯;14—分流锥

8.2.3 挤出模

(1)挤出成型原理及特点

挤出成型生产塑件的类型比较多,这里仅以管材挤出成型为例介绍挤出成型原理(见图8.12)。塑料从料斗加入挤出机后,在原地转动的螺杆作用下将其向前输送。塑料在向前移动的过程中,受到料筒的外部加热、螺杆的剪切和压缩以及塑料之间的相互摩擦作用,使塑料塑化,从而在向前输送过程中实现玻璃态、高弹态及黏流态的三态变化。在压力的作用下,使处于黏流态的塑料通过具有一定形状的挤出机头(挤出模)2及冷却定径装置3而成为截面与挤出机头出口处模腔形状(环形)相仿的型材,经过牵引装置5的牵引,最后被切割装置7切断为所需的塑料管材。

(2)挤出模的结构组成

挤出模安装在挤出机的头部,因此,挤出模又称挤出机头,简称机头。挤出模可以成型各种塑料管材、棒材、板材、薄膜以及电线电缆等。挤出的塑件形状和尺寸由机头、定型装置来保证,所有的热塑性塑料(例如聚氯乙烯、聚乙烯、聚丙烯、尼龙、ABS、聚碳酸醋、聚矾、聚甲醛等)及部分热固性塑料(例如酚醛塑料、尿醛塑料等)都可以采用挤出方法成型。模具结构设计的合理性是保证挤出成型质量的决定性因素。

挤出成型模具主要由机头(口模)和定型装置(定型套)两部分组成,下面以管材挤出成型机头为例介绍机头的结构组成(见图8.13)。

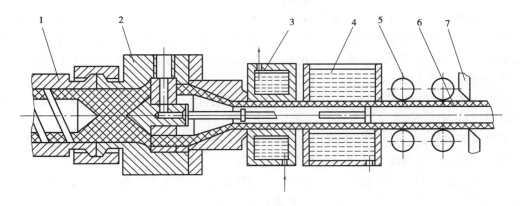

图 8.12 挤出成型原理

1—挤出机料筒;2—机头;3—定径装置;4—冷却装置;

5—牵引装置;6—塑料管;7—切割装置

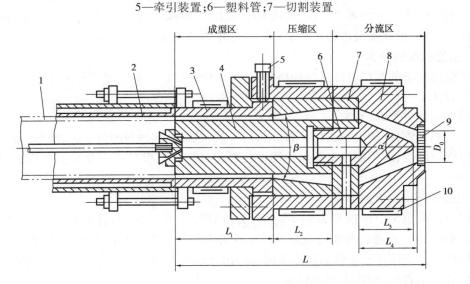

图 8.13 管材挤出成型机头

1—管材;2—定径套;3—口模;4—芯棒;5—调节螺钉;6—分流器;

7—分流器支架;8—机头体;9—过滤网;10—加热器

1)机头

机头就是挤出模,是成型塑料制件的关键部分。它的作用是将挤出机挤出的熔融塑料由螺旋运动变为直线运动,并进一步塑化,产生必要的成型压力,保证塑件密实,使之通过机头后获得所需要截面形状的塑料制件。机头主要由以下几个部分组成:

①口模。口模是成型塑件外表面的零件,如图 8.13 所示的零件 3。

②芯棒。芯棒是成型塑件内表面的零件,如图 8.13 所示的零件 4。口模与芯棒决定了塑件截面形状。

③过滤网和过滤板。机头中必须设置过滤网和过滤板,如图 8.12 所示的零件 9。过滤网的作用是改变料流的运动方向和速度,将塑料熔体的螺旋运动转变为直线运动,过滤杂质、造成一定的压力。过滤板又称多孔板,起支承过滤网的作用。

④分流器和分流器支架。分流器俗称鱼雷头,如图8.13所示的零件6。分流器的作用是使通过它的塑料熔体分流变成薄环状以平稳地进入成型区,同时进一步加热和塑化。分流器支架主要用来支承分流器及芯棒,同时也能对分流后的塑料熔体起加强剪切混合作用。小型机头的分流器与其支架可设计成一个整体。

⑤机头体。机头体相当于模架,如图8.13中的零件8,它用来组装并支承机头的各零部件,并且与挤出机筒连接。

⑥温度调节系统。挤出成型是在特定温度下进行的,机头上必须设置温度调节系统,以保证塑料熔体在适当的温度下流动及挤出成型的质量。

⑦调节螺钉。调节螺钉是用来调节口模与芯棒间的环隙及同轴度,以保证挤出的塑件壁厚均匀,如图8.13中的零件5。通常,调节螺钉的数量为4~8个。

2)定型装置

从机头中挤出的塑料制件温度比较高,由于自重会发生变形,形状无法保证,必须经过定径装置(如图8.13所示的零件2)将从机头中挤出的塑件形状进行冷却定型及精整,以获得所要求的尺寸、几何形状及表面质量的塑件。冷却定型通常采用冷却、加压或抽真空等方法。

(3)挤出机头的分类

由于挤出成型的塑料制件品种规格很多,生产中使用的机头也是多种多样的,一般有下述几种分类方法。

1)按塑料制件形状分类

塑件一般有管材、棒材、板材、片材、网材、单丝、粒料及各种异型材、吹塑薄膜、带有塑料包覆层的电线电缆等,所用的机头相应地称为管机头、棒机头、板材机头及异型材机头和电线电缆机头等。

2)按塑件的出口方向分类

根据塑件从机头中的挤出方向不同,机头可分为直通机头(或称直向机头)和角式机头(或称横向机头)。直通机头的特点是熔体在机头内的挤出流向与挤出机螺杆的轴线平行;角式机头的特点是熔体在机头内的挤出流向与挤出机螺杆的轴线呈一定角度。而当熔体挤出流向与螺杆轴线垂直时,则称为直角机头。

3)按熔体受压不同分类

根据塑料熔体在机头内所受压力大小的不同,机头分为低压机头和高压机头。熔体受压小于4 MPa的机头称为低压机头,熔体受压大于10 MPa的机头称为高压机头。

8.2.4 气动成型模具

(1)中空吹塑成型模

中空吹塑成型(简称吹塑)是将处于高弹态(接近于黏流态)的塑料型坯置于模具型腔内,借助压缩空气将其吹胀,使之紧贴于型腔壁上,经冷却定型得到中空塑料制件的成型方法。它主要用于瓶类、桶类、罐类、箱类等的中空塑料容器,如加仑筒、化工容器、饮料瓶等。其方法很多,主要有挤出吹塑、注射吹塑、多层吹塑、片材吹塑等。

1)挤出吹塑成型

挤出吹塑是成型中空塑件的主要方法,其工艺过程如图8.14所示。首先,由挤出机挤出管状型坯,如图 8.14(a)所示;而后趁热将型坯夹入吹塑模具的瓣合模中,通入一定压力的压缩空气进行吹胀,使管状型坯扩张紧贴模腔,如图 8.14(b)、(c)所示;在压力下充分冷却定型,开模取出塑件,如图 8.14(d)所示。

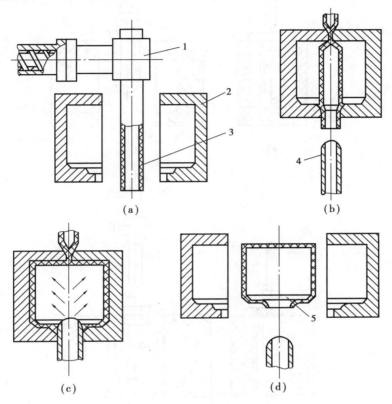

图 8.14　挤出吹塑工艺过程

1—挤出机头;2—吹塑模;3—管状料坯;4—压缩空气吹管;5—塑件

挤出吹塑成型方法的优点是模具结构简单,投资少,操作容易,适用于多种热塑性塑料的中空制件的吹塑成型;缺点是成型的制件壁厚不均匀,需要后续加工以去除飞边和余料。

2)注射吹塑成型

注射吹塑是一种综合注射与吹塑工艺特点的成型方法,主要用于成型各类饮料瓶以及精细包装容器。注射吹塑成型可以分为热坯注射吹塑成型和冷坯注射吹塑成型两种。

热坯注射吹塑成型工艺过程如图 8.15 所示,注射机将熔融塑料注入注射模内形成型坯,型坯成型用的芯棒(型芯)3 是壁部带微孔的空心零件,如图 8.15(a)所示;趁热将型坯连同芯棒转位至吹塑模内,如图 8.15(b)所示;向芯棒的内孔通入压缩空气,压缩空气经过芯棒壁微孔进入型坯内,使型坯吹胀并贴于吹塑模的型腔壁上,如图 8.15(c)所示;经保压、冷却定型后放出压缩空气,开模取出制件,如图 8.15(d)所示。

冷坯注射吹塑成型工艺过程与热坯注射吹塑成型工艺过程的主要区别,在于型坯的注射和塑件的吹塑成型分别在不同的设备上进行。冷坯注射吹塑成型首先要注射成型坯,然后再将冷却的型坯重新加热后进行吹塑成型。其好处在于:一方面,专业塑料注射厂可以集中生产

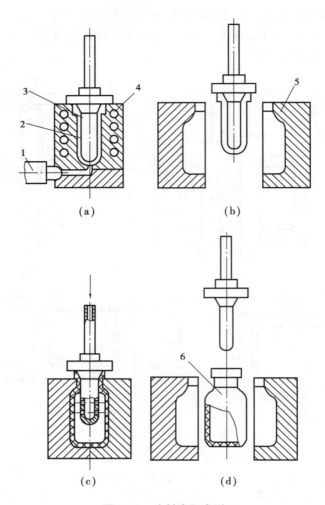

图 8.15　注射吹塑成型

1—注射机喷嘴;2—注射型坯;3—芯棒(型芯);4—加热器;5—吹塑模;6—塑件

大量冷坯;另一方面,吹塑厂的设备结构相对简单。但是在拉伸吹塑之前,为了补偿冷型坯冷却散发的热量,需要进行二次加热,以保证型坯达到拉伸吹塑成型温度,所以会浪费一部分能源。

　　对于细长或深度较大的容器,有时还要采用注射拉伸吹塑成型。该方法是将经注射成型的型坯加热至塑料理想的拉伸温度,经内部的拉伸芯棒或外部的夹具借机械作用力进行纵向拉伸,然后再经压缩空气吹胀进行横向拉伸成型。其工艺过程如图 8.16 所示。首先,在注塑成型工位注射成一空心带底型坯,如图 8.16(a)所示;然后,打开注射模将型坯迅速移到拉伸和吹塑工位,进行拉伸和吹塑成型,如图 8.16(b)、(c)所示;最后,经保压、冷却后开模取出塑件,如图 8.16(d)所示。注射拉伸吹塑成型产品的透明度、抗冲击强度、表面硬度、刚度和气体阻透性相比其他工艺都有很大提高,其最典型的产品是线型聚酯饮料瓶。

　　图 8.17 为圆周排列的热坯注射拉伸吹塑成型工位图,一共有 4 个工位。第 1 个工位用于注射,第 2 个工位用于拉伸与吹塑,第 3 个工位用于开模取件,第 4 个工位为空工位。在实际应用中,视机器结构的不同,工位可以圆周排列,也可以直线排列。这种成型方法省去了冷型

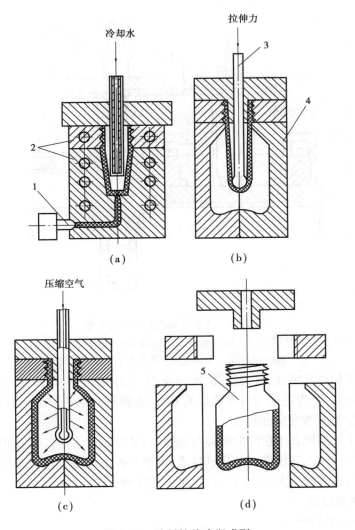

图 8.16 注射拉伸吹塑成型

1—注射机喷嘴;2—注射模;3—伸芯棒;4—吹塑模;5—塑件

坯的再加热,所以节省了能量,同时由于型坯的制取和拉伸吹塑在同一台设备上进行,虽然设备结构比较复杂,但占地面积小,生产易于进行,自动化程度高。

注射吹塑成型方法的优点是制件壁厚均匀,无飞边,不必进行后续加工。由于注射得到的型坯有底,故制件底部没有接合缝,外观质量明显优于挤出吹塑,强度高,生产率高,但成型的设备复杂、投资大,多用于小型塑料容器的大批量生产。

3)多层吹塑

多层吹塑是指不同种类的塑料经特定的挤出机头形成一个坯壁分层而又粘合在一起的型坯,再经多层吹塑制得多层中空塑件的成型方法。

发展多层吹塑的主要目的是解决单独使用一种塑料不能满足使用要求的问题。例如单独使用聚乙烯,虽然无毒,但它的气密性较差,所以其容器不能盛装带有气味的食品;而聚氯乙烯的气密性优于聚乙烯,采用外层为聚氯乙烯、内层为聚乙烯的容器,气密性好且无毒。应用多

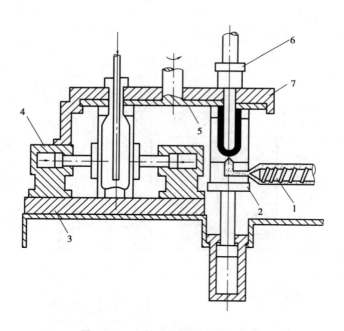

图 8.17 注射拉伸吹塑成型的装置

1—注射机喷嘴;2—下锁模板;3—下模固定板;4—吹塑合模液压缸;
5—旋转顶板;6—上锁模板(可动型芯);7—上基板

层吹塑一般是为了提高气密性、着色装饰、回料应用、立体效应等,与此相对应,可分别采用气体低透过率材料的复合、发泡层与非发泡层的复合、着色层与本色层的复合、回料层与新料层的复合以及透明层与非透明层的复合。

多层吹塑的主要问题在于层间的熔接与接缝的强度问题,除了选择塑料的种类外,还要求有严格的工艺条件控制与挤出型坯的质量技术;由于多种塑料的复合,塑料的回收利用比较困难;机头结构复杂,设备投资大,成本高,在这里不作详细介绍。

(2)抽真空成型模具

1)抽真空成型的特点

抽真空成型也称吸塑成型,其过程是把热塑性塑料板、片材固定在模具上,用辐射加热器进行加热至软化温度,然后用真空泵把板材和模具之间的空气抽掉,从而使板材贴在模腔上而成型,冷却后借助压缩空气使塑件从模具中脱出。

抽真空成型的优点是不需要整副模具,仅需制作凸模或凹模中任何一个即可,模具结构简单,制造成本低,制件形状清晰;抽真空成型的设备不复杂,能生产大、薄、深的塑件;生产效率高,可以观察塑件的成型过程。抽真空成型的不足之处是成型的塑件壁薄不均匀,尤其是模具上凸凹的部位;当模具的凸凹形状变化较大且相距较近以及凸模拐角处为锐角时,在成型的塑件上容易出现褶皱;由于真空成型压力有限,因而不能成型厚壁塑件。真空成型后,塑件在周边要进行修正,因此,设计模具时应考虑成型后的塑件形状能够容易进行修正。

2)抽真空成型的分类及其成型工艺过程

抽真空成型按其成型的特点主要可分为凹模抽真空成型、凸模抽真空成型、凹凸模先后抽真空成型、吹泡抽真空成型、柱塞下推式抽真空成型等。

①凹模抽真空成型。凹模抽真空成型是一种最常用、最简单的成型方法,如图 8.18 所示。把塑料板材固定并密封在凹模型腔上方,将加热器移到板材上方加热至软化,如图 8.18(a)所示;然后移开加热器,在型腔内抽真空,板材就贴在凹模型腔上,如图 8.18(b)所示;冷却后由抽气孔通入压缩空气将成型好的塑件吹出,如图 8.18(c)所示。

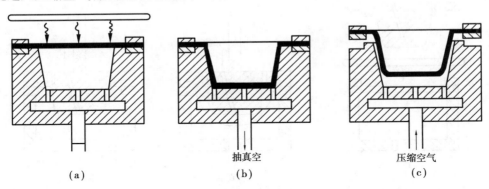

图 8.18　凹模抽真空成型

凹模抽真空成型的塑料制件外表面尺寸精度较高,一般用于成型深度不大的塑件。如果塑件深度很大时,特别是小型塑件,其底部转角处会明显变薄。因此,成型塑件的壁厚均匀性差。多型腔的凹模真空成型比型腔数相同的凸模真空成型经济,这是因为凹模模腔间距离较近,用同样面积的塑料板可以成型出更多的塑件。由于凹模抽真空成型片材可固定在模具上加热,再加上其比凸模抽真空成型更经济,所以在成型方法选择时尽量选择凹模抽真空成型。

②凸模抽真空成型。凸模抽真空成型如图 8.19 所示。被夹紧的塑料板在加热器下方加热软化,如图 8.19(a)所示;塑料板软化后下移,像帐篷似的覆盖在凸模上,如图 8.19(b)所示;最后抽真空,塑料板紧贴在凸模上成型,如图 8.19(c)所示。成型后,通入压缩空气将成型好的塑件吹出。

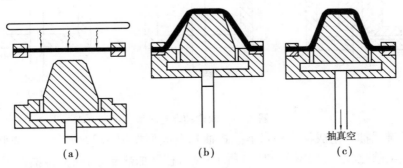

图 8.19　凸模抽真空成型

凸模抽真空成型时,片材是悬空在模具上方进行加热的,这样就避免了加热的片材与冷的凸模过早地接触而粘附在凸模上,导致塑件的均匀性变差。因此,用凸模抽真空成型的塑件壁厚均匀性比用凹模抽真空要好一些,但先与凸模接触之处的壁厚要厚一些。它多用于有凸起形状的薄壁塑件或者深度较大塑件的成型,成型塑件的内表面尺寸精度较高。

③凹凸模先后抽真空成型。凹凸模先后抽真空成型如图 8.20 所示。首先把塑料板紧固在凹模框上加热,如图 8.20(a)所示;塑料板软化后将加热器移开,一方面凸模缓慢下移并且

通过凸模吹入压缩空气,另一方面在凹模框抽真空使塑料板鼓起,如图8.20(b)所示;最后凸模向下插入鼓起的塑料板中并且从中抽真空,同时凹模框通入压缩空气,使塑料板紧紧贴附在凸模的外表面而成型,如图8.20(c)所示。

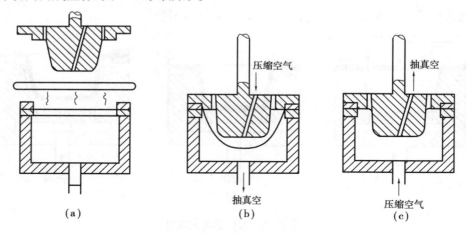

图8.20 凹凸模先后抽真空成型

④吹泡抽真空成型。吹泡抽真空成型如图8.21所示。首先将塑料板紧固在模框上,并用加热器对其加热,如图8.21(a)所示;待塑料板加热软化后移开加热器,压缩空气通过模框吹入将塑料板吹鼓后把凸模顶起来,如图8.21(b)所示;停止吹气,凸模抽真空,塑料板贴附在凸模上成型,如图8.21(c)所示。这种成型方法的特点与凹凸模先后抽真空成型基本类似,故可用于成型壁厚比较均匀的深型腔塑件。

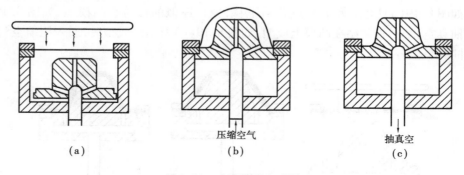

图8.21 吹泡抽真空成型

⑤柱塞下推式抽真空成型。柱塞下推式抽真空成型如图8.22所示。首先将固定于凹模的塑料板加热至软化状态,如图8.22(a)所示;接着移开加热器,用柱塞将塑料板下推,这时凹模里的空气被压缩,软化的塑料板由于柱塞的推力和型腔内封闭的空气移动而延伸,如图8.22(b)所示;然后凹模抽真空而成型,如图8.22(c)所示。此成型方法使塑料板在成型前先进行拉伸,因此壁厚变形均匀,主要用于成型深型腔塑件。此方法的缺点是在塑件上残留有柱塞痕迹。柱塞下推式抽真空成型方法实际上是软化的塑料板先用柱塞下推后的一种凹模抽真空成型。

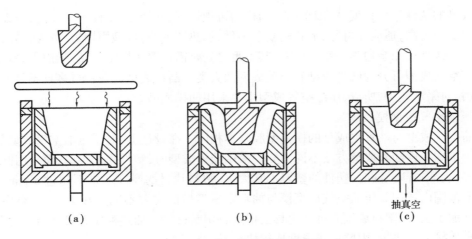

图 8.22　柱塞下推式抽真空成型

（3）压缩空气成型模具

1）压缩空气成型工艺过程

压缩空气成型是借助于压缩空气的压力,将加热软化后的塑料片材压入模具型腔并贴合在其表面成型的方法。其工艺过程如图 8.23 所示,图 8.23(a)是开模状态;图 8.23(b)是闭模后的加热过程,从型腔通入微压空气使塑料板直接接触加热板加热;图 8.23(c)为塑料板加热后,由模具上方通入预热的压缩空气,使已经软化的塑料板贴在模具型腔的内表面成型;图 8.23(d)是塑件在型腔内冷却定型后,加热板下降一小段距离,切除余料;图 8.23(e)为加热板上升,最后借助压缩空气取出塑件。

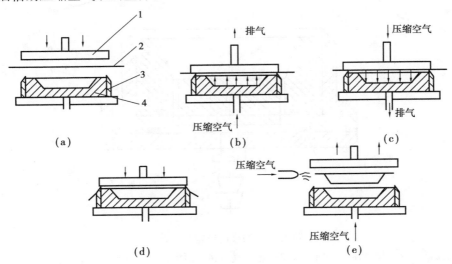

图 8.23　压缩空气成型工艺过程
1—加热板;2—塑料板;3—型刃;4—凹模

一般情况下,压缩空气成型压力为 0.3 ~ 0.8 MPa,最大可达 8 MPa。塑料片材的加热温度越高、片材厚度越小,则成型压力就越低,而结构复杂的塑件需用的压力比平面塑件需用的压力大。压缩空气成型塑件周期短,通常比抽真空成型快 3 倍以上。用压缩空气成型的塑件比抽真空成型的塑件尺寸精度高,细小部分结构的再现性好,光泽、透明性好。总之,压缩空气成型具有承受压力高,适应片材厚、形状较复杂塑件,加热速度快,成型周期短,重现性好,并在成型的同时一次性切除余边等一系列优点;其不足之处是需设置压缩空气站,噪声大,费用高。

压缩空气成型可分为凹模成型和凸模成型两大类。凸模成型耗费片材多且不易安装切边装置,故相对采用较少,所以,压缩空气成型主要采用凹模成型。

2)压缩空气成型模具

压缩空气成型与抽真空成型的模具型腔基本相同。在设计上,对于压缩空气成型的塑件,其壁厚的不均一性随着成型方法不同而异。采用凸模成型时,塑件底部较厚;而采用凹模成型时,塑件的底部较薄。同时,塑件的壁厚不宜太大,塑料片材的厚度通常不超过 8 mm,一般在1~5 mm 范围内选用。压缩空气成型模与抽真空成型模的主要不同点在于:压缩空气成型在模具上增加了型刃,塑料成型后可在模具上把余料切断;另外,加热板作为模具结构的一部分,塑料板直接接触加热板,因此加热速度比较快。

图 8.24 所示的结构是凹模压缩空气成型的模具结构。成型时,先把塑料片放在型刃 6上,接着加热板 2 下降至与塑料片材刚刚接触的位置对塑料片材进行加热。在加热的同时,从通气孔 9 中通入较小压力的压缩空气,使片材贴紧加热板,提高加热效果。

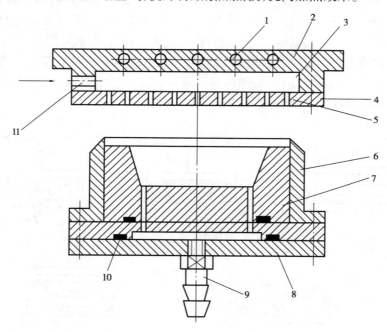

图 8.24　凹模压缩空气成型
1—加热棒;2—加热板;3—热空气室;4—面板;5—空气孔;6—型刃;
7—凹模;8—底板;9—通气孔;10—密封圈;11—压缩空气孔

当片材达到软化成型温度后,通气孔 9 停止通入压缩空气,从压缩空气孔 10 中通入压缩空气,使塑料片贴在模具凹模 7 的型腔表面上。冷却定型后,加热板 2 再下降一定距离(片材厚度),型刃将余料切除。最后加热板上升,通气孔中通入压缩空气将塑件从凹模型腔内脱出。

100

图 8.25 所示的结构是利用凸模进行压缩空气成型的模具。模具带有偏心轮锁模机构,适合于型腔深度较大的复杂塑件。加热坯料后,移走加热器,放下凸模,锁紧模具,通入压缩空气使坯料紧贴于凸模表面成型为塑件。待塑件冷却定型后,开启模具,取出塑件,最后修剪余料。

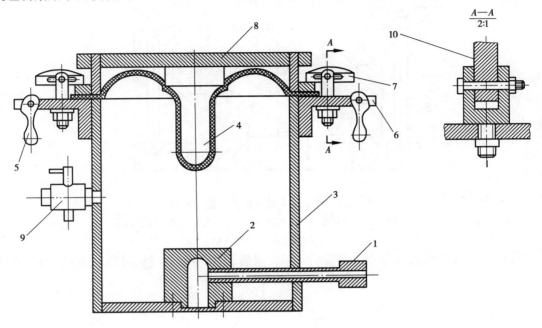

图 8.25　凸模压缩空气成型

1—管接头;2—分散空气装置;3—模框;4—凸模;5—偏心轮;6—法兰;
7—挤压杠杆;8—上盖(兼凸模固定板);9—排气阀;10—杠杆夹持器

8.2.5　发泡成型模具

泡沫塑料是以树脂为基础、内部含有无数微小气孔的塑料,又称为多孔性塑料。现代技术几乎能把所有的热塑性塑料和热固性塑料制成性能各异的泡沫塑料。泡沫塑料也可以说是以气体为填料的复合塑料。

泡沫塑料成型模具的结构比较简单。对于小型、薄壁和复杂的泡沫塑料制件或者小批量生产的泡沫塑料制件,常采用蒸箱发泡的手工操作模具;对于大型厚壁或者大批量生产的泡沫塑料制件,常采用带有蒸汽室的泡沫塑料成型机直接通蒸汽发泡模具。对于片材或薄膜产品,常采用挤出发泡成型模具。

(1)蒸箱发泡手工操作模具

手工操作模具本身没有蒸汽室,而是将整个模具放在蒸箱中通蒸汽加热,成型后移出箱外冷却。在上模、下模和模套上,以及在成型多个塑件时塑件所用的隔板上均设计有通气用小孔。这种通气孔的孔间距一般为 15 ~ 25 mm,孔的直径为 0.5 ~ 1.5 mm,甚至更大一些,但过大有可能出现堵塞,并影响塑件表面质量。压模采用带有铰链的螺栓通过蝶形螺母来锁紧。

图 8.26 所示是包装盖手动蒸箱发泡模,一次成型一件。合模时,模套 1 和下模板 3 以圆周定位。为了开模方便,在模具的四周设有撬口 8。上模板 2、下模板 3 和模套 1 上均设有直

径为 1 ~ 1.8 mm 的通气小孔,孔距为 15 ~ 20 mm。整副模具靠铰链螺栓 6 和蝶形螺母 5 锁紧,铰链螺栓摆动要灵活,并要有足够的强度。

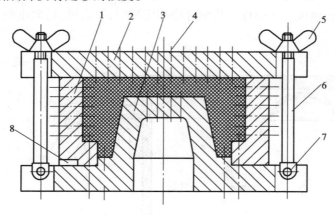

图 8.26　包装盖手动蒸箱发泡模示意图

1—模套;2—上模板;3—下模板;4—通气孔;5—蝶形螺母;
6—铰链螺栓;7—轴;8—撬口

图 8.27 所示为摩托车骑手头盔手动蒸箱发泡模,采用空气通过进料套 11 输送物料,物料

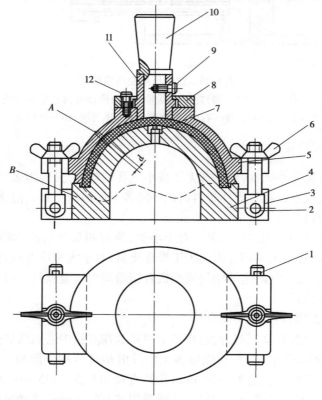

图 8.27　摩托车骑手头盔手动蒸箱发泡模

1—开口销;2—小轴;3—铰链;4—凸模;5—上模;6—螺母;7—气塞;8—压板;
9—螺钉;10—料塞;11—进料套;12—螺钉;A—进气口;B—定位台

装好后,堵上料塞10;用压力机或泡沫成型机进行发泡,蒸汽通过气箱或蒸汽夹套进入模具,对物料实施加热;完成膨胀熔结后,采用冷水进行冷却。

（2）泡沫塑料成型机直接通蒸汽发泡成型模具

泡沫塑料成型机上的发泡模本身带有蒸汽室,其模具一般由两部分组成。泡沫塑料成型机分为立式和卧式两大类。立式发泡成型机可采用同时闭合机构和较高的卸荷速度,其产品主要为中高发泡塑料成型产品;立式发泡成型机设有上下模,上下模均设有蒸汽室。合模后,经预发泡的珠粒状聚苯乙烯由喷枪或用气送法从进料口输送到模具型腔内,料满后关闭气阀,然后在动、定模内通入一定蒸汽压力的蒸汽,保持一定时间,接着再保温一段时间,然后在蒸汽室内通入冷却水,冷却后脱模取件。图 8.28 所示为包装盒机动发泡模,适合于在卧式泡沫塑料成型机上生产。为了保证模具的良好密封,在动、定模板及分型面处设有密封环,在定模气室板 5、动模气室板 2 和成型套 9 上均设有孔径为 1～1.8 mm 的通气小孔,孔距 20 mm。

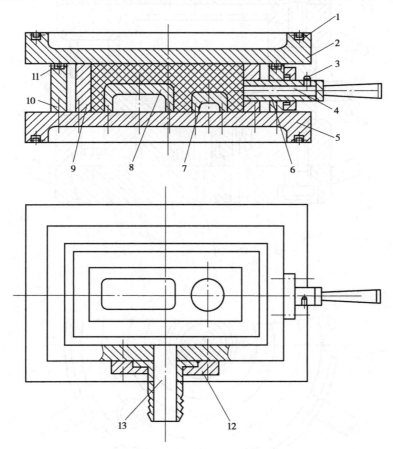

图 8.28　包装盒机动发泡模

1,11—密封环;2—动模气室板;3—挡销;4—料塞;5—定模气室板;6—料套;
7,8—型芯;9—成型套;10—外套;12—压板;13—回气水管

任务8.3 项目实施

8.3.1 压缩成型模具结构的应用实例

(1)半溢式压缩模结构的应用实例

图8.29所示是移动式半溢式压缩模结构的应用实例,该模具成型的塑件是某一实物的基

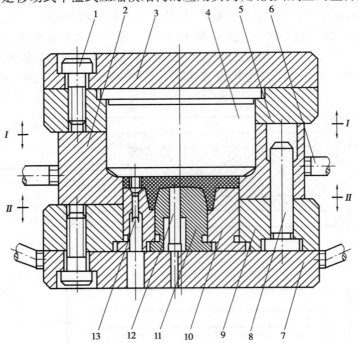

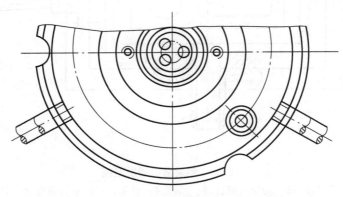

图8.29 半溢式压缩模结构的应用实例

1—螺钉;2—凹模;3—上模座板;4—凸模;5—上模板;6—手柄;7—下模座板;
8—导柱;9—下模板;10—主型芯;11—主型芯镶件;12—推杆;13—螺纹型芯

座。模具由装在压力机上、下工作台的加热板来加热。模具内部设有3根推杆12,通过压力机对上、下卸模架施加压力,完成分型和推出塑料制件。

工作时,先将上模取开,安放活动螺纹型芯13并加料(包括固化剂)后合模,将合好的模具放入压力机中;接着,压力机上工作台下降直至与上模座板3接触,通过压力机的上、下工作台对模具进行加热;达到一定温度后,上工作台继续下降,通过凸模4对塑料进行压缩成型(在此过程中工作台进行数次上升实施排气)。

成型结束后,将上、下卸模架和模具装在一起,用压力机施压,模具沿I—I面和II—II分型面分型,同时,下卸模架上的推杆推动模具推杆12,塑件连同螺纹型芯13脱出凹模,人工将螺纹型芯旋下即可获得压缩成型的制件。

(2)不溢式压缩模结构的应用实例

图8.30所示是固定式不溢式压缩模结构的应用实例,该模具成型的塑件是某一实物的底

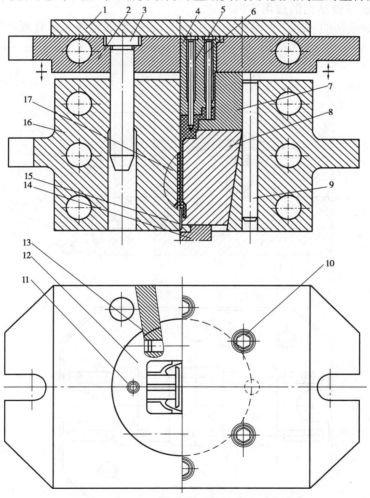

图8.30 固定式不溢式压缩模结构的应用实例

1—垫板;2—上模板;3—导柱;4—凸模;5、6—型芯;7、8、12、17—凹模;
9—定位柱;10—螺钉;11、13—小导柱;14—尾轴;15—螺纹型芯;16—模套

105

座。塑件的底座高度较大,有 4 个通孔,大端的外表有数字符号,字符的突出高度为 0.3 mm。模具用电热棒在模内进行加热。成型后的模具由压力机开模和推出凹模,再人工完成凹模的垂直分型和取出塑料制件。为了方便加工,将凹模分成零件 7 与零件 8 上、下两层,加工之后,将它们用销钉和螺钉定位连接起来。

工作时,先将带有盲孔嵌件的螺纹型芯 15 插入尾轴 14 的定位孔中,待机床顶出装置将尾轴 14 回撤后,再把由零件 7、8 组成的凹模装入模套 16 中。凹模的装入方向靠定位柱 9 予以定位,将塑料倒入凹模后即可合模成型。

开模时,上工作台带动上模向上移动,塑件脱离型芯 5 和 6 留于下模;尾轴 14 将凹模 7、8 推出一定高度后,人工取出凹模并用工具使凹模垂直分型,旋下螺纹型芯 15 而得到塑料制件。凹模装入模套后略高出模套,保证了合模后凹模受压,模套锥面将凹模的垂直分型面锁紧。

8.3.2　压注成型模具结构的应用实例

(1)移动式压注模结构的应用实例
图 8.31 所示是移动式压注模结构的应用实例,它成型的塑件是带有两个侧向金属套筒嵌

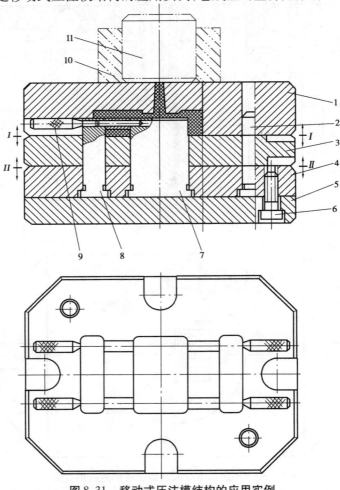

图 8.31　移动式压注模结构的应用实例
1—上推板;2—导柱;3—推件板;4—固定板;5—下模板;6—螺钉;
7、8—镶件;9—定位杆;10—加料室;11—压柱

件的连接块。模具由安装在压力机上、下工作台上的加热板进行加热,一模两腔,采用撬棒分模取件。

工作时,首先将加料室 10 放在通过导柱装配好的模具上模 1 的上面,再把定量好的塑料原材料加入加料室,把压柱 11 放入加料室内;接着,压力机上工作台下降至与压柱 11 上表面接触,通过压力机的上下工作台对模具进行加热;达到一定温度后,上工作台继续下降,压柱 11 将加料室 10 内熔融的塑料通过上模 1 上的浇注系统注入模具型腔,保压固化后成型。

成型后,压力机上工作台上升,先从模具上取下加料室,然后从压力机中取出模具,用撬棒分开 I—I 面,移走上模板 1,拔出定位杆 9,再用撬棒分开 II—II 面,塑件连同浇注系统凝料脱离模具,剪除浇口后得到塑料制件。依照推件板 3、嵌件、定位杆 9 和上模板 1 的顺序重新装模,放上加料室,即可进行下一模的压注成型。

(2)普通压力机用固定式压注模结构的应用实例

图 8.32 所示是固定式压注模结构的应用实例,它成型的塑件是带有两个金属嵌件的某一实物底座。该模具一模六腔,上下模中设置了加热棒进行加热,并通过压力机的推出动作实现模具分型和塑件的推出。

工作时,先将金属嵌件安放于模内,然后将加料室 16 沿导轨 14 滑至下模的上方后装入塑料原料,接着闭合模具。闭合模具的动作是依靠压力机带动与下推板 2 连接的尾轴(图中未画出)向下运动实现的。压力机的上工作台下行,压柱 21 向加料室内的塑料施压,熔融塑料经分流锥 19 同时注入六个型腔。

待塑料固化后开启模具,凸模 21 脱出加料室 16 之后,压力机尾轴推动下推板 2,带动连接板 15、导轨 14、加料室 16、上固定板 17 上行,使加料室 16 和下模板 32 之间分型;接着用手推动加料室 16,使其沿导轨 14 向后水平运动,以便加入下一模的原料。塑件开模后留在下模。推出时,下推板 2 上行接触上推板 4 后推动推杆 35 将塑件脱出下模。

8.3.3　挤管机头结构的应用实例

(1)直通式内压外径定径的挤管机头应用实例

图 8.33 所示为直通式内压外径定径的挤管机头应用实例,该机头适合使用 HDPE、LDPE、PP、PVC、ABS 等塑料的挤出成型。这是一种传统直通式内压外径定径管机头冷却定径套与机头口模用螺纹连接,设置有橡胶片拉杆式封气装置,结构简单,拆装方便,容易制造,可生产较大口径的管材。机头压力由模体 3 承受,使口模调节轻松自如。

分流器扩张角 α 取 50°~60°,压缩角 β 取 24°~40°;定型段长度 L_1 取 2.5D(D 为管材外径),芯棒压缩段长度 L_2 由芯棒外径 d、β 与机头压缩比 ε 确定,分流器长度 L_3 取(1~1.5)D,L_4 由 α 确定;机头压缩比 ε 取 3~12,D 大取小值,D 小取大值,并以此计算支持架环形料流的间隙;口模 6 内壁表面粗糙度 Ra 应在 0.4 μm 以下。

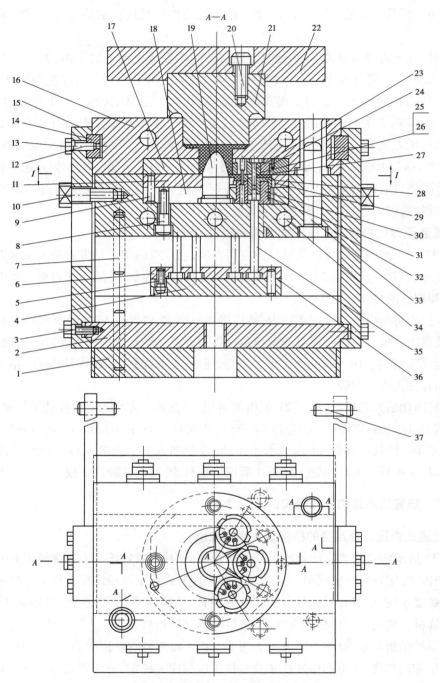

图 8.32　普通压力机用固定式压注模结构的应用实例

1—下模座板；2—下推板；3,5,8,10,13,20—螺钉；4—上推板；6—推杆固定板；
7,9,12,24,29,31,36—销钉；11—凹模镶块；14—导轨；15—连接板；
16—加料室；17—上固定板；18—下固定板；19—分流锥；21—压柱；22—压柱固定板；
23—上型芯；25,26—上镶件；27—上凸模；28—凹模镶件；30—下凹模；
32—下模板；33—导柱；34—加热棒插孔；35—推杆；37—挡钉

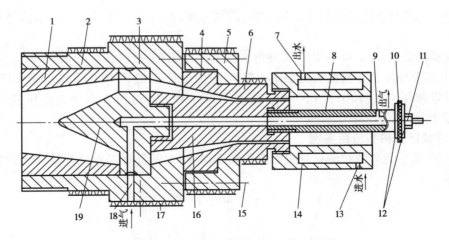

图 8.33　直角式内压外径的挤管机头应用实例

1—垫块；2—模体；3—热电偶；4—调节螺钉；5—固定体；6—口模；7—出水口；
8—拉杆；9—出气口；10—橡胶封气片；11—螺母；12—垫片；13—进水口；
14—冷却套；15—固定螺钉；16—芯棒；17—加热圈；18—进气孔；19—分流器

（2）直角式真空定径的挤管机头应用实例

图 8.34 所示为直角式真空定径的挤管机头应用实例，该机头适用于聚烯烃、ABS 等树脂的挤出成型。

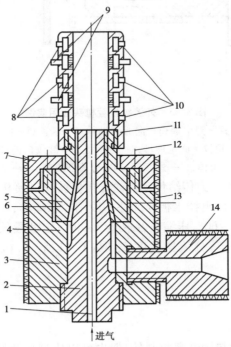

图 8.34　直角式真空定径的挤管机头应用实例

1—通气孔；2—芯模；3—模体；4—热电偶；5—口模；6—调节螺钉；7—压盖；8—出水口；
9—真空抽气孔；10—进水口；11—冷却套；12—固定螺钉；13—加热圈；14—挤出机

这种直角式真空定径管机头结构简单,拆装方便,也可生产外径要求严格的管材,适用于小型企业。

分流器扩张角 α 取 30°~40°,压缩角 β 取 10°~20°;定型段长度 L_1 取 2.5D,芯棒压缩段长度 L_2 由芯棒外径 d、β 与机头压缩比 ε 确定,分流器长度 L_3 取 10~30 mm,机头压缩比 ε 取 5~10,冷却套内径取(1.02~1.04)D,长度取(6~10)D;口模 5 内壁表面粗糙度 Ra 应在 0.4 μm以下。

(3)波纹挤管机头应用实例

图 8.35 所示为外波纹的挤管机头应用实例,所挤出的管材的外壁呈波纹状,内壁与普通管材一样。

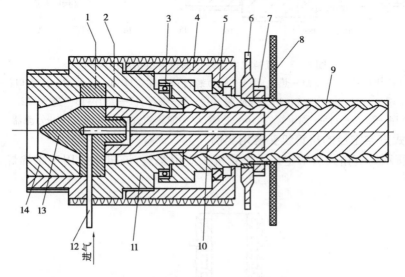

图 8.35　外波纹挤管机头应用实例

1—调节螺钉;2—热电偶;3—向心球轴承;4—端盖;5—向心推力轴承;
6—传动齿轮;7—固定螺母;8—挡水板;9—波纹口模;10—芯棒;
11—模体;12—进气杆;13—分流器支架;14—垫块

波纹口模 9 是通过外加动力传给传动齿轮 6 再使波纹口模 9 旋转,其转动速度与管材牵引速度需同步。波纹口模 9 伸出挡水板 8 的那一段用冷水喷淋,从而使波纹管能快速冷却。

分流器扩张角 α 取 50°~60°,压缩角 β 取 24°~40°;定型段长度 L_1 取 2.5D,芯棒压缩段长度 L_2 由芯棒外径 d、β 确定,分流器长度 L_3 取(1~1.5)D,机头压缩比 ε 取 3~12;$d = D/(1.04~1.08)$。

【项目小结】

(1)压缩模

压缩模具主要用于成型热固性塑料制件,但也可以成型热塑性塑料制件。用压缩模具成型热塑性塑件时,模具必须交替地进行加热和冷却,才能使塑料塑化和固化,故成型周期长、生产效率低。因此,它仅适用于成型光学性能要求高的有机玻璃镜片、不宜高温注射成型的硝酸纤维汽车驾驶盘以及一些流动性很差的热塑性塑料(如聚酰亚胺等塑料)制件。

热固性塑料压缩成型与注射成型相比,其优点是可以使用普通压力机进行生产。压缩成型的特点是压缩模没有浇注系统,结构比较简单;塑件内取向组织少,取向程度低,性能比较均匀;成型收缩率小。另外,利用压缩方法还可以生产一些带有碎屑状、片状或长纤维状填充料、流动性差的塑料制件和面积很大、厚度较小的大型扁平塑料制件。压缩成型的缺点是成型周期长,生产环境差,生产操作多用手工而不易实现自动化,劳动强度大;塑件经常带有溢料飞边,高度方向的尺寸精度不易控制;模具易磨损,使用寿命较短。典型的压缩成型的塑件有仪表壳、电闸、电器开关、插座等。

(2)压注模

压注模又称传递模,压注成型是热固性塑料常用的成型方法。压注模与压缩模结构较大区别之处在于压注模有单独的加料室。

压注模与压缩模有许多共同之处,比如两者的加工对象都是热固性塑料,型腔结构、脱模机构、成型零件的结构及计算方法等基本相同,模具的加热方式也相同。但是,压注模成型与压缩模成型相比又具有以下特点:

①成型周期短、生产效率高。塑料在加料室首先被加热塑化。成型时,塑料再以高速通过浇注系统挤入型腔,未完全塑化的塑料与高温的浇注系统相接触,使塑料升温快而均匀。同时,熔料在通过浇注系统的窄小部位时受摩擦热使温度进一步提高,有利于塑料制件在型腔内迅速硬化,缩短了硬化时间,压注成型的硬化时间只相当于压缩成型的 1/3～1/5。

②塑件的尺寸精度高、表面质量好。由于塑料受热均匀,交联硬化充分,改善了塑件的力学性能,使塑件的强度、电性能都得以提高。塑件高度方向的尺寸精度较高,飞边薄。

③可以成型带有较细小嵌件、较深的侧孔及较复杂的塑件。由于塑料是以熔融状态压入型腔的,因此对细长型芯、嵌件等产生的挤压力比压缩模小。一般的压缩成型在垂直方向上成型的孔深不大于直径的 3 倍,侧向孔深不大于直径的 1.5 倍;而压注成型可成型孔深不大于直径 10 倍的通孔和不大于直径 3 倍的盲孔。

④消耗原材料较多。由于浇注系统凝料的存在,并且为了传递压力,压注成型后总会有一部分余料留在加料室内,因此使原料消耗增多,小型塑件尤为突出。模具适宜多型腔结构。

⑤压注成型收缩率比压缩成型大。一般酚醛塑料压缩成型收缩率为 0.8% 左右,但压注时为 0.9%～1%,而且收缩率具有方向性,这是由于物料在压力作用下定向流动而引起的。因此会影响塑件的精度,而对于粉状填料填充的塑件则影响不大。

⑥压注模的结构比压缩模复杂,工艺条件要求严格。由于压注时熔料是通过浇注系统进入模具型腔成型的,因此,压注模的结构比压缩模复杂,工艺条件要求严格,特别是成型压力较高,比压缩成型的压力要大得多,而且操作比较麻烦,制造成本也大。因此,只有用压缩成型无法达到要求时才采用压注成型。

(3)挤出模

挤出成型是塑料制件的重要成型方法之一,在塑件成型生产中占有重要的地位。大部分热塑性塑料都能用以挤出成型,比如管材、棒材、板材、薄膜、电线电缆和异形截面型材等均可以采用挤出成型。挤出成型的应用范围很广,除了挤出型材外,还可以用挤出方法进行混合、塑化、造粒和着色等。挤出成型的特点是生产过程连续从而可得到连续的型材,可以挤出任意长度的塑料制件,生产效率高;挤出成型的另一特点是投资少、收效快。挤出成型制件已被广泛地应用于人民生活以及工农业生产的各个部门。

在挤出成型中,管材挤出的应用最为广泛。管材挤出机头是成型管材的挤出模,管材机头适用于聚乙烯、聚丙烯、聚碳酸酯、尼龙、软硬聚氯乙烯、聚烯烃等塑料的基础成型。管材机头常见形式有:直通式、直角式、旁侧式及微孔流道式。

(4)气动成型模

气动成型是利用气体的动力作用代替部分模具的成型零件(凸模或凹模)成型塑件的一种方法。与注射、压缩、压注成型相比,气动成型压力低,因此对模具材料要求不高,模具结构简单,成本低,寿命长。气动成型主要包括中空吹塑成型、抽真空成型及压缩空气成型。采用气动成型方法成型,利用较简单的成型设备就可获得大尺寸的塑料制件,其生产费用低、生产效率较高,是一种比较经济的二次成型方法。

(5)发泡成型模

泡沫塑料是以树脂为基础、内部含有无数微小气孔的塑料,又称为多孔性塑料。现代技术几乎能把所有的热塑性塑料和热固性塑料制成性能各异的泡沫塑料。泡沫塑料也可以说是以气体为填料的复合塑料;发泡成型是将发泡性树脂直接填入模具内,使其受热熔融,形成气液饱和溶液,通过成核作用,形成大量微小泡核,泡核增长,制成泡沫塑件。常用的发泡方法有三种:物理发泡法、化学发泡法和机械发泡法。

【思考与练习】

1. 溢式、不溢式、半溢式压缩模在模具的结构、压缩产品的性能及塑料原材料的适应性方面各有什么特点与要求?

2. 压缩成型塑件在模内施压方向的选择要注意哪几点?(用简图说明)

3. 绘出溢式、不溢式、半溢式压缩模的凸模与加料室的配合结构简图,并标出典型的结构尺寸与配合精度。

4. 压注模按加料室的结构可分成哪几类?

5. 上加料室和下加料室柱塞式压注模对压力机有何要求?分别叙述它们的工作过程。

6. 管材挤出机头的组成与各部分的作用是什么?

7. 中空吹塑成型有哪几种形式?分别叙述其成型工艺过程并绘出简图。

8. 绘简图说明凹模抽真空成型、凸模抽真空成型、吹泡抽真空成型及压缩空气成型的工艺过程。

9. 泡沫聚苯乙烯在模具内通入蒸汽加热成型的方法可分为哪两种?分别叙述其工艺条件。

第二部分　冲压模具结构

　　冲压模具是在冷冲压加工中将材料(金属或非金属)加工成零件(或半成品)的一种特殊工艺装备,称为冷冲压模具(俗称冷冲模)。冲压是在室温下利用安装在压力机上的模具对材料施加压力,使其产生分离或塑性变形,从而获得所需零件的一种压力加工方法。

　　冲压模具是冲压生产必不可少的工艺装备,是技术密集型产品。冲压件的质量、生产效率以及生产成本等,与模具设计和制造有直接关系。模具设计与制造技术水平的高低,是衡量一个国家产品制造水平高低的重要标志之一,在很大程度上决定着产品的质量、效益和新产品的开发能力。

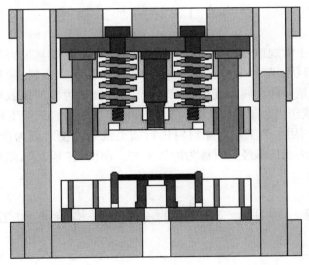

项目9　冲压加工基本工序

【学习目标】1. 了解冲压加工基本工序分类。

2. 掌握冲压加工各基本工序工作原理。

3. 掌握冲压加工各基本工序工艺流程。

【能力目标】1. 能掌握冲压加工各基本工序概念。

2. 能掌握冲压加工各基本工序的适用场合。

3. 能根据实际零件模型安排冲压加工工序。

任务9.1　冲压加工概述

冲压加工是借助于常规或专用冲压设备的动力,使板料在模具里直接受到变形力并进行变形,从而获得一定形状、尺寸和性能的产品零件的生产技术。板料、模具和设备是冲压加工的三要素。冲压加工是一种金属冷变形加工方法,所以被称为冷冲压或板料冲压,简称冲压。它是金属塑性加工(或压力加工)的主要方法之一,也隶属于材料成型工程技术。

所谓"工艺",是利用生产工具对原材料进行加工或处理使之成为产品的具体操作方法。冲压加工中的具体方法或技术经验可称为冲压工艺。而所谓"模具",是指制造一定数量产品的专用模型、工具。

任务9.2　冲压加工工序的分类、结构特点和工作原理

9.2.1　冲裁

冲裁的定义:通过一对工具(通常叫模具)的工作零件——冲头与凹模,利用冲压设备加压与其间的被冲材料,使之在其有一定间隙的刃口处产生剪切等变形进而分离破断的冲压加工分离工序。这种冲压加工方法如图9.1所示。本项目专门讲述冲压工序,因为它是冲压分离工序的基础和重点,有近两百年的应用和发展程序。

在冲压加工过程中,被制件或废料的模具工作零件叫做冲头(或凸模);包容冲头、托住制件或废料的模具工作零件叫做凹模。通常的工作表面为其外形,凹模则为其内形。

垫圈大多是用金属板料(条料)置于安装在压机上的模具里冲切出来的,这种冲切一半的工艺称为冲裁。工程习惯里,冲裁包括很多工序,例如落料、冲孔、切边、切断、切口、剖切等。如图9.2(a)所示,制取垫圈尺寸 D 这类外形尺寸零件的工序称为落料;而图9.2(b)所示的制取垫圈尺寸 d 这类内形尺寸零件的工序则称之为冲孔。可以想象,冲裁加工只有用作各种平板形零件,但很多成型件在其整个加工过程中也会用到冲裁工序。

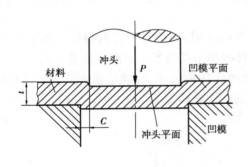

图9.1 冲裁变形示意

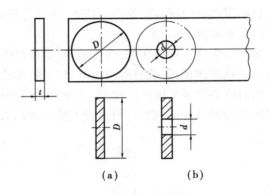

图9.2 垫圈冲裁中的落料与冲孔

9.2.2 整修、精冲、半精冲

(1)整修

1)基本概念

整修是对冲裁件的断面部分进行再加工的冲压分离加工方法。如果作具体解释,它是将普通冲裁件置于整修模,利用压机的动力对冲裁件的断面周边部分进行再冲裁,以刮削掉冲裁件断面上的塌角、断裂面及毛刺,从而获得良好精度的光洁断面。因此,经整修后工作的尺寸公差可达IT6~7级,表面粗糙度 Ra 可达 $0.4 \sim 0.8~\mu m$。

整修机理实际上是一种切削机理,其变形过程参见图9.3。冲头下行开始接触材料以后,同没有前角的刀具进行切削一样切断了材料的金属纤维;随着冲头继续下行,切屑增大、增多,但总是沿着 β 方向裂开;待凹模平面与冲头平面相靠相平时,材料本体与切屑基本上沿冲头与

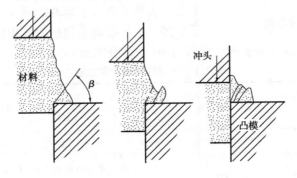

图9.3 整修过程

凹模刃口连线对切开了。分离时,切屑可能是一整体,也有可能是前面先裂开的切屑先被挤开而脱落掉。

整修模间隙近乎为零,常取值 $C \leqslant 0.01~mm$,可见它已不是普通冲裁的变形机理了。

2)整修方法

整修的方法主要有外缘整修、内缘整修两种基本工序。

①外缘整修。如图9.4(a)所示,它是整修工作的外部轮廓,即对冲裁落料件的整修。由于整修方法与整修方向相同,即整修外缘时,将落件料的塌角部位朝下放在凹模上进行。

115

也有将落料凹模与整修凹模依上、下组合进行冲裁与整修相结合的外缘整修方法,但两凹模之间要有容屑、排屑槽。

②内缘整修。如图9.4(b)所示,它是整修工件的内形,即是对冲孔的整修。由于整修方向应与冲裁方向相同,故整修内缘时,仍是将冲孔件的塌角部位朝上对准冲头进行的。

也有将整修冲头做成阶梯型,使冲头的前端是冲孔冲头尺寸、后端是整修冲头尺寸(两者之间也要有容屑、排屑槽)进行冲裁与整修相结合的内缘整修方法。

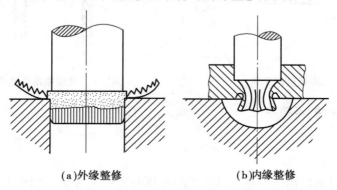

(a)外缘整修　　　　　　　　(b)内缘整修

图9.4　整修方法

(2)精密冲裁

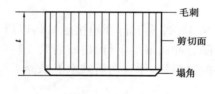

图9.5　精冲件断面

精密冲裁简称精冲,是在普通冲裁的基础上,采取强力齿圈压边、小间隙等四项工艺措施的一种新的冲压分离加工方法。其工件的断面粗糙度、尺寸精度及断面垂直度均比普通冲裁件高很多,达到了一般切削加工的要求。表9.1列出了两者的对比,图9.5是精冲件断面示意图。由于断面毛刺很薄又很容易去除,但塌角高度比较小,故通常认为精冲件的断面全为剪切面(塑性分离面)。

表9.1　冲裁件与精冲件比较

项目名称	表面粗糙度 $Ra/\mu m$	尺寸精度	断面垂直度	表面平面度	断面组成	获得工件
普通冲裁	可达3.2	IT9~IT11	差	有弯拱	4部分	冲裁件
精密冲裁	可达1.6~0.2	IT6~IT9	好(89.5°以上)	平整(可直接用于装配)	3部分,且塌角小,毛刺薄	还能获得成型件

1)精冲特点

精冲有如此大的优越性,这主要是由精冲的特点决定的。这些特点表现在精冲时采用了尽可能实现获得压应力的特殊工艺措施,如图9.6所示。

①齿圈压板(或叫V形环)。精冲的压料板与普通冲裁的压料板不同,它是带有齿圈的,起强烈压边作用,使材料造成三向压应力状态,增加了变形区及其领域的静水压。

齿圈压板是精冲变形中最重要的工艺措施。其V形环的角度一般设计成对称45°;V形环与刃口与刃口边的距离 $a(=0.7t)$ 及 V 形环的高度 $h(\approx 0.2t)$ 应随精冲材料的厚度而变化具体数值,参见有关资料。

②凹模(或冲头)小圆角。普通冲裁时,模具刃口越尖越好;而精冲时,刀尖处有 0.02 ~ 0.2 mm或(1% ~2%)t 的小圆角,抑制了剪裂缝的发生,限制了断裂面的形成,且对工件断面的挤光作用更有利。

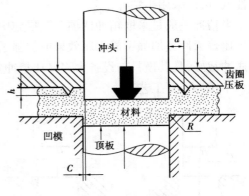

图 9.6　精冲示意图

③小间隙。间隙愈小,冲裁变形区的拉应力作用愈大。通常,精冲的间隙近乎为零,取成 0.01 ~0.02 mm,对较薄一些的板料也有按 $C = (0.5\% ~1.2\%)t$ 取值的。小间隙还使模具对剪切面有挤光作用。

④反顶力。施加很大的反顶力,很显然能减少材料弯曲,起到增加压应力因素的作用,进一步促使断裂面减少,剪切光亮面增加,同时也使工件无弯拱。

2)精冲机理

由于采用了以上四项工艺措施,造成了在 V 形环内精冲材料的强大静水压,故精冲变形机理与普通冲裁是不同的。一般认为,精冲是在高静水压作用下,抑制了材料的断裂,以不出现剪裂缝为冲裁条件而按塑性变形方式实现材料的分离。实验研究表明,精冲过程中,冲头进入材料厚度的80%时,材料仍未分离。可新近研究指出,精冲变形的最后过程依然是剪裂缝(显微裂缝)发生、发展而发生断裂分离的。但由于厚度已经很小,且又被冲头或凹模挤光,故断面上看不出断裂面。

3)精冲工艺发展

作为一种冲压分离加工方法,精冲工艺的基本工序有:

①精冲落料。

②精冲冲孔(包括其半冲孔)等。

利用精冲的变形条件和变形机理,发挥其特有的优越性,精冲和其他冲压乃至冷锻工序复合的精冲复合工艺也有较多的应用,比如:

①精冲与弯曲复合的精冲弯曲。

②精冲与挤压复合的精冲挤压等。

由于 V 形环齿圈压板强烈压边的局限性,围绕压边圈上不用 V 型槽的问题,精冲工艺的发展目前已出现了一些新动向。例如,日本开发了对向凹模精冲,德国开发了集成精冲,美国开发了挤出精冲,并且都有专用的精冲压力机。

（3）**半精密冲裁**

半精密冲裁简称半精冲,它是一种介于冲裁与精冲或整修之间的冲压分离加工方法,有多种工序形式。精密冲裁有它特殊的优越性,也正在不断发展。但是,其变形条件要求比较高,模具和设备投资费用很大,目前,大部分工厂难以实现、不能接受。另外,对于某些冲裁工件,其质量要求某一项指标高、其余指标要求一般,或者工件质量总的要求比普通冲裁件高而比精冲件低,可以采用半精冲工艺。

半精冲一般是采取精冲四项工艺措施中的某一项或某几项而进行的冲压加工。由于这类冲压比普通冲裁加强了静水压效果或加强了拉应力作用,因此,工件质量的某项指标相应要比普通冲裁好,且其模具与设备大多又比精冲要求简单得多,所以较容易实现。

半精冲主要工艺有:

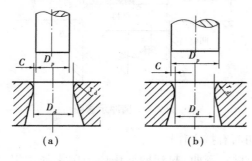

图9.7 光洁冲裁示意

①小间隙圆角刃口冲裁,见图9.7(a)。

②负间隙冲裁,见图9.7(b)。这两种工艺比精密冲裁出现得早得多,被称为光洁冲裁。因为其间隙小或负间隙,加上又有一刃口为小圆角,故能抑制剪裂缝发展而使工件断面挤切光亮,断面为切削面没有断裂面不分。

③上、下冲裁,见图9.8。该方法是采用两对冲头与凹模,使两个冲头先后从上、下方两次作用,共同完成冲裁加工。因此,工件断面无毛刺,但有两个塌角和剪切面,且断裂面处于中间部分。

④对向凹模切断,见图9.9。精冲工艺出现以后,又提出了这种对向凹模切断法,它采用一个凹模与另一个带凸台的凹模对向运动,并利用顶件器来进行切断。工件整个断面为塑性分离面与切削面,挤切得光亮平滑,且可能没有毛刺。

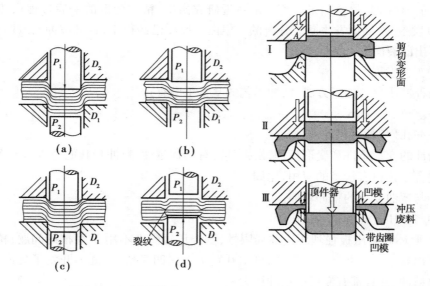

图9.8 上、下冲裁法   图9.9 对向凹模切断法

⑤挤压式冲裁,见图9.10。在对向凹模切断提出后的第三年,日本发明的这种挤压式冲裁在德国获得专利权。这种方法的特点是将冲头(或凹模)做成连续台阶式,实现了一半正间隙一半负间隙的有较强静水压的冲裁。其工件断面与对向凹模切断件断面基本相同。

⑥胀拉冲裁,见图9.11。胀拉冲裁是在普通冲床和冲模条件下,采取了压出筋槽、大间隙

等工艺措施,对极薄板或准极薄板零件实现无毛刺的冲裁加工。

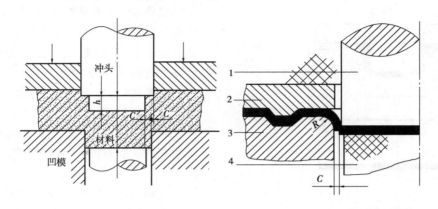

图 9.10 挤压式冲裁   图 9.11 胀拉冲裁示意
1—冲头;2—带筋压板;3—凹模;4—反顶器

胀拉冲裁所采取的工艺措施为:

a.带筋压板,即在坯料的搭边废料上先压出筋槽。

b.一刃口小圆角,即靠搭边及废料侧一边处的刃口为小圆角,另一刃口为尖角。或落料时凹模刃口为小圆角,冲头为尖角;冲孔时则反之。

c.大间隙,取比普通冲裁中的大间隙还要大得多的间隙值。

d.弹性反顶器或顶料板。

胀拉冲裁变形过程与普通冲裁、精密冲裁及上述半精密冲裁不同,关键是改变了普通冲裁是上、下裂缝均产生于模具刃尖稍后侧的断裂分离机制,最终以胀形和拉伸方式实现断裂分离,从而获得断面无毛刺且平面度较好的工件。胀拉冲裁的工件断面只有塌角和断裂面两部分,没有毛刺或毛刺极微小,且工件较平整。

胀拉冲裁的变形过程由以下五个阶段组成:预先张紧阶段;胀形拉弯阶段;裂缝生长阶段;断裂分离阶段;顶出凹模阶段。

9.2.3 拉深

(1)拉深变形特点

1)基本概念

借助于设备的动力和模具的直接作用,使金属平板坯料外法兰部分缩小,变成立体带底(空心开口)的零件的一种冲压成型方法称为拉深。

2)变形过程示意

从图 9.12 能明显看出:其冲头与凹模有 r_p 与 r_d 的圆角,并非尖刃;拉深间隙 C 一般稍大于材料原始厚度 t_0,而直径 D_0 的坯料是通过冲裁加工中的落料而制备的。对于拉深、翻边、胀形、弯曲及其他冲压加工工序来说,拉深是其中最典型、最基础的一种工序。

拉深工序应用相当广泛,叫法上也可谓五花八门,如拉延、压延、引伸与拉伸等,还有叫拉杯、抽制及深压拉的。现国家标准的锻压名词术语中规定叫拉深,其相应的英文为 Drawing 或 Deep Drawing。

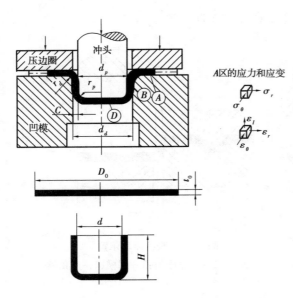

图 9.12　拉深过程示意

就各种冲压成型的基本工序而言,在变形过程中,并不是整个坯料都处于变形状态,而是其中一部分处于变形状态,另一部分处于非变形状态。为此,分别把它们定义为变形区和非变形区。

变形区:发生主要的、与该工序之成型相适应变形的部位。

非变形区:不发生变形的部位或发生非主要的、与该工序之成型不相适应变形的部位。

这种对变形过程中整个坯料进行分区的方法,是分析认识各种冲压成型工序变形特点的一种简便而有效的方法。

拉深件种类很多,小的如电容器罩壳、医疗器具盆盘、茶缸、饭盒;大的如洗衣机内桶、车辆油箱、汽车顶棚灯等。各种形状零件拉深时,变形区的位置、性质等都有较大不同,但平底直筒形件拉深是它们的基础。

（2）拉深起皱与防止

1）拉伸起皱

①起皱现象。从材料力学理论中已经知道,无论棒料或板料,压缩变形有一个压缩失稳的问题。拉深变形区受最大切向压应力作用,有最大切向压缩变形。这种压缩变形过大,就会有失稳问题产生。

在拉深时,变形区压缩失稳的一种表征为起皱,即是指法兰边上材料产生切向皱折,如图 9.13 所示。一旦失稳,起皱发生,不仅拉深力、拉深功增大,而且会使拉深件质量降低,或者使拉深件过早破裂而拉深失败,有时甚至会损坏模具或设备。

②影响拉深起皱的主要因素。

a. 坯料的相对厚度 t/D_0。板料受压时,其厚度越薄越容易起皱,反之不容易起皱,这是一个常识。所以,在计算

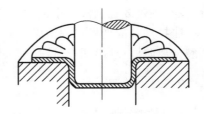

图 9.13　拉深起皱现象

拉深系数(度量拉深变形程度)中,按中径计算就是从这个角度出发的。在拉深中,更确切地说,坯料的相对厚度越小,变形区抗失稳起皱的能力越差,也越容易起皱。

b. 拉深系数 m。根据拉深系数的定义 $m = d/D_0$ 可知,拉深系数 m 越小,拉深变形程度越大,拉深变形区内金属的硬化程度也越高,所以,切向压应力相应增大;另一方面,m 越小,拉深变形区的宽度越大,相对厚度越小,其抗失稳能力越差。由于这两方面综合作用的结果,都使得拉深系数较小时坯料的起皱趋势加大。

有时,虽然毛坯的相对厚度较小,但由于拉深系数较大,拉深时并不会产生失稳起皱。例如,拉深高度很小的浅拉深件即属于这一种情况。这就是说,在上述两个主要因素中,拉深系

数显得更为重要。

③起皱的判断。在分析拉深件的成型工艺时,必须判断该零件在拉深过程中是否会发生起皱。如果不起皱,则可以采用不用压边圈的模具。否则,应该采用带压边结构的模具,如图 9.19 所示。

如何准确地判断拉深时是否起皱是一个相当复杂的问题,在生产实际中可用一些经验性的公式或数据表进行概略地评判。

$$平端凹模拉深\quad (t/D_d)_{\mathrm{Lim}} = K(1/m - 1)\tag{9.1}$$

式中　K——材料系数,分别为 $K=1/6$(材料未给定);$K=1/8.7$(退火铜、黄铜、软钢);$K=1/6.3$(镇静钢、7/3 黄铜、软态及半硬态铝);$K=7/80$(铝)。

2)防皱措施

如果判断出拉深不起皱,则无需采用防皱措施,其模具结构简单,如图 9.14(a)所示。倘若判断拉深起皱,则需要采用防皱措施。通常的防皱措施是加压边圈,使坯料可能起皱的部分夹在凹模平面与压边圈之间,如图 9.14(b)所示,让毛坯在两平面之间能顺利地按变形区增厚规律通过。

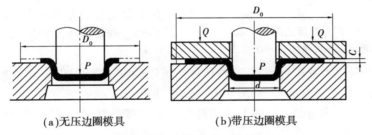

(a)无压边圈模具　　(b)带压边圈模具

图 9.14　有无压边圈模具结构

①防皱压边力与压边间隙。压边圈只是防止拉深起皱的一种模具结构或形式,关键是控制压边力的大小,更科学地说是要控制好压边间隙。

压边力应该是保证毛坯法兰部分不起皱的最小压力。如果压边力过大,则使变形区坯料与凹模、压边圈之间的摩擦力剧增,可能导致工件的过早破裂;如果压边力太小,则起不到防皱的作用或作用很小,仍然不可能实现成功地拉深。

由于压边力数值在操作时不便控制,而且在变形区坯料压缩失稳时,只有当皱纹波超过一定高度时才会产生皱折。因此,假如能控制好不致产生皱折的压边间隙(压边圈与凹模平面间的间隙),则实际上更有利于防止拉深起皱。

另外,用压边间隙比用压边力防皱还有一个优点:用压边力时,对其拉深坯料要求更严,即不允许有较高的毛刺,否则会由于毛刺在开始压边时先被压扁而使实际压边力出现某种假象,故坯料往往需先除毛刺;而用压边间隙就不存在这个问题,因压边间隙基本上处于两个刚性块中间,即便是在加固定间隙的弹性压边模情况下也是如此。

实验研究得到的最佳压边间隙见表 9.2,

表 9.2　最佳压边间隙值

材　料	数值范围
软钢	$C = (0.95 \sim 1.10)t_0$
铝	$C = (1.00 \sim 1.15)t_0$
铜	$C = (1.00 \sim 1.10)t_0$

表中 t_0 为坯料厚度。

②防皱压边圈。

a.刚性压边圈。它适用于双动冲床、液压机上的拉深,也可以用于单动冲床上进行拉深。

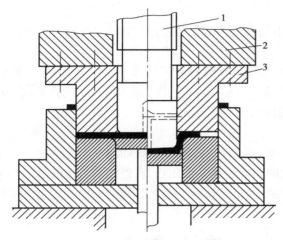

图9.15　双动机床上刚性压边
1—内滑块;2—外滑块;3—压边圈

双动冲床上的刚性压边圈工作原理,参见图9.15。拉深冲头固定在冲床内滑块上,压边圈固定在外滑块上。每次冲压行程开始时,外滑块先带动压边圈下降,压在坯料的法兰面上并停于此位置。随后,内滑块再带动冲头下降并进行拉深。当拉深结束后,紧跟着内滑块的回升,外滑块也带动压边圈回复到上死点位置。然后,置于冲床工作台下部的顶出装置将零件从模具里顶出。

压边圈形状:刚性压边圈的适当作用并不全是靠直接调整压边力来保证的,而要通过调整压边圈与凹模平面之间的间隙获得。

当然,如果外滑块由液压缸控制,其液体压力可以调整选择,但仍应该考虑其间隙。

压边圈的结构形式可有四种,如图9.16所示。图9.16(a)是普通平面状。图9.16(b)是平锥形,这种压边圈中锥角的大小应与拉深件壁部增厚规律相适应。它不仅能使冲模的调整工作得到一定程度的简化,而且能提高拉深的极限变形程度。

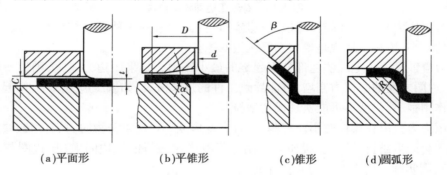

(a)平面形　　　　(b)平锥形　　　　(c)锥形　　　　(d)圆弧形

图9.16　压边圈形状

图9.16(c)是大锥角的锥形压边圈结构,其锥角与锥形凹模的锥角相对应,一般取其锥角 β 在 $10° \sim 60°$ 范围之内,常用 $\beta = 30° \sim 45°$。它能降低极限拉深系数,实际上增加了毛坯的中间变形过程,即等于增加一道中间成锥形件的拉深工序,而这种锥形过渡使得变形区具有更大的抗压缩失稳能力。还可以理解为在这种情况下,拉深变形的路程增长了,变形速度减慢了,有利于塑性的提高。

图9.16(d)是圆弧形压边圈,它更适用于带法兰边筒形且法兰边直径较小而圆角半径较大的情况。

以上四种压边圈结构当用于油压机或单动冲床(弹性刚性结合)时,其工作原理为:压边圈与凹模之间用螺栓连接固定,或用中间间隙 C_j 垫铁、特有销钉等予以调整。图 9.17 为油压机上使用最佳压边间隙的拉深示意。为此,也可知压边间隙的控制形式结构有:垫块(板)式、定位销式、定位柱式。

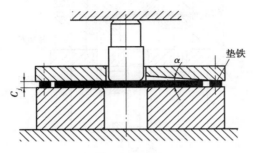

图 9.17　油压机上刚性压边圈

只要最佳压边间隙调整好了,在平状压边圈下,不用合理压边力的概念和数值,也能获得所谓合理压边力下的极限拉深系数,甚至还更低些,见表 9.3。

表 9.3　不同压边概念下的 m_c

相对厚度 比　　较	t/D_0(%)	
	1.5~1.0	1.0~0.5
取用合理压边力	0.5~0.53	0.53~0.56
取用最佳压边间隙	0.48~0.49	0.5~0.51

在实验条件下加工出锥角 α 的平锥形压边圈进行拉深,同时作了取用最佳压边间隙值的拉深实验,其极限拉深系数 m_c 均有所降低。表 9.4 是在冲床上拉深获得的一组试验数据。

表 9.4　不同压边圈下的 m_c 对比

压边条件 材　料	平状压边圈	平锥形压边圈		平锥形压边圈 + 最佳压边间隙	
		试验值	比平状降低(%)	试验值	比平状降低(%)
钢	0.488	0.488	0	0.481	1.4
铝	0.557	0.510	8.4	0.500	10.2
铜	0.527	0.517	2.0	0.506	4.0

大锥角锥形压边圈比锥形凹模结构降低极限拉深系数的效果更为显著。

b. 弹性压边圈。弹性压边圈结构适用于单动冲床。其工作原理见图 9.18 所示,压边圈由模具中的弹性系统托住,随着上模(拉深凹模)的下行,弹性压边圈的压边力急剧增大。这种结构产生的压边力曲线与拉深曲线很不协调。而用汽缸或液压缸的弹性压边系统,其压边力基本上是不变化的,调整比较方便。后者的拉深效果好于前者。

如果弹性压边圈刚性化,即在拉深凹模与压边圈之间也加上厚度为最佳压边间隙的垫块之类的零件,就能够具有刚性压边圈改善防皱条件的作用,从而能降低极限拉深系数。表9.3、

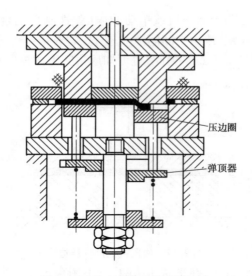

图 9.18　单动冲床上的弹性压边

表 9.4 中的数值实际上包括了这种结构条件下的实验数值。

表 9.5　大锥角锥形压边圈下的 m_c

t/D_0	0.02	0.015	0.01	0.008	0.005	0.003	0.001 5
m_c	0.35	0.36	0.38	0.40	0.43	0.50	0.60
$\beta(°)$	60	45	30	23	17	13	10

（3）拉深模工作部分结构

1）拉深模工作部分结构特点

拉深工序与冲裁工序相比,有以下几个不同特点:首先,拉深冲头和凹模有圆角而不呈尖刃;其次,有一次拉深件,也有要经过多次拉深的拉深件;再次,拉深模的冲头不一定置于模具的上模部分。故有所谓正、反拉深及正装式、倒装式模具结构,因此,拉深模工作部分的结构也有自己的特点。

下面,从正、反拉深及正装式、倒装式模具的角度对拉深模工作部分的结构特点作简要说明。

①正拉深。拉深模工作零件主要是指冲头、凹模及压边圈三种零件。正拉深时,模具工作部分结构形式通常如图 9.19 所示。其中,图 9.19（a）为不必用压边圈的拉深模结构形式,凹模分别有圆弧形、锥形和渐开线形等。

对于一般中、小型拉深件,常用图 9.19（b）的结构形式,上图所示的为一次拉深用,下图所示的为多次拉深用;对于尺寸较大的拉深件（例如直径 $d > 100$ mm）,多采用如图 9.19（c）所示的结构形式,下图所示也是为多次拉深用。

图 9.19（d）所示锥角形状的结构形式,除具有一般锥形凹模的特点外,还可能减轻毛坯的反复弯曲变形,提高拉深件侧壁的质量。为此应该做到以下几点:

a.前后两道工序的模具结构应该彼此联系、互相适应,即中间毛坯放在后道工序中应处于

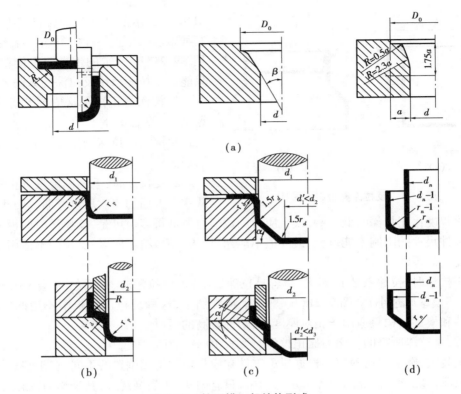

图 9.19　拉深模一般结构形式

有利的成型条件下;b. 后道工序中的压边圈形状应与前道工序中冲头形状的相应部分相同;
c. 后道工序中的凹模锥角应与前道工序中的冲头锥角相同;d. 前道工序的锥顶直径应尽量小
于后道工序的凹模直径,即 $d_1' < d_2, d_2' < d_3$,这样可以避免毛坯在拉深过程中的反复弯曲变形;
e. 最后一道工序中的冲头锥角应符合零件的要求。为了使零件底部平整,最后一道工序的前
道工序的冲头圆角半径应大于最后一道工序的冲头圆角半径,即 $r_{n-1} > r_n$(对圆形凹模),或等
于最后一道工序的圆角半径,即 $r_{n-1} = r_n$(对锥形凹模),参见图 9.19(b)。

　　②反拉深。所谓反拉深,是指拉深冲头从已拉深件的外
底部反向加压,使原已拉深的毛坯之内表面翻转为外表面的
一种拉深方法。

　　正拉深模的拉深适用于各种空心零件的拉深(包括多次
拉深)。反拉深模也适用于某些筒形件、盒形件的拉深,比如
某一大型筒形件及某种洗衣机内桶正是采用第一次正拉、第
二次反拉而成型的;但反拉深更适用于有双重侧壁的零件,
且坯料一定是已拉深件。

　　用反拉深模的拉深,参见图 9.20,其变形阻力较之正拉
深时要大些。这是因为它是从半成品的外底部反向压下,使
具有加工硬化的毛坯表面翻转,原内表面称为外表面。

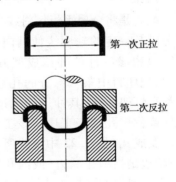

图 9.20　反拉深示意

　　反拉深锥形和球形这样一类曲面零件及具有双重侧壁的零件时,一般只进行一次反拉深。

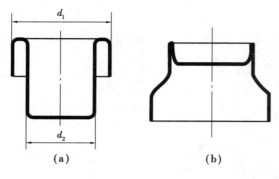

图9.21　反拉深典型零件形状

图9.21所示的两种反拉深的典型零件,它们都难以采用正拉深的方法拉深出来,尤其是图9.21(b)所示的带有双重侧壁的零件,只能在正拉深后用反拉深的方法才能实现。

反拉深与正拉深从应力状态和变形特点来看,没有本质上的差别。但是,从第二次正拉深与反拉深相比较来看,能得出以下认识。

a. 反拉深时,毛坯侧壁没有正拉深那样从一个方面的多次反复弯曲。因此,引起材料的硬化程度比正拉深时低一些,残余应力的数值也要低得多。可是,反拉深时凹模的圆角半径受到零件尺寸的限制不能过大,最大值不能超过$(d_1 - d_2)/2$。所以,反拉深不适用于直径过小而厚度大的零件。

b. 正拉深时,拉深系数m越大,越容易拉深成功;可反拉深时,过大的m会使凹模强度降低(因使凹模壁厚过小)。图9.21(b)是一个特殊例子,这种反拉深件根本不用凹模。不过,这种零件和模具结构只适用于相对厚度小、塑性较高的板材。

通常,反拉深所需的拉深力比正拉深时要大10%～20%。

③正装式、倒装式拉深模。根据拉深零件在模具中正置或倒置的不同,有正装式拉深模或倒装式拉深模之分。前面的拉深模示意图中,只有图9.18是倒装式,其余均为正装式。正、倒装式拉深模仅是结构形式上的不同(拉深冲头或压边圈处于上、下模部分的不同),其工作部分形状与尺寸的设计是相同的。这种结构型式之分,在其他成型模(翻边、缩口等)中也有类似情况。

9.2.4　翻边

(1)翻边变形基础

1)基本概念

翻边是将金属平板坯料或半成品工序件的某一部分沿其一定的轮廓线使其内法兰部分变大,称为有竖边边缘零件的冲压成型方法。也有不变成竖边,只把坯料中某一部分的孔径加以扩大的。像富奇汽车灯架零件,其冲压加工过程中就有一道翻边工序或称扩孔加工工序。该工序是将内孔为d_0的毛坯变成d_1'(图9.22中虚线所示)的内孔零件。通常,翻边是指圆孔翻边(或内孔翻边),如图9.22所示,将坯料上的预加工小孔d_0处的内环形部分成型为直径为d_1零件的竖边,即为一种典型的翻边工序。

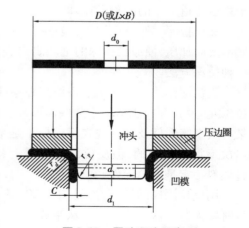

图9.22　圆孔翻边示意

圆孔翻边是翻边的基本形式,亦叫翻孔。虽然还有一些翻边形式在变形特点与应力状态上较圆孔翻边要复杂些,但究其基础仍然是圆孔翻边。说翻边是拉伸类冲压成型的典型工序之一,也是基于这个道理。

2)变形特点分析

与分析拉深变形相仿,也可先用纸片来做一个实验:将一张外径为 D_0、中间小孔直径为 d_0 的纸片压住外环形部分,使内环形部分变成直径为 d_1 的竖边,结果纸被开裂掉了,不能变形;若按图9.23(a)将内环形部分沿径向剪开,再将它们翻成竖边,则如图9.23(b)所示,途中倒三角形部分为裂开的部分,材料不够,称其为“空缺三角形”。显然,金属材料在翻边变形过程中,假想的每个“空缺三角形”的材料只能依靠旁边材料、通过切向拉伸和厚度变薄来填补。

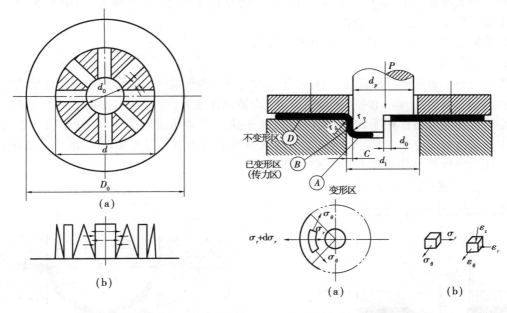

图9.23　翻边材料转移　　　　　图9.24　翻边过程分析

该实验表明:与拉深相比,翻边工序变形部分的位置以及变形部位的变形刚好是相反的。

从图9.24所示翻边过程可知,在冲头作用下,坯料的内环形(外孔为 d_1、内径为 d_0)部分逐渐变成了竖边的直壁部分。显然,这个内环形部分即为变形区(A 区),已翻成竖边的壁部为传力区(B 区),外法兰部分为不变形区(D 区)。其变形区应力的应变特点与拉深不同。如图9.24(a)所示,它是在双向拉应力作用下,其中最主要是在切向拉应力作用下产生最大的切向拉应变,变形区材料变薄。

9.2.5　胀形

(1)胀形变形基础

1)基本知识

所谓胀形,是使金属板料或毛坯件中间位置产生鼓凸变形,从而获得其表面积增大的零件的一种冲压成型方法。如图9.25所示,在较大面积坯料 D 的局部 d 处产生鼓凸变形,而外法兰部分不产生变形。

在胀形成型中不存在坯料在凹模中的滑动与摩擦,工件表面没有划伤且比较光滑。因此,胀形间隙不成为重要的工艺参数,在图中也没有明确标出。另外,胀形时其变形区只有拉应力作用,成型后的集合形状易于稳定,卸载时的弹复很小,易于得到尺寸精度较高的零件。因此,一些冲压件的最后校形往往也是用胀形机理去实现的。

胀形的方法很多,按其成型的面积来分有:

①局部胀形:包括平板坯料的局部胀形,如压筋条、凹坑、花纹等;管状坯料的局部胀形,如波纹管及自行车中接头等的成型。

②整体胀形:如摩托车、自行车挡泥板以及飞机蒙皮等的成型。整体胀形实际上是整块板料上的一种大曲面胀形,如汽车车身的外罩板零件及其他大曲率半径面上的很浅胀形,这种胀形的平均延伸率大约为 1% ~ 3%。

按其冲头结构来分,有刚性胀形和软模胀形。

2)变形特点

要认识和理解胀形变形特点,最好联想到吹气球。由于吹进去气体的压力使气球胀鼓,气球表面的切向(纬度方向)和径向(经度方向)均被拉伸变长,气球这层膜变薄了。这就表明,胀形变形区在拉应力作用下产生伸长变形,属于拉伸类冲压成型工序。显然,图 9.25 和图 9.26 中冲头所对部分为变形区(A 区)。变形区位置上应力应变特点如图 9.26 中立方单元体所示。坯料的外环形部分为不变形区(D 区)。

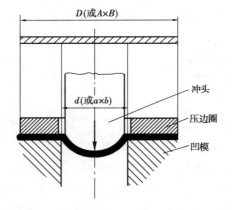

图 9.25 胀形示意

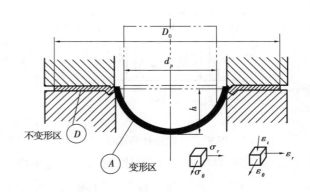

图 9.26 胀形变形特点

其简单变形过程及特点(参见图 9.26)如下:

胀形时,外径为 D_0 的坯料在压边力的强烈作用下,只有直径为 d 的坯料范围产生变形,法兰部分因被压住而不参与变形。有时,为了使外法兰完全不参与变形,在凹模转角处增设了三角筋槽,这种胀形称为纯胀形。胀形结束后,坯料外径 D_0 不变,这一点与翻边相同。但是,胀形变形区材料在整个变形过程中也不向外转移,这是与拉深、翻边都不相同的地方。

由于变形区内金属处于双向拉应力作用下,其坯料形状的变化主要是由该部分金属的拉伸剪薄而使表面积增加。因此,拉伸变薄量对胀形成型极限起决定性影响,这一点与翻边相同。所以,评定翻边性能的几个重要材料性能参数,如延伸率 δ,加工硬化指数 n 和各向异性系数 r,也是评定胀形性能的重要参数。

（2）平板毛坯的胀形

1）局部胀形

平板毛坯的局部胀形如图 9.27 所示。当平板毛坯的外径超过冲头或凹模孔径的 3～4 倍以上时，或虽不超过 3～4 倍但压边力 Q 相当大时，坯料变形区在双向拉应力作用下通过自身的变薄形成凹坑（或又叫凸起）。这种变形方式的特点是：既没有法兰部分金属的补充，变形区金属也不向外转移，完全靠自身的拉伸变薄实现成型的目的。

实际生产中常用这种方法可以加工各种形状的凹坑、突起、筋条、字形及图案等，如图 9.28 所示。图 9.29 是油箱盖的局部胀形实例。

2）整体胀形

平板坯料的整体胀形，通常叫拉形或拉弯。顾名思义，它是拉伸与胀形或拉伸与弯曲复合变形的一种复合类冲压成型方法。

①工艺形式。由于拉弯是用于板料厚度很小、弯曲的曲率半径很大且变形区范围也很大的

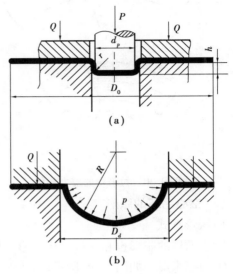

图 9.27   平板毛坯的局部胀形

工件的成型，更相当于整块板料的弯曲，故从工艺形式上来看，把它叫拉弯不无道理。

②成型原理与特点。在一般弯曲或仅靠冲头的压力成型时，毛坯截面的切向应力分布如图 9.30（a）所示。此种应力分布有三部分：外层拉应力、内层压应力、中性层附近处在弹性变形应力的范围内。

由于拉弯是在毛坯的侧向增施了足够大的拉力 P，使毛坯截面的切向应力分布如图 9.30（b）所示，即拉力 P 要使毛坯内的拉应力大大超过材料的屈服点 σ_s，整个截面内全是拉应力。

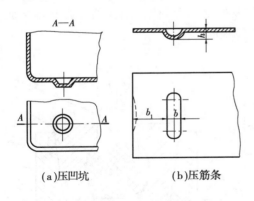

（a）压凹坑   （b）压筋条

图 9.28   局部胀形应用

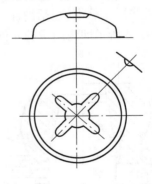

图 9.29   油箱盖的局部胀形

其工艺形式如图 9.37 所示，板料是在冲头力与侧向拉力作用下弯曲成型的。模具只有冲头，没有凹模；侧向有夹具夹住且能施加拉力。

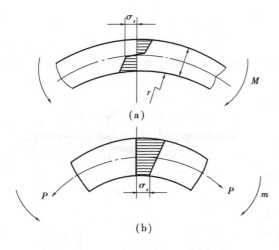

图9.30　拉形中的应力分析

这时弯矩 m 较小,即 $m < M$。

拉弯由于变形区截面全处于拉应力状态,其变形也是拉伸,应力应变关系比弯曲单纯。故拉弯成型有以下特点:

a. 由于弯曲力矩 $m < M$,故弯曲变形量小,弯曲的弹复量也小。

b. 弹复基本上是一种拉伸回弹,故成型后尺寸精度较高、形状稳定性较好。

c. 由于是拉伸-弯曲结合,毛坯变形最后实属胀形变形,具有胀形变形的特点。所以,从变形实质方面来看,将板料整体胀形称之为拉形要更为合适些。

（3）空心毛坯的胀形

1）胀形型式

空心毛坯的胀形也和平板毛坯胀形一样,也有刚模成型和软模成型两种方法。

①刚模胀形。如图9.31所示,由于芯子2锥面的作用,冲床滑块向下压分瓣凸模1,使其向外扩张并使毛坯3产生直径增大的胀形变形。胀形结束后,分瓣凸模在冲床气垫杆4的作用下回复到初始位置便可取出零件。刚性凸模分瓣数愈多,成型零件的精度愈好,但模具的结构愈复杂。因此,分瓣式凸模结构不便于加工形状复杂的零件。

②软模胀形。软模(包括液体、气体、橡胶及聚氨酯等)代替刚性的分瓣凸模便成为软模胀形。图9.32所示即为用橡胶元件进行的软模胀形。

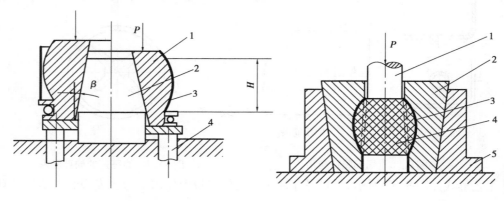

图9.31　分瓣凸模胀形

1—分瓣凸模;2—芯子;

3—毛坯;4—冲床气垫杆;

图9.32　软模胀形

1—传力块;2—凹模;3—毛坯;

4—聚氨酯冲头;5—外套;

软模胀形时,毛坯的变形比较均匀,容易保证零件的正确几何形状,也便于加工形状较复杂的空心零件,所以在生产中应用比较广泛。例如波纹管、高压气瓶及某些火箭发动机的异形零件都常用液压胀形或气体胀形方法。目前,聚氨酯胀形代替橡胶或液压胀形也比较多。

2）内高压成型

内高压成型也叫管材液压成型，是在空心毛坯胀形的基础上，随着计算机技术和高压流体技术的发展而出现的。其成型压力比传统胀形的成型压力大很多，现一般均大于 500 MPa，有的还超过 1 000 MPa，故多叫内高压成型。

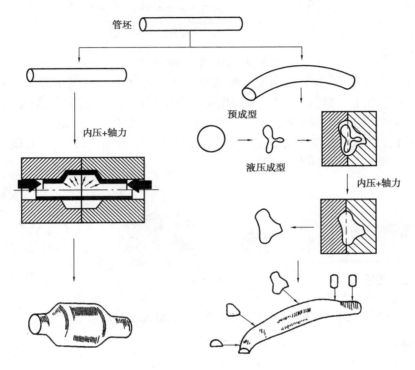

图 9.33   内高压成型示意

①内高压成型基本原理。在管坯液压胀形的同时，对管端施加轴向压力压缩管坯，不断补给胀形材料，从而使管坯与模具型腔贴合，如图 9.33 左所示；或者将管坯进行预成型后再进行内高压成型，如图 9.33 右所示。

②内高压成型变形特点。在成型过程中，整个坯料都发生了变形，全是变形区，但各部分有不同的主要变形，如压缩、拉伸、胀形和弯曲等。故内高压成型是一种复合类冲压成型。

基于内高压成型的成型原理和变形特点，它使压力低于一个数量级甚至两个数量级的传统空心毛坯的胀形得到了新的发展。不仅可以使传统管坯胀形无法成型的零件得以成型，而且还可以使成型件强度、刚度大幅度提高，还有减轻零件质量、节约材料和节省能源等优点。

3）工艺实例

例如自行车中接头聚氨酯胀形工艺。自行车接头（俗名叫"五通"）如图 9.34 所示。

自行车中接头的成型工艺沿革：

①最古老的加工方法：割出五段管子焊接而成。

②20 世纪五六十年代，采用板料热冲成型，即先冲裁出平板毛坯，加热后在四处进行局部胀形，再冲孔、翻边，最后卷圆。

③20 世纪七八十年代，用管子坯料进行胀形（充高压液体，胀 4 凸包），然后钻小孔、翻边。

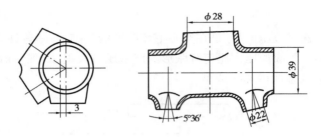

图 9.34　自行车中接头示意

④20 世纪八九十年代,发展到用聚氨酯胀形。即在管坯中间改高压液体为聚氨酯,轴向加压于聚氨酯及管坯上,管坯在一对冲头的作用下受压缩短同时进行胀形,直至与凹模型腔内壁贴合成如图 9.35 中所示形状,然后再用其他后续工序完成零件的成型。

⑤21 世纪初,开始用内高压成型,即管坯内充高压液压,管端施轴向推力,既压缩管坯,又实现内部膨胀。其后续工序同上。

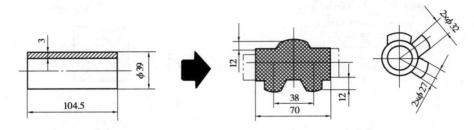

图 9.35　自行车中接头聚氨酯胀形过程

9.2.6　弯曲

(1)弯曲变形过程

1)概述

将金属平状坯料或管子毛坯等按照一定的曲率或角度进行变形,从而获得一定形状的不封闭零件的冲压成型工序叫弯曲。如图 9.36 所示,将宽度(或长度)为 b 的坯料通过弯曲模具的直接作用,沿弯曲线 $m—m$ 压弯成所需形状与尺寸的工件,这是一种最基本的弯曲方式。显然,在弯曲变形过程中,坯料宽度 b 上完成圆角的部分为变形区,而两边的直边部分为不变形区。

弯曲的应用范围相当广泛,如汽车大梁、门窗销座等都是弯曲件。

2)分类

从不同的角度可以对弯曲变形进行不同的分类。

①从力学角度来分。

a. 弹性弯曲:变形区内应力数值小于屈服强度,仅产生弹性变形。

b. 弹-塑性弯曲:变形区先产生弹性变形然后过渡到塑性变形。

c. 纯塑性弯曲:变形区的塑性变形很大,忽略中性层附近的弹性变形区,并认为应力状态是线性的。

d. 无硬化纯塑性弯曲:在纯塑性弯曲中假设无加工硬化效应,热弯就属于这种弯曲。

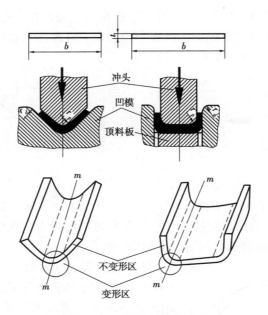

图9.36 弯曲加工示意

②从工件形状来分,有 V 形弯曲、U 形弯曲和折弯等。

③从使用的设备来分,有压弯(普通压力机上)、折弯(折弯机上)、滚弯(滚弯机上)及拉弯(拉弯机上)等。

④从模具与工件接触程度来分,有自由弯曲、接触弯曲和校正弯曲。

(2)弯曲的弹复

1)弹复现象和原因

塑性弯曲和任何一种塑性变形一样:外力作用下,毛坯产生的变形由弹性变形部分和塑性变形部分组成;外力去除以后,弹性变形部分消失而塑性变形部分保留下来。因此,工件最后在模具中被弯曲成型的状态与取出后的形状不完全一致,这种现象称为弹复。

在加载过程中,弯曲变形区内、外两层的应力与应变性质相反;在卸载后,两部分弹复变形的性质也是相反的,但是弹复的方向都是一致的,即反弯曲变形的方向一致。所以,它们引起弯曲件的形状和尺寸的变化是十分显著的。另外,从整个坯料上来看,弯曲变形中不变形区所占的比例比变形区所占的比例大得多。这是弯曲与其他冲压成型存在的一个很大区别。显然,大面积的不变形区的惯性影响会加大变形区的弹复,这是弯曲弹复比其他成型工序弹复都严重的另一个原因。

弯曲弹复使弯曲件的几何精度受到损害,时常成为弯曲件生产中不易解决的一个特别棘手的问题。当然,有很多的研究者正在对这个问题进行 CAE 分析。

2)弹复规律及表示

①卸载过程中的应力变化规律。纯塑性弯曲毛坯在塑性弯矩 M 作用下,即在弯曲冲模的作用下,毛坯断面上的应力(切向)分布如图 9.37(a)所示。假设在塑性弯矩的相反方向上加一个假象的弹性弯矩 M'_s,其大小与塑性弯矩相等,即 $|M| = |M'_s|$。这时,毛坯所受的外力矩之和为 $M - M'_s = 0$,这相当于卸载后毛坯从冲模中取出后的状态。假想的弹性弯矩在断面内引

起的切向应力的分布如图9.37(b)所示,塑性弯矩和假想的弹性弯矩在断面内的合成应力便是卸载后弯矩件处在自由状态下断面内的残余应力。它在断面内由内表面到外表面是按拉、压、拉、压的顺序变化的,如图9.37(c)所示。

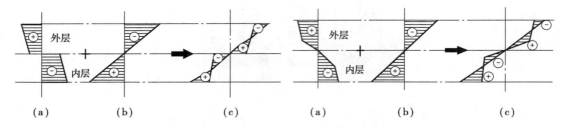

图9.37 纯塑性弯曲的卸载分析   图9.38 弹-塑性弯曲的卸载分析

同理,还可以提出弹-塑性弯曲卸载时毛坯断面内切向应力的变化,如图9.38所示,也是在断面内由内表面到外表面按拉、压、拉、压的顺序残存着。

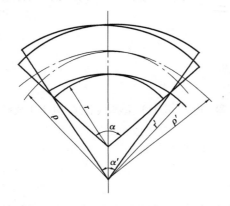

图9.39 弹复示意

②弹复的表示。弯曲后,卸载过程中的弹复现象表现为弯曲件的曲率及角度的变化,如图9.39所示。图中,用ρ,α,r分别表示弹复前(弯曲终了贴模时)中性层的曲率半径、弯曲角和弯曲毛坯内表面的圆角半径;用ρ',α',r'分别表示弹复后(弯曲工件出模后)中性层的曲率半径,弯曲角和弯曲内表面的圆角半径。

3)对弹复值的影响和预防

①影响因素。

a. 材料的力学性能。材料的屈服强度σ_s越大,弹性模量E越小,硬化模量F及加工硬化指数n值愈大,则弹复值愈大。这一点从拉伸曲线上也很容易理解。

b. 相对弯曲半径r/t。相对弯曲半径r/t变小,弯曲中弹性变形部分所占比例下降,则比值$\Delta\alpha/\alpha$,$\Delta\rho/\rho$也变小。

c. 弯曲角。弯曲角α越大,表明变形区的长度越大,因而弯曲弹复角$\Delta\alpha$越大,但对曲率半径的弹复没有什么影响。

d. 毛坯非变形区的变形与弹复。一般地说,变形区与非变形区只是相对的。非变形区并非一点也不变形,或多或少都要产生相反的弹复变形,造成对弯曲件的影响。

e. 弯曲方式。通常,弯曲件形状越复杂,其弹复量越小,所以,冂形件的弹复值比U形件小,U形件又比V形件小。因校正弯曲给出的力为最大弯曲变形力,故校正弯曲成分越高,则弹复值越小。

f. 摩擦。一般认为,摩擦在大多数情况下会增大弯曲变形区的拉应力,有利于零件接近于模具的形状,使弹复减小。

g. 材料性能的波动、板厚的偏差。显然,这对弹复值及弯曲件的精度有一定的影响,且这种影响也是波动的,无规律的。因此,为了保证弯曲件的精度,对材料性能及板厚偏差提出严格要求这一点是不应该忽视的。

②预防措施。从模具结构及弯曲方法上可采取以下减小或消除弯曲回弹的措施。

a. 凸模角度上予以补偿。根据弯曲弹复趋势及弹复值的大小,控制凸模角度予以补偿,这是工程实际中被广泛应用的方法。对于 V 形件的弯曲,可根据弯曲件弹复方向和弹复值,将凸模角度与圆角半径预先加工出一个小于 $\Delta\alpha_1$ 的角度及相应的圆角半径,如图 9.40(a)所示。卸载后,$\Delta\alpha$ 正好补偿了弹复角 $\Delta\alpha_1$。而对于 U 形件的弯曲,将凸模两侧分别作出等于弹复角 $\Delta\alpha$ 的斜度,如图 9.40(b)所示。卸载后,正好补偿工件直边的弹开。

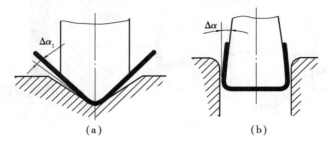

图 9.40　凸模角度的补偿

b. 摆动凹模或软凹模结构。根据弯曲弹复方向和弹复值 $\Delta\alpha$,将凹模做成组合式,在摆动凹模块上加工出扣除弹复角 $\Delta\alpha$ 的弯曲角。卸载后,工件将回复至所需的弯曲角,如图 9.41(a)所示。

利用橡皮或聚氨酯软凹模代替金属的刚性凹模进行弯曲,如图 9.41(b)所示,可以阻碍弯曲过程中毛坯不变形区的变形与弹复,增加变形区的附加压力,减少弹复量。这种软凹模结构的另一个好处是对冲头进入凹模的深度可以调节,从而更有利于控制弯曲角度,使卸载后所得零件的弯曲角度符合精度要求。

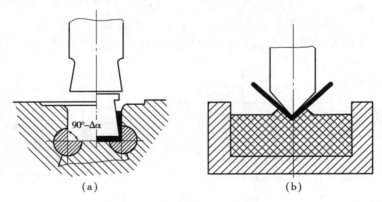

图 9.41　摆动凹模与软凹模

c. 顶料板端面成弧形或斜面。通过改变顶料板形状来补偿 U 形件弯曲弹复的方法,主要有以下两种结构形式。

对于小型弯曲件,可做成有圆弧 R 凸面形状的顶料板,如图 9.42(a)所示,且将冲头顶部相应的内凹圆弧 R_r 按以下条件设计:

$t < 1.6\ \text{mm}, R_r = R; t = 1.6 \sim 3.0\ \text{mm}, R_r = R + t/2; t > 3\ \text{mm}, R_r = R + 3t/4$。
对于大型弯曲件,可做成有倾斜面的顶料板形状,如图 9.42(b)所示,中间用圆弧相接,两侧倾斜角为弹复角 $\Delta\alpha$,且使冲头顶部的内凹倾斜角取得比 $\Delta\alpha$ 稍微大些。

d. 凹模下部做成斜面。改变一般弯曲凹模全为直壁平面状,而在其局部加工成斜面,让弯曲变形区材料在弯曲变形过程中有一自由空间,使之弯曲稍稍过度,以此来补偿弯曲弹复。

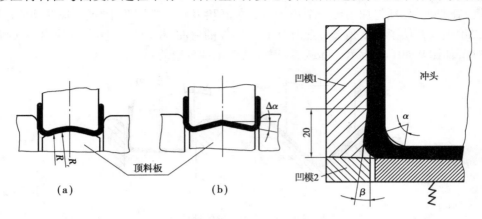

图 9.42　顶料板形状的变化　　　　　　图 9.43　凹模下部斜角

例如,某厂 20 世纪末采用如图 9.43 所示的革新方法,在距凹模底面 20 mm 处加工出 β 角,通过试模调整 β 角有效地补偿了工件的弯曲弹复,获得了符合精度要求的 U 形件。

e. 增加校正弯曲成分。校正弯曲实际上是对弯曲变形区施加了附加压力,使得变形区内层产生拉伸应变。这样就能减小内、外层材料的压、拉应变差别程度,且卸载以后,使该两层纤维的回弹趋势互相抵制,于是可以得到减少弹复值的效果。因此,在接触弯曲中,增加校正成分可以提高弯曲件的精度。

f. 切向推力弯曲法。在弯曲变形终了贴模时,利用模具的突肩结构,从弯曲变形的不变形区对变形区施加的切向推力,使变形区外层的切向拉应力数值减少或叠加抵消而成为压应力的装填,从而减小弯曲弹复值。切向推力弯曲法也叫纵向加压力的弯曲方法,如图 9.44 所示。

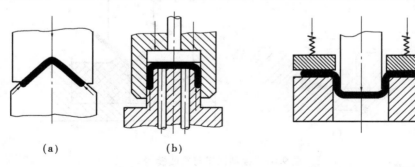

图 9.44　切向推力弯曲法　　　　　　图 9.45　增加拉应力的压弯法

g. 增加拉应力的压弯法。对于一般中、小型弯曲件,可以在弯曲模上设计出压边装置,如图 9.45 所示;或同时减小弯曲模间隙,限制坯料的自由流动,增加变形区的拉应力、拉应变,从而能显著地减小弯曲弹复值。对于某些具有两直边或一直边很长的 V 形件(单角弯曲件),不便用一般对称压弯而采用折弯时,应用这个原理和类似压边装置也能显著地减少工件的弹复值。

（3）弯曲的其他形式

弯曲加工除了如图9.45所示的最基本形式的压弯以及前面简单提及的折弯以外，还有滚弯和拉弯。拉弯在上述内容已有介绍，故下面仅介绍板料滚弯和管材弯曲。

1）滚弯

①变形特点。所谓滚弯，是在连续滚弯机上使用多个或多对滚模（轮）对板带材、型材、管材进行弯曲的一种加工方法。滚轮在结构上均为可绕其中心轴线旋转的轴对称零件。

对板带材的滚弯，主要成型两类零件：一类是通过连续滚弯，成型出具有不同截面形状的直条形零件；一类是先滚弯成一定形状的截面，然后弯成一定曲率的中、大型零件。

板带材、型材和管材等弯成较大的曲率半径时，可利用滚轮进行滚弯，图9.46所示的三滚连续弯曲用得较多。三滚弯曲机也是比较简单、外形尺寸最小的滚弯设备。

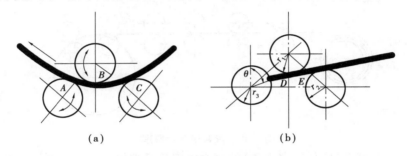

（a）　　　　　　　　　　　　　　　（b）

图9.46　三滚弯曲示意

如果简单地考虑材料的变形，则下面两个滚轮为支点、中间滚子施力来进行弯曲，见图9.46（a）。因此，下面两个滚子的中心连线离中央滚子中心越近，那么弯成的零件曲率半径越小。但是，这个距离太近了，平板材料在出口处便会送不出去，弯曲就不能正常进行。出现这种情况的分界线是图9.46（b）所示的θ角约为50°时。

另外，对于三滚弯曲的开始和终了阶段，两端材料有很长一段受不到弯矩的作用，一般有10～20倍板厚的范围，这就需要预先按要求的曲率进行端部弯曲。

三滚或五滚连续弯机还可用于对已弯曲成大曲率半径的圆形零件作滚弯校圆工作。

②工艺实例。某种自行车轮圈成品零件如图9.47所示。它是用带料在滚弯成型机上卷边、滚弯成型的。具体来说，是先卷成宽度为40 mm的弧形剖面，然后滚弯成能装配轮胎的大圆形，使用的材料是用普通冷轧钢带，厚度为1.3 mm。这里使用的滚弯成型机（图9.49）上平置了一系列的成对滚轮。自行车车圈带料由滚弯机前的承料架支承，通过引导被送入滚轮1中，由于各组滚轮均同时向带料前进方向旋转，故带料能自动送进；在各对滚轮间，带钢剖面产生一定的弯曲、卷边变形，于平置滚轮的最后一对滚轮中完成车圈断面形状的卷边成型；紧接着又进入滚弯滚轮（成三滚弯曲）而进行大曲率半径的滚弯。

具体成型顺序是：先通过滚弯成型机上1、3、5、7、9五对滚轮（期间还有五对副滚轮导向）逐渐将其剖面形状滚弯、卷边出来。图9.48左边部分示出了第1对滚弯模的大致情况，其各工步中滚弯的变形分配如图9.48右边部分所示。然后，在滚弯机后面的滚弯轮的附加作用下，将$\phi650$的外径滚弯出来。各道工步成型位置及最后滚大曲率半径而成圆的情况如图9.49所示。滚弯成型后的成卷圈料再锯断、焊接接头，最后在三滚或五滚弯曲机上校圆。

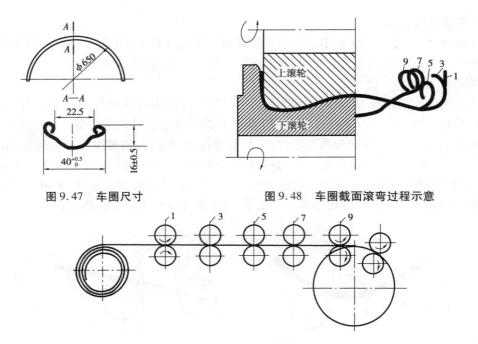

图 9.47　车圈尺寸　　　　　　　图 9.48　车圈截面滚弯过程示意

图 9.49　滚弯机滚弯原理

现今,滚弯直条型型材(如门窗床条)的滚弯机应用日趋增多,有的滚轮达 20 多对。对于平置多滚轮机上的弯曲工艺设计,除了要考虑各对滚轮间的弯曲变形合理以外,还有一个材料送进的纵向拉伸伸长变形问题,即后一对滚轮的节圆直径比前一对的稍微增大些,以防止材料起皱而影响顺利滚弯成型。

2)管材的弯曲

①截面的变形。管的弯曲机理与板的弯曲机理基本一样。由于管子中间是空的,外侧金属在切向拉应力作用下产生的拉伸变形及内侧金属在压应力作用下产生的压缩变形都比较自由。随着弯曲的进行,外侧逐渐变薄、内侧逐渐增厚。另外,由于管厚与直径相比显得很薄、小,故内侧更易产生压缩失稳而起皱。管子弯曲更清楚地说明了弯曲变形区分为内外两个部分的概念。

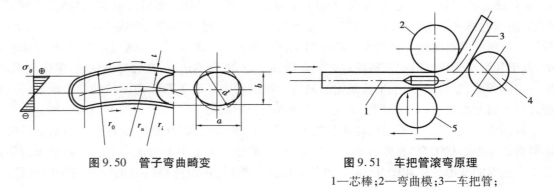

图 9.50　管子弯曲畸变　　　　　图 9.51　车把管滚弯原理
　　　　　　　　　　　　　　　　1—芯棒;2—弯曲模;3—车把管;
　　　　　　　　　　　　　　　　4—夹紧模;5—压力模

已弯曲拉长的外侧材料由于拉应力的作用多少都要带动内侧,而内侧材料由于周向压缩也易向内侧凹进。当然,因为模具的作用,这种变形倾向受到了妨碍。由于这些作用综合的结果,整个截面变成了椭圆形,如图 9.50 所示,这可以说是管子弯曲的截面畸变。对于一些有外观要求的装饰件,控制其管子弯曲的截面畸变是一个很重要的工艺问题。

一种滚弯机上的滚弯模组成如图 9.51 所示。三个滚模即夹紧模、弯曲模和压力模,均为内凹半圆形的滚轮;使用芯棒是为了减小管子弯曲变形的椭圆度。

②工艺实例。某种自行车车把管的成型,是滚弯成左右对称的各两个弯曲圆弧,如图 9.52 所示。材料为普通冷轧钢带高频焊管,外径 $\phi22$ mm,壁厚 1.2 mm。

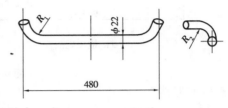

图 9.52   车把形状与尺寸

车把滚弯的最大质量问题就是在图中所示位置 R_1、R_2 处的圆度问题。车把是外观件,故弯曲处的圆度是自行车 50 项质量考核指标之一。生产经验表明:利用图 9.51 所示的将车把管两端分别滚弯,比两端同时滚弯质量要好,椭圆度要小。

9.2.7   其他冲压成型工序

(1)扩口

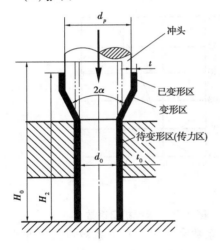

图 9.53   扩口变形示意

1)扩口的概念

扩口也称扩径,它是对管子毛坯或平板坯料冲压成空心件毛坯的口部直径用扩口模加以扩大的冲压成型工序。这种工序的变形过程如图 9.53 所示。在扩口过程中,整个坯料可分为三个区域,显然,变形区是其中间的锥形部分。

扩口模一般有冲头而没有凹模。待变形区(传力区)有的不用支承固定,但多为有用支承固定的。

2)扩口的用途

①加工成喇叭口型的各种零件。图 9.54(a)所示的是丰收牌拖拉机上一种机油管零件,用 3 号纯铜管(T3) $\phi5 \times 0.7$ 的坯料在口端予以扩大。

②加工两端直径相差较大的零件。如图 9.54(b)所示的工件,可以用一种直径介于两端中间的坯料,一端扩口,另一端缩口,可在一道工序里实现成型。

③管子质量检验的一种方法。如自行车车架用的高频焊管就是用直径大于管子直径 10% 的冲头扩管来进行检验。如果经过扩管后管子的焊缝处不裂开,表明它符合质量要求,否则,表明管子的焊接质量太差。

④扩径,如将整段管子孔径加以扩大,实际上是扩径整形。如一些用无缝钢管做的零件将孔径扩大 1～2 mm,以使其圆度孔径偏差减小。

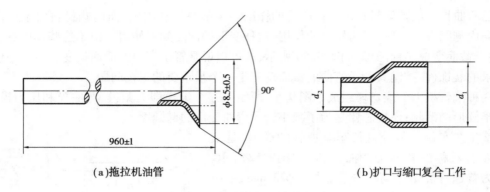

(a)拖拉机油管　　　　　　　　(b)扩口与缩口复合工作

图 9.54　扩口零件实例

3）变形特点

①应力应变关系。在冲头施加力的作用下,扩口毛坯口径直径扩大、坯料高度变短。扩口变形区受到双向应力的作用,即切向拉应力与轴向压应力,其中切向拉应力值更大。相对应的应变为:因孔径扩大,切向拉伸应变量大;径向压缩变形;板厚方向是压应变,厚度减薄。变形区体积不变。

变形区的应变关系可取扩口中一小单元体来表示,如图 9.55 所示。这种应力应变关系最本质的特征与翻边、胀形是相同的。因此,扩口是属于拉伸类冲压成型工序。

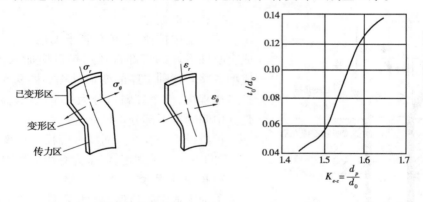

图 9.55　变形区应力应变关系　　　图 9.56　极限扩口系数

②变形程度的度量。用扩口变形程度的大小与扩口系数来表示。扩口系数定义为冲头直径 d_p 与工件原始直径 d_0 之比,即

$$K_e = d_p / d_0 \tag{9.2}$$

计算时,d_0 一般取其中径尺寸。

极限扩口系数,是在传力区不压缩失稳条件下变形区不开裂时所能达到的最大扩口系数,用 $K_{e \cdot c}$ 来表示。极限扩口系数的大小取决于材料的种类、坯料的厚度和扩口角度 α 等因素。扩口半锥角 α 常取为 20° ~ 30°。图 9.56 给出了用 15 钢、扩口半锥角 α 为 20°时的极限扩口系数值。

（2）缩口

1）缩口的定义

缩口工序与扩口工序的意义是相对应的,它是通过缩口模将管子毛坯或用平板坯料冲压成型的空心件毛坯的口部直径缩小的一种冲压成型工序,其变形过程如图 9.57 所示。在工程实际中,还有缩口部分的长度超过坯料长度一半及整段管子直径加以缩小的情况,故缩口也称为缩径。

缩口模一般是有凹模而没有冲头。坯料在缩口变形过程中也可分为三个区域,对于待变形区（传力区）,为防止其压缩失稳,在大多数情况下会采用内或外支承。为了提高缩口件精度,有的内支承还伸入到变形区及变形区的内侧位置上。

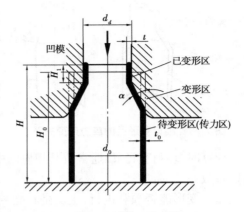

图 9.57　缩口示意图

2）缩口的应用

缩口的应用甚至比扩口要为广泛,它在国防工业、机械工业、日用品工业中等都有相当多的应用,如子弹壳、自行车车架立管、坐垫鞍管等均需经缩口工序加工。

有趣的是,有用缩口代替拉深的,如图 9.58 所示。该零件原工艺用板料从落料、拉深到最后冲孔,共需 6 道工序;后改为用管子切断、缩口和二次缩口,只需 3 道工序,取得了明显效益。当然,这种替代只有在对细长的管状类零件才较有效,并非普遍可行。

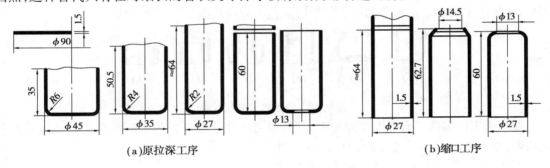

（a）原拉深工序　　　　　　　　　　　　　　　　　（b）缩口工序

图 9.58　缩口代替拉深实例

3）变形特点

缩口属于压缩类工序,其变形区的变形力学特点如图 9.59 所示。其中,变形区的应力状态均为压应力,切向压应力 σ_θ 的绝对值大于径向压应力 σ_r 的绝对值。变形区的应变特点是切向受压,压缩应变 ε_θ 绝对值最大,故轴向（或径向）应变 ε_r 为拉应变,板厚（方向）ε_t 也为拉应变,厚度增大。

与拉伸变形相比,其变形特点有相同及不同之处。

相同的地方:应变性质相同,切向受压,该方向压应变最大;变形区（在切向压应力作用下）坯料易产生压缩失稳起皱。

不同的地方:缩口变形区应力状态决定应变的数值不同,它是从单位到双向等压范围,而拉深是从单压到一压一拉范围;缩口变形的传力区是受压应力的作用,故也有产生压缩失稳起

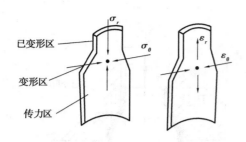

图9.59 缩口变形区的应力应变关系

皱的问题；而拉深变形的传力区是受拉应力的作用，超过拉伸变形极限则在最危险截面严重变薄或拉裂。

4）极限变形程度

缩口的变形程度用缩口系数来度量，缩口系数定义为凹模内径 d_d 与坯料直径 d_0 之比

$$m_N = \frac{d_d}{d_0} \tag{9.3}$$

计算时，坯料直径 d_0 通常按其相应的中径尺寸来计算。极限变形时的缩口系数称为极限缩口系数 $m_{N \cdot c}$。

缩口变形能否顺利进行，主要是看能否有效地控制变形区与传力区的压缩失稳，因此，极限缩口系数取决于对受压失稳条件的限制。极限缩口系数的大小直接与材料的种类、坯料厚度、模具的结构形式及坯料的表面质量等有关。

（3）卷边

1）基本概念

卷边又称卷圆（或卷缘），它是一种将冲压成型的空心件半成品或管材坯料的端部，经卷边模成型为卷曲边缘或双层侧壁零件的冲压成型工序。卷边是在扩口与缩口的基础上发展起来的，从变形形式上看，是扩口与缩口复合在一起的成型。

卷边适用于各种筒形、壶体等端口成型，以及一些双层管、阶梯管形状零件的冲压成型。图9.60给出了某些卷边零件的示意。卷边工艺的应用范围正在日渐扩大。

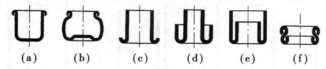

图9.60 卷边零件形状示意

卷边模工作零件只有在凹模或冲头，不需成对出现。但有时为了确保卷边后止端的形状和精度，也可能附加一导流或限制作用的零件。卷边模工作部分的形状主要有锥形、圆弧形、槽形。

2）变形特点

卷边变形过程如图9.61所示。由设备动力给出的压轴压力 P^*，使置于卷边模上的空心毛坯受力，并在其端部产生卷边变形。在变形过程中，变形坯料可分为待变形区（也是传力区）和变形区两部分。随着变形的进行，待变形区材料不断减少，变形区不断有新材料补充。

根据零件卷曲边缘形状要求的不同，其变形区组成的部分有不同，其变形区组成的部分有不同：当要求变形半封闭边缘时，分为两部

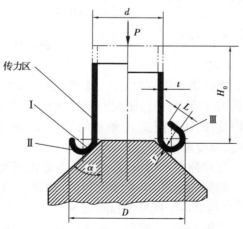

图9.61 卷边变形过程

分，Ⅰ是扩口变形区，Ⅱ是翻边变形区；当要求成型封闭式边缘时，分为三部分，Ⅰ为扩口变形区，Ⅱ为翻边变形区，Ⅲ为缩口变形区。因此，分析这种变形特点可以看出，卷边从变形实质上来讨论，它是一种复合类冲压成型的基本工序。

卷边的变形程度可用卷边系数度量。卷边系数定义为空心件毛坯直径 d 与卷曲后最大直径 D（均按中径计算）之比，即

$$K_c = \frac{d}{D} \tag{9.4}$$

据以上分析，可以认为，卷边系数 K_c 尚不能完全反映卷边变形的实际变形程度。

（4）曲面形状零件拉深成型

1）基本概念与共同特点

在前述的拉深工艺中，实际上得到的是平底直壁零件。在工程生产中还有很多非平底非直壁的空心零件，其中相当一部分可以归属为曲面形状零件。曲面形状零件的拉深成型包括：球面形状零件、锥形零件、抛物面形状零件以及诸如汽车覆盖件一类零件的拉深成型。因为这类零件的拉深成型，其变形区及变形特点并不是单一的，而是属于复合类冲压成型工序。所以在这里不是简单地将其定义为拉深，而定义为拉深成型。

从电动机喇叭罩的成型实验中可以大致了解这类曲面零件的变形特点。图9.62中标明了电动喇叭罩拉深成型后的变形数值，括号内是径向变形值（ε_r，拉应变），括号外是切向变形值（ε_θ，一部分为负，表示压应变；一部分为正，表示拉应变）。从拉深成型过程及实测的结果还可以看出零件的曲面由三部分组成，即：

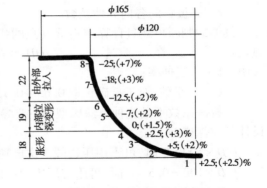

图9.62　电动喇叭罩应变数值

①毛坯的法兰边及进入凹模中的一部分，这一变形区部分产生拉深变形。

②毛坯的中间部分，也是产生拉深变形。

③坯料靠近球形冲头顶部的部分，这一部分变形区产生的是胀形变形。后两部分的分界点在图9.62中的第4点位置。

这一典型零件拉深成型的变形数值表明：曲面零件拉深成型共同特点是拉深和胀形两种变形方式的复合。当然，不同曲面形状零件拉深成型的成型极限和方法的判断是不同的。

2）球面、抛物面形状零件

球面、抛物面形状零件的拉深成型是曲面零件拉深成型中最典型、最基本的形式。其变形特点主要有表现在以下几个方面：

①整个坯料于变形过程中全为变形区，且分为三部分：法兰部分、中间悬空部分和球底部分，如图9.63所示，各部分特征有别。

②成型机理分为两种：第一种是拉深机理，基本上发生在法兰部分和悬空部分，其变形特征和应力状态与筒形件拉深时坯料变形区的性质相同；第二种机理是胀形机理，如图9.64中 D 点以下的球底部分，它在双向拉应力作用下产生双向拉伸变形。

③成型极限的判据：成型极限的表现形式为起皱与拉裂，起皱位置在中间部分偏下的 D

143

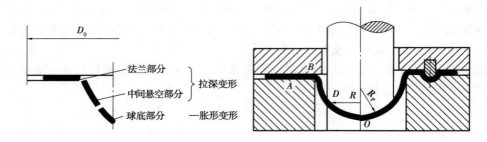

图 9.63　球面零件拉深成型变形区　　　图 9.64　起皱关键点的位置

点附近,破裂的规律与胀形的破裂基本相同。有研究提出:起皱关键点 D 处位于坯料贴模后为异号应力但靠近单向拉应力状态的位置上。起皱的判据是 D 点的径向位移 $\Delta R \le \Delta R_{max}$,其中

$$\Delta R_{max} = R\delta_u\left(\frac{r}{1+r}\right) \tag{9.5}$$

式中　R——D 点的半径;

　　　δ_u——均匀延伸率;

　　　r——板料的各向异性系数。

具体的判断可通过计算或测量 D 点的弧长 OD(图 9.64)并按下式进行。

弧长:　　　　　　　　　　　$OD \le OD_0(1+C\delta)$ 　　　　　　　　　　(9.6)

式中　δ——延伸率;

　　　C——系数,对于低碳钢取 $0.65 \sim 0.75$,黄铜取 $0.7 \sim 0.8$,铝取 $0.5 \sim 0.55$。

④拉深系数不是这种拉深成型的主要参数,在生产实际中往往用相对厚度来初步判断和设计其拉深成型方法。

$t/D \times 100 > 3$ 时,可不用压边圈一次成功;

$t/D \times 100 = 0.5 \sim 3$ 时,可用带压边圈一次成功(也有认为需满足 $t/D \times 100 \ge 2$);

$t/D \times 100 < 0.5$ 时,需在模具上增设拉深筋或采用反拉深方法。有的抛物面形零件的反拉深还得分多次完成。

另外,当毛坯直径 $D_0 \le 9\sqrt{Rt}$ 时(R 为球底的曲率半径),可用带底凹模压成,但需注意毛坯窜动和成型后弹复。当毛坯直径 $D_0 > 9\sqrt{Rt}$ 时,应采用加大法兰边等方法增大成型中的胀形部分,增大的工艺余料于拉深成型后再行切除,这样拉深成型出来的零件其尺寸精度和形状稳定性比较好。

⑤在模具结构上增设拉深筋可以防止中间悬空部分起皱,这也是这类零件变形与模具结构的特点。拉深筋的作用是使坯料在拉深筋处弯曲和滑动时产生拉深(外法兰变形区)变形阻力,提高径向拉应力,增大中间部分的胀形成分。拉深筋的种类很多,图 9.64 中右边所示意的结构形式是生产中常用的一种。

3)锥形零件

锥形零件的拉深成型机理与球面形状零件一样,具有拉深、胀形两种机理。由于锥形零件各部分尺寸比例关系不同,其冲压难易程度和应采用的成型方法也有很大差别。锥形件拉深成型极限变现为起皱与破裂,起皱出现在中间悬空部分靠凹模圆角处,破裂是在胀形部分的冲

头转角处。某文献介绍了 20 世纪 70 年代提出的锥形件拉深最大成型深度与材料各向异性系数 r、模具几何参数及材料厚度 t 的关系实验式：

$$h_{mzx} = (0.057r - 0.003\,5)d_d + 0.171d_p + 0.58r_p + 36.6t - 12.1 \tag{9.7}$$

　　4）汽车覆盖件

　　汽车覆盖件多为立体曲面,形状复杂且大多是非轴对称;结构尺寸较大,一般都比普通中、小型冲压件大一个数量级,有的可长达 1 m 以上。例如,图 9.65 所示的面包车侧滑门内盖板拉深成型后的毛坯件,长宽尺寸为 1 180 mm×910 mm,其高顶篷零件尺寸比这还大。因而与普通冲压零件成型相比,它有以下几个主要特点：

　　①成型工序多。大多数汽车覆盖件冲压加工工序有近 10 道之多。比如,解放牌汽车前围外盖板,有 6 道冲压工序(有的还是在复合模里完成数道工序),包括拉深、修边冲孔、翻边、冲窗口、压圆角及翻边翻口;左、右里门板有拉深、压圆角、修边冲孔、翻边冲孔压圆角、翻边、冲孔及校平 7 道工序。

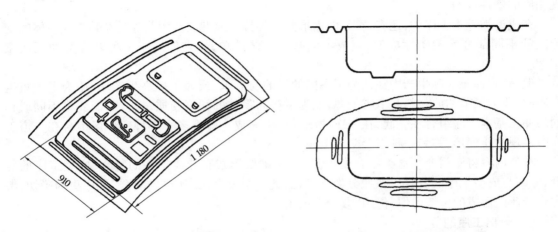

图 9.65　汽车侧滑门内盖板拉深件　　　　图 9.66　汽车油箱拉深示意

　　②在如此多的冲压工序特别是成型工序中,拉深是比较关键的工序。在拉深中,往往是带有胀形成分的复合类成型。而且由于是非轴对称、非旋转体的曲面形状零件,变形沿周边分布不均匀。因此,在拉深成型时多采用带拉深筋的拉深成型。比如侧滑门内板盖(图 9.65)及油箱(图 9.66)的拉深,实际上都是带有曲面形状零件的拉深成型与盒形件拉深的复合变形。在零件的直边处设置一、两条拉深筋,以消除其变形区中间悬空部分的内皱和圆角部分的破裂现象。当然,有一些汽车覆盖件变形不均匀程度不很大、变形程度或胀形成分不需要很大时,也可以用不带拉深筋的平面压边装置。

9.2.8　组合变形工序

（1）概述

　　冲压加工基本工序是指在压力机的一次行程中,金属材料在模具里实现的变形工序。如果将拉伸、压缩和剪切等的材料变形力学行为作为冲压变形工序基本工艺单元之特征加以区分,则冲压加工基本工序中有的完成一项基本工艺单元,有的完成多项基本工艺单元。

　　各种冲压加工基本工序在冲压变形过程中,并不是整个坯料都处于变形状态,其变形区仅限于坯料的部分区域,还有部分区域处于非变形区状态。分析变形区里实现各自基本工艺单元,此乃是定义和研究各种冲压加工基本工序的力学原理与变形特点的基础,也是对其进行分类认识的前提。

本任务前面讲述的冲压加工基本工序,是指单一变形工序,即在坯料一个变形区上实现一个基本工艺单元,也包括可细分出几个部分的一个连续变形区上实现几个基本工艺单元的基本工序。

例如:在分离类工序中,有冲裁中的落料、冲孔,精密冲裁中的精冲落料、精冲孔,整修中的外缘整修与内缘整修等,其变形区均位于分离轮廓线的局部范围,坯料的大部分范围属于不变形区。它们均是在变形区实现断裂分离,只是其分离机理不同。

又如:在成型类工序中,有拉深、翻边、胀形、缩口、扩口、卷边及弯曲等,其变形区均位于坯料的一部分。拉深在其外法兰部分,翻边与胀形在其内法兰部分,扩口、缩口与卷边在其端口部分,弯曲则位于其圆角部分(尽管它还可分成内层、外层)。这些变形工序均是在变形区实现相应的塑性成型。

在成型类基本工序中,还有拉形、曲面形状零件拉深成型以及弯曲等是在其连成一体的变形区的不同部分实现塑性成型、完成不同基本工艺的单元,它们属于一种复合类冲压成型工序。

但是,在冲压实际生产中往往为了不同的目的与需求,或为了提高生产率,或为了缩短生产周期,或为了节约原材料与节省能源,或为了提高零件的精度与质量等,而需要将不同或相同的冲压基本工序组合在一起,在一次冲压行程中完成。即将多个多种变形区组合在一道工序中实现冲压变形,称为一种组合变形工序类。

本节内容将专门介绍这类组合变形工序,其主要形式有分离工序的复合、成型工序的复合、分离与成型工序的复合。按照分类学理论,此三组复合工序应叫"混合"工序更为确切,考虑到行业已形成的传统习惯,仍用"复合"一词。

(2)分离工序的复合

分离工序的复合是指在压机的一次冲压行程中同时或先后完成两道或两道以上分离加工基本工序间的一种复合变形工序。

分离工序复合的形式很多,比如:垫圈的落料与冲孔,三垫圈冲裁、冲孔与切断等。下面介绍较常用的此类复合基本工序。

1)落料冲孔

对坯料上两个相互隔开的变形区,可在压机的一次冲压行程中同时或先后完成其分离变形。所谓落料冲孔,是指既有一处落料,又有一处冲孔。其模具结构在理论上有 4 个(两对)模具工作零件,实际上多是落料冲头兼作冲孔凹模,只有 3 个模具工作零件。图 9.67(a)是落料冲孔件的示意图。

2)切边冲孔

对经拉深或其他冲压成型出带法兰边的零件,要切圆其不规整的外法兰边直径并在零件中心部分冲孔,其实质与过程同落料冲孔,且变形区也是在相互隔开的位置上。切边冲孔件的示意参见图 9.67(b)。

3)冲裁整修

冲裁整修的变形区一定在坯料的内或外边缘上,变形过程必须是在压机的一次冲压行程

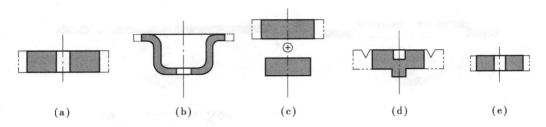

(a)　　　　　(b)　　　　　(c)　　　　　(d)　　　　　(e)

图 9.67　分离工序复合变形工件示意（双点画线表示其坯料或半成品外径）

中先冲裁后整修。若凹模设计成阶梯型且之间有容屑槽断开，则为先落料、后进行外缘整修；若冲头做成阶梯型且之间有退刀槽分开，则为先冲孔、后进行内缘修正。图 9.67(c) 为落料外缘整修件的示意图。

　　4)精冲落料与半冲孔

　　利用复合精冲模，在坯料的外边缘处进行精冲落料，在坯料内部一处完成精冲半冲孔。两个变形区位置是隔开的，但其变形过程基本上是同时进行的。图 9.67(d) 为精冲落料与半冲孔之工件示意图。

　　5)光洁冲裁落料冲孔

　　在半精冲模里，一般要对坯料的外边缘处进行光洁冲裁，也要对坯料内部某处进行普通冲孔。这两个变形区位置互相隔开，其变形过程可以同时也可以有先后次序完成。图 9.67(e) 为该种复合变形工序工件示意图。

　　(3)成型工序的复合

　　成型工序的复合，是指在压机的一次冲压行程中同时或先后完成多道成型加工基本工序件，以及实现多个变形区(部分)有不同变形机理的基本工艺单元的一种复合变形工序。

　　冲压成型工序的复合形式也很多，在前面有关内容中已作介绍的有：拉形，亦称拉弯或整体胀形；弯曲，包括板料弯曲和管材弯曲；曲面形状零件拉深成型等。这几种复合类冲压成型基本工序，其变形区基本上可认定为是互相连接在一起的。然而，在成型工序的复合变形中，还有相互隔开的多个变形区、实现多种变形机理复合的工序。

　　1)拉深翻边

　　拉深翻边是指在相互隔开的两个变形区位置上，一处进行拉深变形，一处进行翻边变形。图 9.68 所示为对中心有小孔的带法兰边线拉深件毛坯进行外法兰边处拉深、内法兰边上翻边的复合变形工序。显然，内外两变形区并未相连。

　　2)拉深胀形

　　拉深胀形是指在两相互隔开的变形区位置上分别进行拉深与翻边的变形。如图 9.69 所示，对坯料的外法兰边(拉深的变形区)进行拉深变形，在坯料的内法兰上(拉深的不变形区)实现胀形变形。显然，两种变形产生的变形区是被其传力区隔开的。

　　3)正反弯曲

　　在实际生产中，早已有将在一次冲压行程中实现正拉深与反拉深，或正弯曲与反弯曲的工艺，称之为正反拉深或正反弯曲复合工艺，其相应的模具称为正反拉深复合模、正反复合弯曲模。据此，在如图 9.70 所示的现在坯料中部进行正弯(U 形弯曲)，与此同时，在其两边进行反弯(两个 U 形弯曲)，这当然是一种复合变形工序。

147

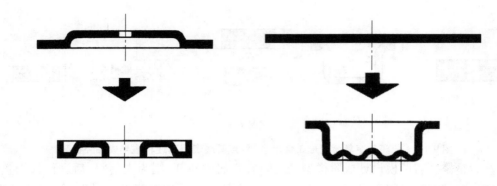

图9.68　拉深翻边　　　　　　　　　图9.69　拉深胀形

从相互隔开的多个变形区角度来看,图9.70所示的正反弯曲中,实际上是复合了6个弯曲变形区(圆角部位)或复合了6个弯曲基本工艺单元的复合变形工序。

（4）**分离与成型工序的复合**

分离成型工序的复合是指在压力机的一次冲压行程中,先后完成由分离与成型加工基本工序的一种复合变形工序。这种复合变形工序更明显地具有多个变形区、实现多种变形机理、完成多项基本工艺单元的特点。

冲压件采用分离与成型复合变形加工的形式很多,应用也颇为广泛,不仅中、小型冲压件上常用,而且在汽车覆盖件等大型冲压件上更为常用。

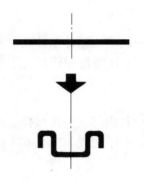

图9.70　正反弯曲

1）落料拉深

落料拉深这种工艺形式在前面内容中已多次提及。它是先落料,变形区在坯料直径的周边处;继而拉深,变形区在坯料的外法兰边处。图9.71所示为一种分离工序和一种成型工序的复合,并同在一次冲压行程中完成。

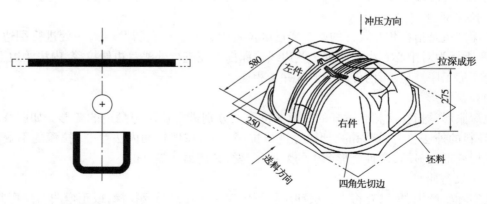

图9.71　落料拉深　　　　　　　　图9.72　切断拉深胀形

2）切断拉深胀形

某种微型汽车前轮护板零件因左、右两边对称,故设计者将它设计成对称件冲压,分3道冲压工序完成。在第一道冲压工序中,先将一张钢板切除 4 个角,而后进行曲面形状零件的拉深成型,实现了分离与成型的复合变形,其中包含了 3 种基本工艺单元,如图 9.72 所示;在第二道冲压工序中,既有整形(校形)的成型工序,也有冲多种孔的冲孔工序、还有切口工序的分离工序,如图 9.73 所示;第三道工序则是完成切边、剖切和冲孔(另外的孔)。

3)落料拉深冲孔翻边

显然,这是一种复合了 4 种基本工艺单元的复合变形。如图 9.74 所示,是在一次冲压行程中先后依次完成落料、拉深、冲孔与翻边工序。

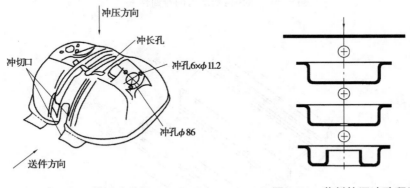

图 9.73 整形冲孔切口   图 9.74 落料拉深冲孔翻边

任务 9.3 项目实施

9.3.1 弯曲工序设计实例

(1)一次弯曲件

对于形状简单的弯曲件,如 V 形、U 形、Z 形及 ⊐ 形的弯曲件,常可采用一次弯曲而成型出来,如图 9.75 所示。

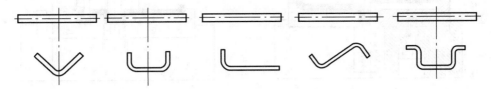

图 9.75 一次弯曲件

(2)两次弯曲件

两次弯曲可弯曲出形状较复杂或多角弯曲件。如图 9.76 所示,是常被采用的通过两次弯曲而成型出来的弯曲件断面形式。

如图 9.77 所示的一种具有 12 个弯曲角的多角弯曲件,也可以采用两次压弯而成型出来。第一次压弯工艺及模具示意参见图 9.78(a),第二次压弯工艺及模具示意参见图 9.78(b)。该技术已于 2004 年申报了国家发明专利。

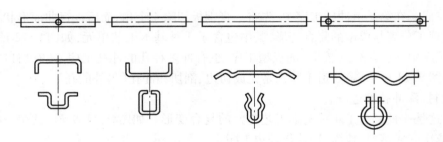

图 9.76　常用两次压弯的弯曲件

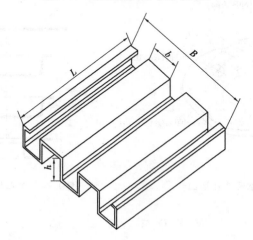

图 9.77　一种 12 个弯曲的零件

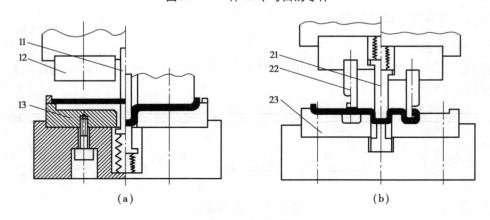

(a)　　　　　　　　　　　　(b)

图 9.78　12 个弯角件两次压弯模

11—凸模 1;12—凸模 2;13—凹模;21—定位压紧板;22—凸模;23—凹模

(3)三次弯曲件

对于形状较复杂或具有异形断面的弯曲件,通常采用三次压弯工序,如图 9.79 所示。

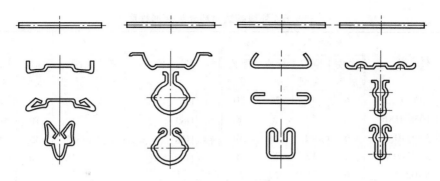

图9.79 用三次压弯的弯曲件

9.3.2 外缘弧线弯曲

外缘弧线弯曲是指平板坯料的外边缘部分沿圆弧曲线的弯曲线进行的一种弯曲加工。很多文献称这种外缘弧线弯曲为外缘翻边,这当然是有道理的,但从它是不封闭形状零件这一角度来考虑,将它称之为一种弯曲更符合弯曲的定义。

(1)变形形式与特点

按变形形式及性质来分,外缘弧线弯曲可分为凹圆弧线弯曲和凸圆弧线弯曲两种基本形式,当然也有两者的组合形式。

凹圆弧线弯曲如图9.80所示。该种成型在变形过程中存在有两个变形区:按曲率半径 R 所指圆弧为弯曲线的圆角区域和形成竖边的直边区域。因此,它是一种复合类冲压成型工序。一部分变形区具有弯曲变形的特点,另一部分变形区具有圆孔翻边的变形特点(切向拉应力、拉应变最大)。而且,后一种变形特点往往更为显著,所以该种成型的变形程度多用弯边系数(相当于翻边系数)来度量:

$$K' = \frac{r}{R} \tag{9.8}$$

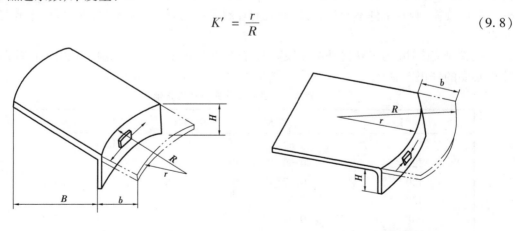

图9.80 凹圆弧线弯曲   图9.81 凸圆弧线弯曲

当内凹弧线弯曲的变形程度用 $E' = b/r$ 表示,外凸弧线弯曲的变形程度用 $E'' = b/R$ 表示时,各种材料的极限变形系数可由表9.6确定。

表9.6 外缘翻边材料允许变形程度

材料		$E'/\%$		$E''/\%$		材料		$E'/\%$		$E''/\%$	
		橡皮成型	刚模成型	橡皮成型	刚模成型			橡皮成型	刚模成型	橡皮成型	刚模成型
铝合金	1035-0	6	40	25	30	黄铜	H62 软	8	45	30	40
	1035-HX6	3	12	5	8		H62 半硬	4	16	10	14
	3A21-0	6	40	23	30		H68 软	8	55	35	45
	3A21-HX6	3	12	5	8		H68 半硬	4	16	10	14
	5A02-0	6	35	20	25	钢	10	—	10	—	38
	5A03-0HX6	3	12	5	8		20	—	10	—	22
	2AlZ-0	6	30	14	20		1Cr18Ni9 软	—	10	—	15
	2A12-HX8	0.5	9	6	8		1Cr18Ni9 硬	—	10	—	40
	2A11-0	4	30	14	20		2Cr18Ni9	—	10	—	40
	2A11-HX8	—	—	5	6						

凸圆弧线弯曲如图9.81所示。该种成型在变形过程中也存在两个变形区,与凹圆弧线弯曲类似。所不同的是,其直边部分变形区具有拉深变形特点(切向压应力、压应变最大),故其变形程度用弯边系数(相当于拉深系数)来度量:

$$K'' = \frac{r}{R} \tag{9.9}$$

(2)竖边高度问题

外缘弧线弯曲的上述变形特点决定了弯曲后其竖边的高度不很平齐:内凹弧线弯曲时,竖边中间低,两端稍高;外凸弧线弯曲时,竖边中间高,两端稍低。如果工件允许,则可充分利用这一变形规律;倘若工件不允许,可以通过对坯料形状的修正去达到竖边高度的平齐与端线的垂直。

试验研究表明:为了获得外缘弧线弯曲件竖边平齐一致的高度,应在坯料的两端对其轮廓线作必要的修正。

表9.7 凹弧线弯曲坯料修正值

$\alpha/(°)$	弯边系数 K'	$\beta/(°)$	ρ/mm
150	0.62	25	
120	0.50	30	
120	0.37	30	20.0
120	0.34	47	26.0
90	0.25	38	65.0
85	0.40	38	32.0
70	0.43	32	35.0
60	0.25	30	$+\infty$

注:材料08 料厚1 mm $R = 32.5$ mm

可采用如图 9.82 中虚线所示的形状,即从两个方面进行修正。一是在两端对两弧线之间的宽度 b 进行修正,凹弧弯曲时变小,凸弧弯曲时变大;二是两端端部夹角取异于零件中心角 α,凹圆弧线弯曲时增大,凸圆弧线弯曲时减小。表 9.7 给出了凹弧线弯曲坯料修正的试验值,凸弧线弯曲可相对应参照使用。

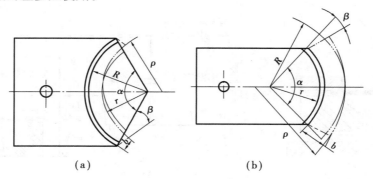

(a)   (b)

图 9.82   外缘弧线弯曲坯料修正

(3)外缘弧线弯曲件实例

图 9.83 所示的为机车车辆上的外缘弧线弯曲件,图(a)(b)为凹圆弧线、图(c)为凸圆弧线弯曲件。

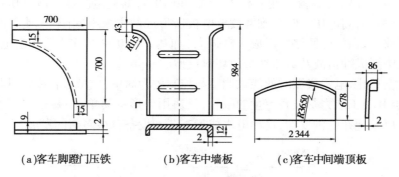

(a)客车脚蹬门压铁   (b)客车中墙板   (c)客车中间端顶板

图 9.83   外缘翻边的零件

【技术拓展】特殊成型

1)高速高能成型

高速高能成型主要有爆炸成型、电水成型和电磁成型。它们在模具结构上的特点都是只有凹模而没有冲头,且不是使用压力机,其动力来源和传递均为特殊设备或装置。

①爆炸成型。爆炸成型是利用炸药,例如 TNT(三硝基甲苯)这类爆炸物质的化学能在很短时间里转变成周围介质(水或空气)中的高压冲击波,并以脉冲波的形成作用于金属坯料,使之产生塑性变形,与凹模贴合。图 9.84 为其成型原理的示意。

因此,这种成型方法的特点是:用水或空气作为转压介质而代替凸模,简化了模具结构与加工;加工零件不受现有冲压设备的限制,适用于加工某些形状特殊、难于在普通冲压设备上加工出来的零件及小批量生产的特大型零件。

爆炸成型在国防、航空、造船、化工设备及机械制造工业部门有重要的应用,如生产封头、蒙皮等零件。我国有的工厂曾经用夯实土坑做凹模、用湿稻草盖住圆形炸药包,加工出好几种大型封头零件,这在20世纪70年代以前叫做"土法上马"。现在我国已有爆炸成型设备制造厂生产爆炸成型容器和装置。由于爆炸成型的能量大,故还可以用爆炸分离、爆炸焊接及表面强化等加工。

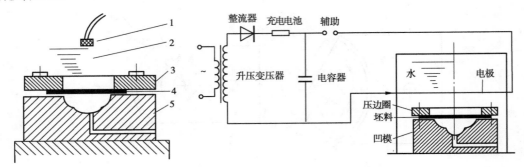

图 9.84 爆炸成型原理图
1—炸药包;2—水或空气;
3—压边圈;4—坯料;5—凹模

图 9.85 电水成型原理图

②电水成型。电水成型的基本原理如图9.85所示。来自电网的交流电,由升压变压器将电压提高到 20~40 kV,经整流后变成高压直流,并向电容器充电。当充电电压达到一定数值时,辅助间隙被击穿,高电压瞬时加到两放电电极所形成的主放电间隙上,使主间隙击穿并于其间产生高压放电,在放电回路中形成非常强大(如达 3×10^4 A 左右)的冲击电流,从而在电极周围的介质中形成冲击波及液流冲击使坯料成型。

与爆炸成型相比,电水成型时的能量调整与控制较为简单,成型过程稳定,操作方便,容易实现自动化;但其加工能力受设备容量的限制,只适用于形状简单、坯料较薄零件的中小批量生产。在苏联以及现在的俄罗斯,这种电水成型工艺和设备有很多新的发展。

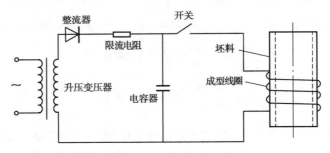

图 9.86 电磁成型原理

③电磁成型。电磁成型的原理如图9.86所示。首先,充电回路中由升压变压器、整流器、限流电阻组成的高压直流电流向电容器充电;然后闭合放电回路中的开关,使电容器所储存的电荷在放电回路中的阻抗很低,故成型线圈中的脉冲电流在极短时间内迅速地增长和衰减,并在周围空间形成一个强大的变化磁场,从而使坯料成型。

电磁成型特别适宜于胀形、缩径、管件间的连结及金属薄膜片的成型。近年来,对电磁成型的研究有新发展,不仅可用于薄片零件的各种成型,而且还可用于落料,成型原理上还发展了带传力介质的结构。

2）旋压

旋压这种特殊的冷压成型的方法，是用旋床使平板坯料或冲压半成品变成如同拉深、胀形、缩口、卷边及扩口等工件的加工方法。下面仅介绍旋压拉深的基本知识。

旋压拉深的基本原理如图9.87所示。平板坯料1通过顶板3夹紧于装在旋压机主轴的模具2上，并随主轴一同旋转。旋轮4通过加压装置加压于坯料。于是，坯料的变形由点至线、由线到面，最后包覆于模具成型。

旋压机床可以加工圆筒形、锥形、抛物面形等各种曲面形状的旋转体（必须是轴对称）零件。旋轮也有置于坯料内表面的，例如对痰盂的旋压。

从旋压的变形过程可知，旋压拉深的生产率较低，且要求工人操作技术比较高，故一般宜于加工批量小、形状复杂且尺寸多变的零件。旋压的点到线到面的逐渐成型过程，决定了旋压力比模具的冲压力小，所以可用功率和吨位都非常小的旋压机加工出大型冲压件。

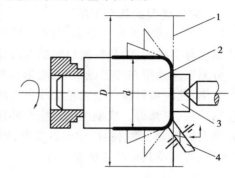

图9.87　旋压拉深原理
1—平板坯料；2—模具；3—顶板；4—旋轮

旋压拉深的变形程度可用旋压拉深系数 $m = d/D$ 来表示。这里的 m 一般为 $0.6 \sim 0.8$，这与坯料的相对厚度 t/D 等因素有关。欲获得更低的拉深系数，可用多次旋压来现实。

旋压拉深在航空、导弹等国防工业中应用较多。在一些日用品工业部门应用较多的是旋压卷边，如搪瓷厂生产的把缸、脸盆就是在冲床上进行拉深后用旋压来卷边完成的。

3）带料连续拉深

带料连续拉深实际上是多次拉深的典型应用。与单个拉深相比，它表现出的特殊性是：使用带料在多工位级进模上是连续而不是断续的实现，有的竟多达几十个工位。

带料连续拉深工件总的拉深系数 m 可达 $0.3 \sim 0.4$。在很多电器元件及玩具的生产中都采用这种自动化生产方式。

4）整形

整形，又叫校形。对已经要接近成品零件要求的冲压加工件，或者某些局部开关和尺寸精度未达到成品零件要求的冲压件，整形是最后采用的一道冲压加工工序，使其产生不大的塑性变形从而提高零件的形状和尺寸精度。

【项目小结】

（1）冲压成型特点

冲压成型作为一种加工工艺，特别适合于大批量生产，它与其他工艺方法相比有如下优点：

①可以得到形状复杂、用其他加工方法难以得到的零件；

②尺寸精度主要由模具来保证，加工出的零件质量稳定，一致性好；

③利用金属材料的塑性变形而产生的冷作硬化效应，可以提高零件的强度和刚度；

④材料的利用率高,属于少、无切屑加工;

⑤加工操作和设备比较简单,生产效率高,零件成本低。

但冲压加工中所用的模具结构一般比较复杂,生产周期较长、成本较高,在单件、小批量生产中受到一定限制。

(2)冲压成型的基本工序

冲压加工的零件种类繁多,对零件的形状、尺寸、精度的要求也各有不同,所以冲压成型的方法是多种多样的,但是根据材料的变形特点可分为分离工序和成型工序最基本的两大类。

分离工序是指在冲压成型时,变形材料内部的应力超过强度极限 σ_b,使材料发生断裂而产生分离,此时板料按一定的轮廓线分离而获得一定的形状、尺寸和切断面质量的冲压件。一般包括冲裁、整修等。成型工序是指在冲压成型时,变形材料内部应力超过屈服极限 σ_s,但未达到强度极限 σ_b,使材料产生塑性变形,同时获得一定形状和尺寸的零件。一般包括拉深、翻边、胀形、弯曲及其他冲压成型工序等。

【思考与练习】

1.试扼要说明冲裁时材料被切断分离的变形过程。

2.以表格形式小结冲裁、精冲、整修工序的变形机理、特点及适用范围。

3.有人说:"断面全是剪切面的冲裁件一定是精冲件",你认为这句话对吗?为什么?

4.挤光整修件的精度、质量为何要比内缘整修或外缘整修件差一些?

5.用自己的语言说明拉深变形的特点。

6.简述翻边变形力学特点。

7.胀形与局部胀形的概念上尚有微妙的差别,你知道其差别在哪里吗?

8.举出管子弯曲或滚弯的一实例并加以评价。

9.试从应力应变关系角度上把扩口与翻边、胀形工序作一比较。

10.缩口与拉深在变形特点上有何相同与不同的地方?

11.球底冲头与平底冲头的拉深在变形机理上有何异同之处?

12.汽车覆盖件的冲压成型有什么特点?

13.组合变形工序中,3 种形式的复合之基本工序数量均会受到不同工艺条件的限制,试对此作一些定性的分析。

14.在冲压加工基本工序中增加组合变形工序的内容,你认为有什么意义?

项目 10 冲模的基本形式与构造

【学习目标】1. 了解冲模的分类方式。

2. 掌握各种类型冲模的特点及工作原理。

3. 了解冲模零部件构造方式。

4. 掌握冲模总体设计流程。

【能力目标】1. 能熟悉汽车覆盖件冲模的特点。

2. 能根据课程设计所述要求进行冲模设计。

3. 能以冲模 CAD 为平台进行冲模设计与制造。

任务 10.1 冲模概述

冲模即为冲压模具,是冲压加工中安装在冲压设备上的专用工具。金属板料在其中实现既定的工艺变形。冲压加工具有的独特优越性,也正是利用了模具这个加工要素而达到的。因此,研究模具结构和提高模具技术性能对发展冲压生产具有十分重要的意义。在基本掌握了模具工作部分的设计以及冲压工艺过程设计的原理、方法之后,再了解和掌握模具的结构设计,就能够设计出合乎实用要求的各种冲模。

冲模具有制造出有一定数量要求的冲压产品的能力,且其加工还有高效率、高精度、互换性好及节约原材料等功效。为此,可以把制造出所需的冲压产品视为对冲模的一级功能要求。如图 10.1 所示,被加工材料送至固定在冲压设备上的冲模里,经过冲压加工获得所需形状、尺寸和性能的产品。

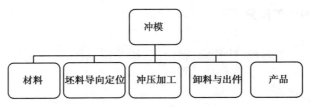

图 10.1 冲模的一级功能要求

在实现冲模一级功能要求的过程中,即在冲模使材料变成产品的加工过程中,由于除了要保证使材料经受既定的冲压加工(塑性成型)以外,前后还必须有正确的导向、定位以及方便的卸料与出件等动作。所以,冲模实际上是由具有不同功能的零部件组成的一种装置。

由于冲压产品的生产方式不是单件生产而是批量生产,因此,为达到所需冲压产品的数量,它还需具有某些二级功能要求。

冲模的二级功能要求是对其以及功能要求的完善、强化或补充。从冲模的使用角度出发,其二级功能要求主要应包括如图 10.2 所示的各项内容。显然,冲模的二级功能越完善,则冲模的结构可能会越复杂。

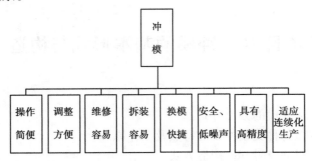

图 10.2　冲模的二级功能要求

冲裁是冲压最基本的工艺方法之一,其模具的种类很多。按照不同的工序组合方式,冲裁模可分为单工序冲裁模、级进冲裁模和复合冲裁模。

任务 10.2　冲模的分类形式和结构构造特点

10.2.1　冲模的类别

目前,模具分类从两个角度进行,有两种方法。一是中国模具工业协会较早从管理角度提出的氛围冲压模、塑料模、压铸模及其他模具共 10 种。即所谓 10 大类。二是新提出的方法,即从模具所成型用材料角度,将模具划分为三大类:金属材料成型用模具、有机(高分子)材料成型用模具和无机非金属材料成型用模具;金属材料成型用模具又分为冲压模、锻造模、拉丝模等。

每种冲压产品的制备都有相对应的模具,而且,完成同一产品的模具结构形式也是多种多样的。为了研究的方便,并依据实用习惯,通常按照不同的特征对冲模进行分类,其分类方法主要有:

(1)按所完成的冲压工序分

1)分离模

分离模包括切断模、落料模、冲孔模、整修模、精冲模、对向凹模切断模、挤压式冲裁模及胀形冲裁模等。

2)成型模

成型模包括拉深模及反拉深模、缩口模、翻边模、胀形模、扩口模、弯曲模、滚弯模、拉形(拉弯)模及卷边(卷圆)模等。

(2)按完成冲压工序的数量及组合程度分

1)简单模

在压力机的一次冲压行程中完成一道冲压工序的模具,叫做简单模,亦叫做单工序模,如垫圈的落料模或冲孔模。

2)级进模(连续模)

级进模是在压力机一次冲程中,于模具平面不同部位上完成前后两次冲程中有连续性的数道冲压工序的模具。级进模所完成的冲压工序均分布在坯料的送进方向上。如冲垫圈时，先在模具的第一个位置上冲孔，然后在第二个位置上落料。又如，在钢带或条料上的连续拉深也是用的级进模。

3）复合模

复合模是压力机一次行程中，在模具平面的同一坐标位置上完成两道以上冲压工序，或在模具不同坐标位置上各完成一道冲压工序的模具。如垫圈的生产，在坯料送进至模具的同一坐标位置上，于压机的一次行程中完成冲孔与落料。又如落料拉深模也是一种复合模，且是落料完后再拉深的。而像汽车覆盖件中的所谓翻边冲孔压圆角模、整形切口冲孔模等则是在不同部位上完成各一道工序的复合模。

级进模和复合模都属于多工序模。

由上可知，这三种模具都具有不同的特点，其大致比较详见表10.1。

表 10.1　3 种模具特点的比较

模　具　　　　项　目	单工序模	级进模	复合模
外形尺寸	小	大	中
复杂程度	简单	中等	复杂
工作条件	不太好	好	中等
生产效率	低	最高	高
工件精度	低	高	最高
模具成本	低	高	高
模具加工	易	难	难
设备能力	小	大	中
生产批量	以中小批量为主	以大批量为主	以大批量为主

（3）按有无导向装置和导向方式分

这包括开式模（又叫无导向模）、导板模（例如导板兼作卸料板又为冲头导向）、导筒模（现已很少应用）以及导柱（导套）模（其导向精度最好，应用广泛）。导板模、导筒模及导柱（导套）模属于有导向模。

（4）按节制进料方式分

这包括定位销式、挡料销式、导正销式、侧刀式及挡板式模等。

（5）按有无卸料装置分

这包括无卸料模和有卸料模，后者又分为刚性卸料模和弹性卸料模。

（6）按进、出料的操作方式分

这包括手动模、半自动模及自动模。

（7）按模具零件组合通用程度分

这包括专用模（包括简易模）和通用模（包括组合冲模）。

（8）按模具工作零件的材料分

这包括钢模、硬质合金模、钢结硬质合金模、聚氨酯模、低熔点合金模等。

（9）按模具外形尺寸的大小分

这包括小型模具、中型模具和大型模具等。汽车覆盖件冲模属于大型模具。原机械工业部与中国模具工业协会对小、中、大型冲压模的划分有一个定量的概念界定,即以凹模(或下模板)的周界尺寸予以划分。设其长为 L,宽为 B,半周界为 $L+B$:

$L+B \leqslant 300$ mm,称为小型模具;

300 mm $\leqslant L+B \leqslant 1\ 200$ mm,称为小中型模具;

$1\ 200$ mm $\leqslant L+B \leqslant 2\ 100$ mm,称为中型模具;

$2\ 100$ mm $\leqslant L+B \leqslant 3\ 400$ mm,称为中大型模具;

$L+B \geqslant 3\ 400$ mm,称为大型模具。

10.2.2 冲模的基本形式与构造

(1)单工序模

下面介绍三种比较典型的单工序模。

1)无导向单工序模

图 10.3 为简单翻边模。其冲头 3 位于下模部分,凹模 1 置于上模部分。上、下模两部分之间也没有直接的导向关系。如果卸料板 2 与冲头之间的间隙较小,也可对冲头起某种导向作用。冲头固定板 4 直接固定在下模板 5 上。

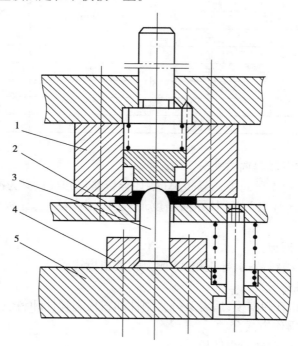

图 10.3 无导向翻边模

1—凹模;2—卸料板;3—冲头;4—冲头固定板;5—下模板

无导向单工序模的特点是结构简单,重量较轻,尺寸较小,模具制造简单,成本低廉。但模具靠压机滑块导向,使用时安装调整麻烦,模具寿命低,冲压件精度差,操作也不安全,故适用于精度要求不高、形状简单、批量小或试制的冲压件。

2)导板式单工序模

这种模具的特点是模具上、下两部分依靠凸模与导板的动配合导向,导板兼作卸料板。工作时,凸模不脱离导板,以保证模具导向精度。一般凸模刃磨时也不应该脱离开导板。导板模比无导向模的精度、寿命、使用安装、操作安全方面要好一些,但制造比较复杂,一般适用于形状较简单、尺寸不大的冲压件。

3)导柱式单工序模

用导板导向并不十分可靠,尤其是对于形状复杂的零件。按凸模配作形状复杂的导板孔形困难很大,而且由于受到热处理变形的限制,导板常是不经淬火处理的,从而影响其使用寿命和导向效果。所以在很多工厂里,导板实际上是起卸料(板)的作用并辅之以导向作用,而真正的导向是采用导柱式冲模——导柱、导套结构来实现。

图 10.4 为导柱式冲裁模。模具的上、下两部分利用导柱 1、导套 2 的滑动配合导向。虽然导柱会加大模具轮廓尺寸,使模具变重、制造工艺复杂、模具成本增加,但是用导柱导向比导板可靠、精度高、寿命长、使用安装方便,所以在大量和成批生产中广泛采用导柱式冲模。20世纪后期中、小型工厂乃至乡镇企业里,即便是小批量生产,都已形成了这样的规定或习惯——没有导柱、导套的模具不予加工。现今的导柱、导套及模架均已标准化、商品化了。

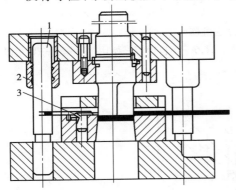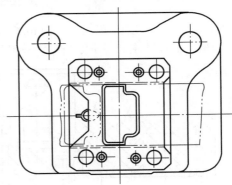

图 10.4　导柱式简单冲裁模
1—导柱;2—导套;3—钩式挡料销

(2)级进模

级进模可以使两道工序连续,也可以使多道工序连续,像有的带钢连续拉深模多达 10 余道工序。这里介绍常用的且较为典型的一些级进模。

用简单模冲制垫圈,需要落料、冲孔两副模具。如果改用连续模就可以把两道工序合并,用一副模具完成。所以,使用连续模可以减少模具和设备数量,提高生产效率,而且容易实现生产自动化。但是,连续模比简单模制造起来麻烦,成本也高。

用级进模冲制零件,必须解决条料的准确定位问题,才有可能保证制件的质量。根据定位零件的特征,常见的典型级进模结构有以下几种形式。

1)有固定挡料销及导正销的级进模

图 10.5 所示为用导正销定距的冲孔落料级进模。上、下模用导板导向,冲孔凸模 3 与落料凸模 4 制件的距离就是送进步距 e。送料时,由固定挡料销 6 进行初定位,由两个装在落料凸模上的导正销 5 进行精定位。导正销与落料凸模的配合为 H7/r6,落料凸模安装导正销的孔是通

161

孔,便于修磨凸模时装拆。导正销锥形头部的形状应有利于插入已冲的孔,直壁的导正部分与孔的配合为 0.04~0.20 mm 双面间隙,导板下导料板中间安装有始用挡料销。条料上冲制首件时,用手推始用挡料销 7,使它从导料板中伸出抵住条料的前端即可冲第一件上的两个孔。以后的各次冲裁就都由固定挡料销 6 控制送料步距作初步定位。这种定距方式多用于较厚板料、冲件有孔、精度低于 IT12 级的工件冲裁。它不适用于软料或板料厚度 $t < 0.3$ mm 的冲件(导正时孔可能变形),也不适于孔径小于 1.5 mm 或落料凸模较小的工件(不能安装导正销)。

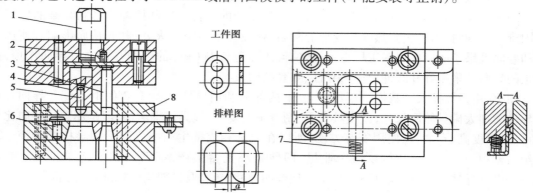

图 10.5　导正销定距级进模

1—模柄;2—止转螺钉;3—冲孔凸模;4—落料凸模;5—导正销;6—挡料销;7—始用挡料销;8—导板厚

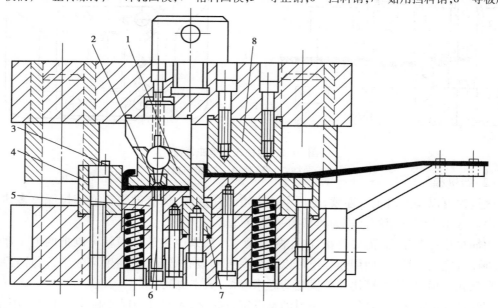

图 10.6　连续弯曲模

1—切断、弯曲凸模;2—凹模镶块;3—挡料销;4、7—凹模;5—顶件块;6、8—凸模

图 10.6 为连续弯曲模。在第 1 个工位切断后弯出单角 90°,在第 2 个工位再弯另一个单角 90°。整个条料的送料靠固定挡料销 3 定位。实际上,在第 2 个工位里还复合了冲孔工序,即冲头 6 和凹模镶块 2 完成冲孔工序。因此,该模具为完成 4 道基本工序的多工序模。

2）有侧刀的级进模

图 10.7 为有侧刀的级进模,其特点是装有节制条料送进距离的侧刀(侧刀断面的长度等于步距)。侧刀前后导尺宽度不等,所以只有用侧刀切去长度等于步距的料边后,条料才可能向前送进一个步距。

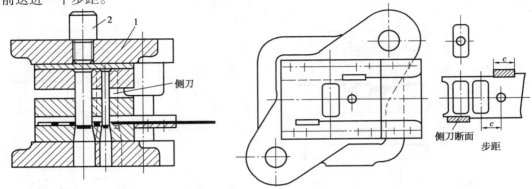

图 10.7　有侧刀的级进模

有侧刀的级进模定位准确、生产效率高、操作方便,但材料的消耗增加、冲裁力增大。

3）有自动挡料的级进模

图 10.8 为有自动挡料的级进模,自动挡料装置由挡料杆 1、冲搭边的凸模 3 和凹模 2 构成。工作时,挡料杆始终不离开凹模的刃口平面,所以条料从右方送进时即被挡料杆挡住搭边。在冲裁的同时,凸模 3 将搭边冲出一缺口,使条料又可以继续送进一个步距 c,从而起到自动挡料的作用。起初两次冲程分别由临时挡料销定位,从第三次冲程开始用自动挡料装置定位。

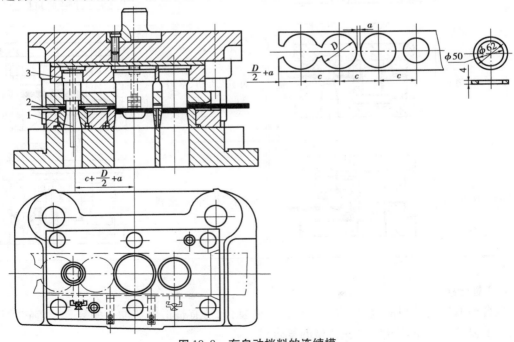

图 10.8　有自动挡料的连续模

1—挡料杆;2—凹模;3—冲搭边的凸模

163

4）级进模中多工序的组合

表10.2 列出了常见级进模中多工序组合方式的示例。

表 10.2　级进模多工序组合方式示例

工序组合方式	模具结构简图	工序组合方式	模具结构简图
冲孔、落料	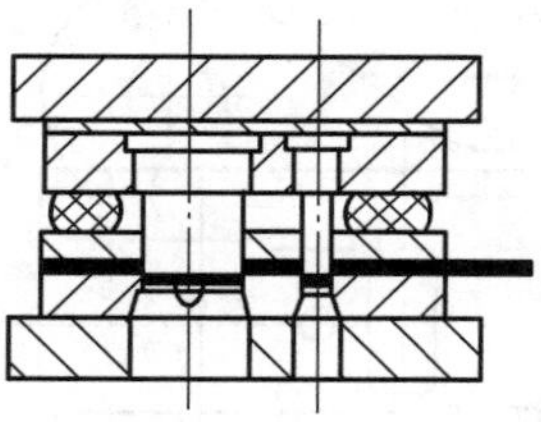	冲孔、切断	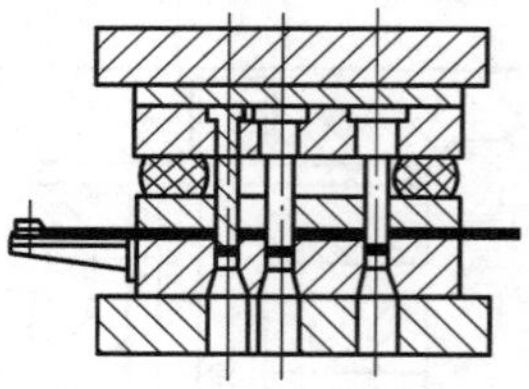
冲孔、弯曲、切断	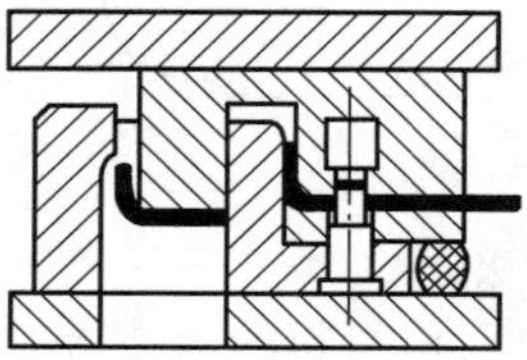	连续拉深、落料	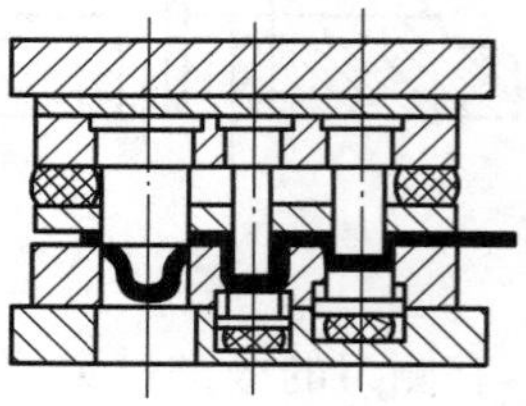
冲孔、切断、弯曲	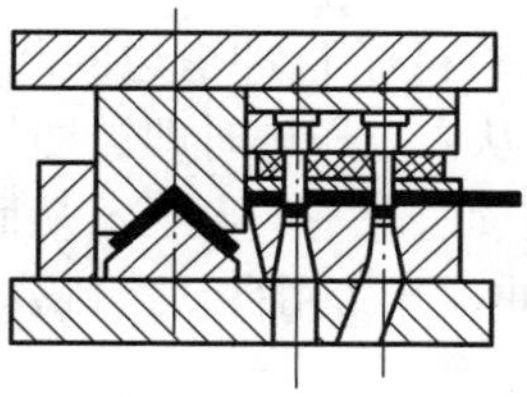	冲孔、翻边、落料	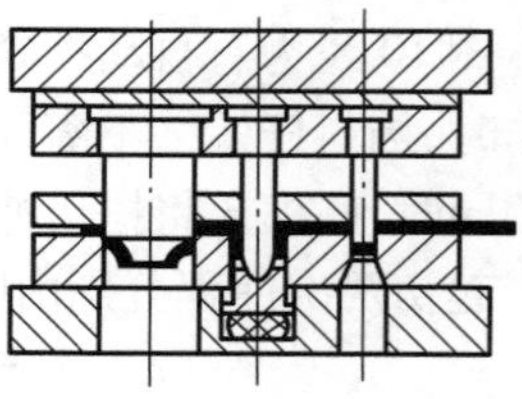
冲孔、翻边、落料	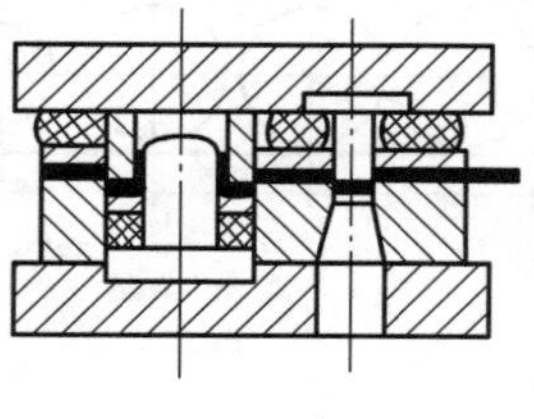	冲孔、压筋、落料	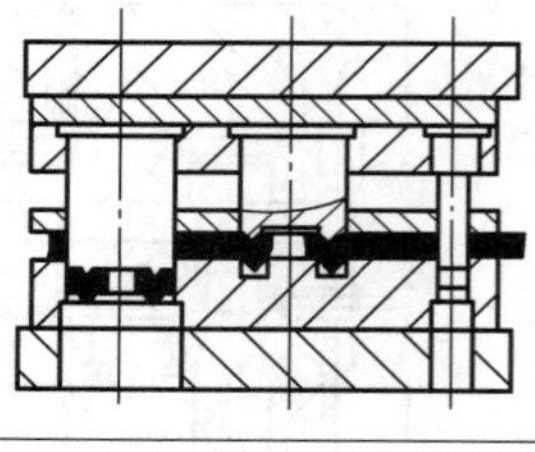
冲孔、切断	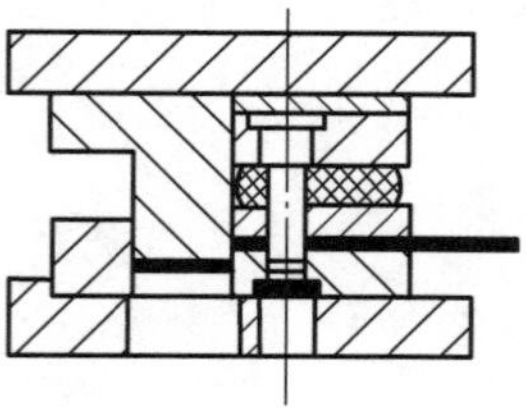	连续拉深、冲孔、落料	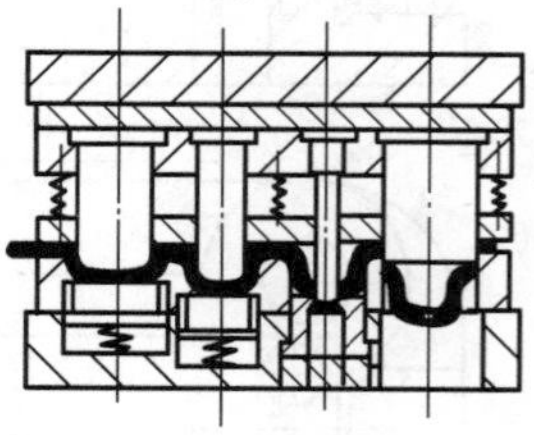

（3）**复合模**

复合模有冲孔落料的复合，也有落料拉深的复合，还有整形侧弯冲孔的复合及落料拉深冲孔翻边的复合等。下面介绍一些典型的复合模。

图10.9为冲制垫圈的复合模。上部分主要由凸模1、凹模2、上模固定板3、垫板4、上模

板 5、模柄 6 组成,下部分主要由凸凹模 14、下模固定板 15、垫板 16、下模板 17、卸料板 13 组成。上、下两部分通过导柱、导套滑动配合导向。复合模结构上的特点是它既是落料凸模又是冲孔凹模,即所谓凸凹模。利用复合模能够在模具的同一部位上同时完成制件的落料和冲孔工序,从而保证冲裁件的内孔与外径的相对位置精度和平正性,生产效率也高;而且条料的定位精度的要求比连续模低,模具轮廓尺寸也比连续模小。但是,模具结构复杂,不易制造,成本高,更适合于大批量生产。

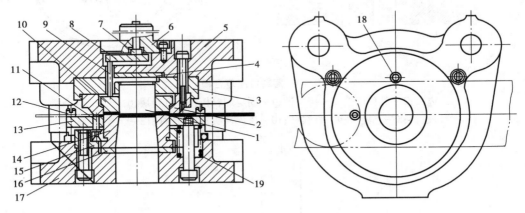

图 10.9　垫圈复合冲裁模

1—凸模;2—凹模;3—上模固定板;4—垫板;5—上模板;6—模柄;7—推杆;8—推块;9—推销;
10—顶件块;11—活动挡料销;12—固定导料销;13—卸料板;14—凸凹模;15—下模固定板;
16—垫板;17—下模板;18—活动导料销;19—弹簧

这副模具在上模采用刚性推件装置,通过推杆 7、推块 8、推销 9 推动顶件块 10,顶出制件。另外,该模具利用两个固定导料销 12 和一个活动导料销 18 导向,以控制条料的送进方向;利用活动挡料销 11 当聊定位,以控制条料送进距离。

图 10.10 为一落料拉深复合模,也分为上、下模两部分。处在上模部分的零件 6 既是落料冲头又是拉深凹模,工作零件还有落料凹模 2 和拉伸冲头 10。

该副模具的工作原理为:条料送进,由带导尺的固定卸料板 4 导向。冲首件时,以目测定位,待冲第二个工件时则以挡料销 3 挡料。拉深压边靠压机的气垫通过三根托杆 11 和压边圈 1 进行,压后并把工件顶起。落料的卸料靠固定卸料板 4。打料块 5 还起一部分拉深凹模的作用,当上模压至下死点时,扩料块与上模座刚性接触,压出工件底部台阶。上模上行,由打料杆 9 和打料块推出工件。

从图 10.10 所示可知,该副模具的拉深是拉深出带有法兰边的阶梯形零件。

图 10.11 为一拉深翻边复合模。毛坯为一带法兰边的浅拉深件,且底部已冲一小孔。这副模具没有定位和挡料销,它是利用毛坯的浅拉深部分的形状用翻内形边的凹模加工成相应的形状来定位的。在压机的一次行程中实现毛坯外法兰部分的拉深和内法兰部分的翻边,即为复合工序。

表 10.3 列出了常见复合模中多工序组合方式的示例。

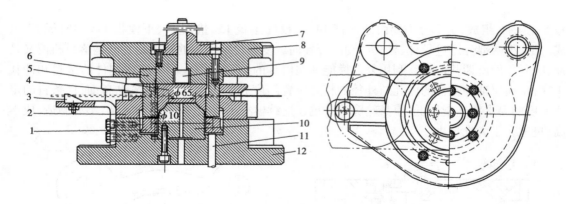

图 10.10　落料拉深复合模

1—压边圈;2—落料凹模;3—挡料销;4—固定卸料板;5—打料块;6—凸凹模;
7—模柄;8—上模座;9—打料杆;10—拉深冲头;11—托杆;12—下模座

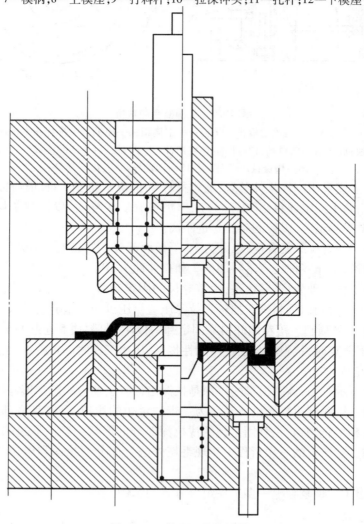

图 10.11　拉深翻边复合模

表 10.3　复合模多工序组合方式示例

工序组合方式	模具结构简图	工序组合方式	模具结构简图
落料、冲孔	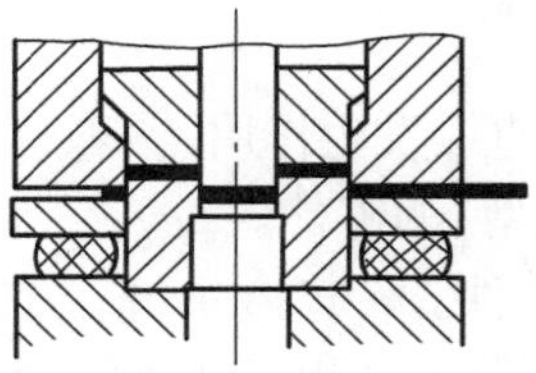	切断、弯曲、冲孔	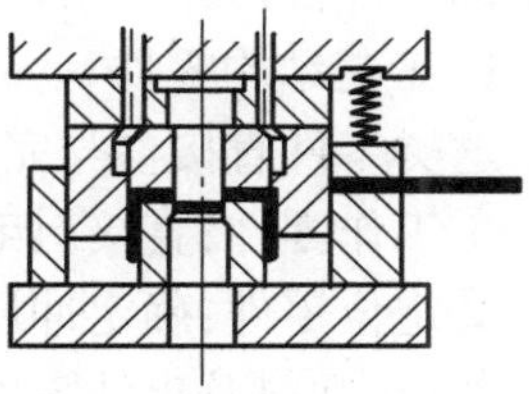
切断、弯曲	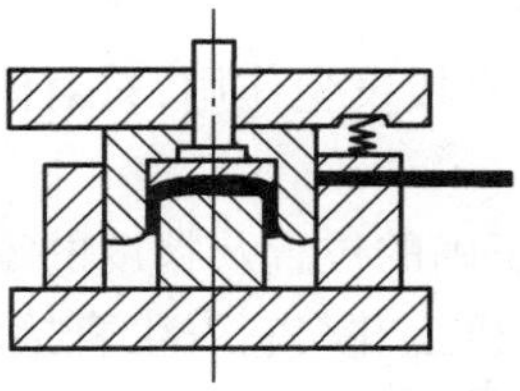	落料、拉深	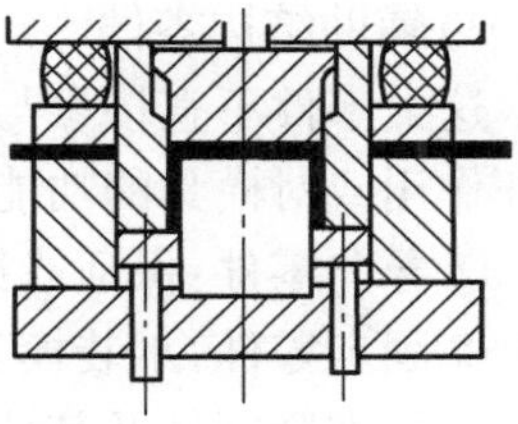
落料、拉深、切边	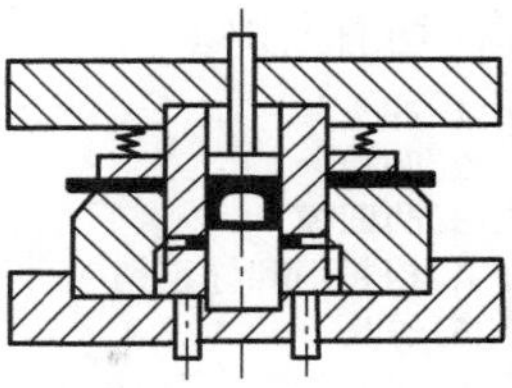	落料、拉深、冲孔、翻边	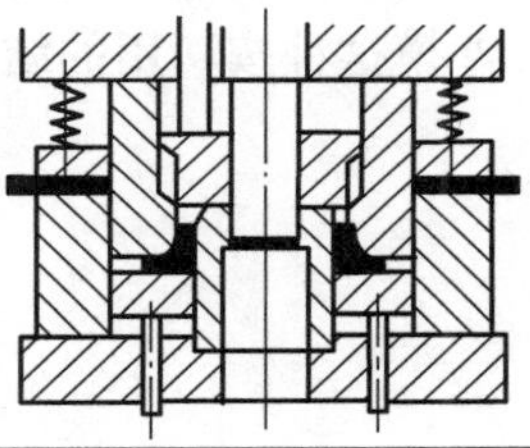
冲孔、切边	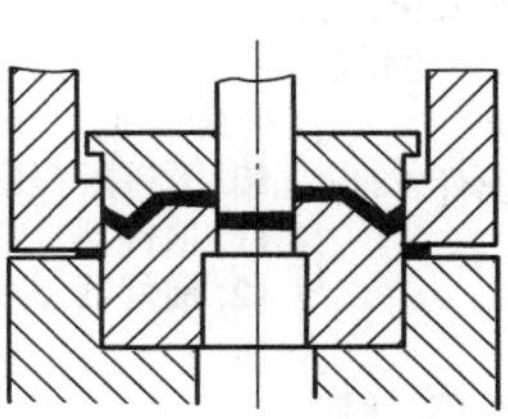	冲孔、翻边	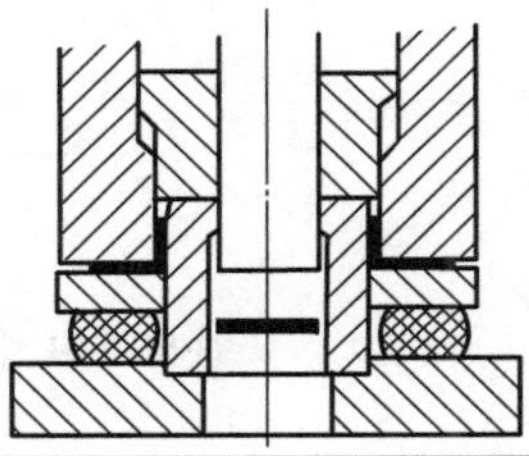
落料、拉深、冲孔	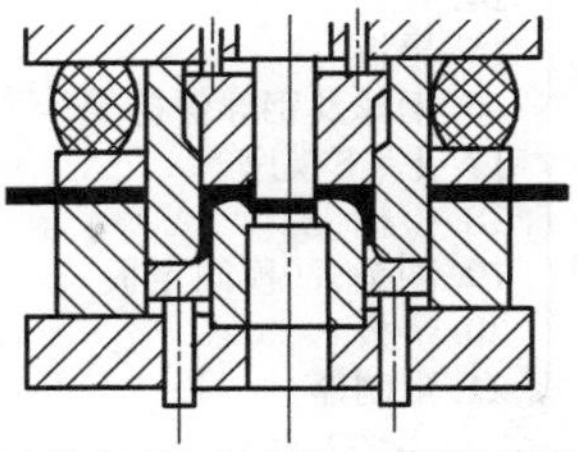	落料、胀形、冲孔	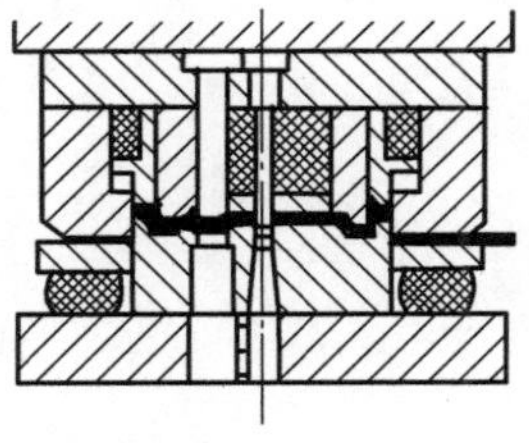

10.2.3　冲模零部件的构造设计

下面重点介绍普通中、小型冲模的各种零部件的结构特点及其结构设计的基本方法。

（1）冲模结构组成

模具按其工作时的位置可分解为两大部分，即上模部分与下模部分。一般情况下，上模部分有模柄、上模座、冲头固定板、冲头等主要零件；下模部分有凹模、凹模固定板、下模座等主要零件,也还有其他一些零件。就重量而言,通常是下模部分比上模部分更重些。

冲模是由各种零件组成的。当然,不同模具的零件数量不一,有多有少。但是,组成冲模的全部零件根据其功用可以分为两大类:

1)工艺结构零件

这类零件直接参与完成冲压工艺过程并和坯料直接发生作用。

①工作零件:直接对毛坯进行加工(或分离或成型)的零件。

②定位零件:确定冲压加工中坯料正确位置的零件。

③压、卸料及出件零件:使工件与废料得以出模,使之能保证顺利实现正常冲压的零件。

2)辅助结构零件

这类零件不直接参与完成工艺过程,也不和坯料直接发生作用,只对模具完成工艺过程起保证作用或对模具的功能起完善作用。

①导向零件:保证或提高模具上、下两部分相对正确的位置及精度的零件。

②固定零件:承装模具零件及将模具紧固在压力机上并与它发生直接联系用的零件。

③标准紧固件及其他:模具零件之间的相互连接件等。

冲模这种按功用的结构组成如下所示(其右边零件均有所略)。

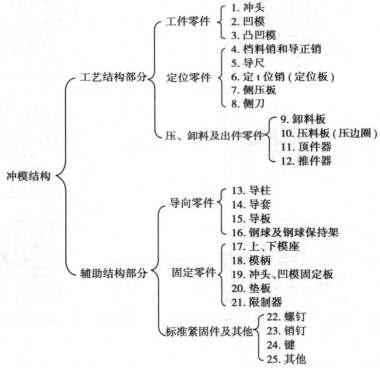

（2）**工作零件**

1)冲头

①结构形式。冲头又称为凸模,基本上是一种轴类零件,尽管在各种模具中的具体结构形式不太相同。

a.在冲裁模中,常见的结构形式如图10.12所示。

168

　　b. 在成型模中,只要把图 10.12 中端部的尖刃改为圆弧,即可得到各种成型模(拉深、翻边、胀形及弯曲等)的冲头。有一些成型模的冲头端部并非平端,而是锥形、球形或抛物线形。这些形状在完成某些冲压工序中对成型更为有利。比如,在翻边中,锥形冲头比柱形冲头能降低翻边力达 60%。

　　② 长度计算。冲头的长度应由模具的类型和结构而定,它没有固定的数值。图 10.12 所示的结构,冲头长度应为:

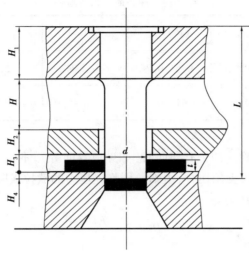

图 10.12　冲头长度的示意

$$L = H_1 + H_2 + H_3 + H_4 + H \tag{10.1}$$

式中　H_1——冲头固定板厚度;

　　　H_2——卸料板厚度;

　　　H_3——导尺(导板)或坯料厚度;

　　　H_4——冲头进入凹模的深度,对于分离工序可取为坯料厚度,对于成型工序取为工件高度;

　　　H——附加长度,主要考虑冲头总修磨量及模具闭合状态下卸料板到冲头固定板间的安全距离等因素决定。

　　③ 强度校核。按照整体式结构而设计的冲头,在一般情况下,其强度是足够的,没有必要作强度校核。但是,在冲头特别细长而坯料厚度较大的情况下,尤其又是在冲裁时,则有必要对其进行强度校验。校核的依据是材料力学压杆稳定理论,校核工件包括承压能力和抗纵向弯曲能力两个方面。

　　a. 承压能力校验。圆断面冲裁凸模承压能力的计算原则是:冲裁力必须小于凸模强度所允许的最大压力。若冲裁力 $P = \pi d t \tau$,凸模强度所允许的最大压力为 $P' = \pi d^2/4[\sigma_c]$,则有

$$\pi d t \tau = \pi d t p \leqslant \pi d^2/4[\sigma_c]$$

由此可得

$$\frac{d}{t} \geqslant \frac{4\tau}{[\sigma_c]} = \frac{4p}{[\sigma_c]} \tag{10.2}$$

式中　d——冲头直径,mm;

　　　T——坯料厚度,mm;

τ——材料抗剪强度,N/mm^2;

p——单位冲裁力,N/mm^2;

$[\sigma_c]$——冲头材料需用压应力,N/mm^2,见表10.9。

冲头材料许用压应力取决于其材料种类、热处理和冲模的结构与工作条件,当$[\sigma_c]=1\,500\sim2\,100$ N/mm^2 时,可能达到的最小相对直径$(d/t)_{min}$之值列于表10.4。

表 10.4 冲头最小相对直径

材料	$\tau/(\text{N}\cdot\text{mm}^{-2})$	$(d/t)_{min}$	材料	$\tau/(\text{N}\cdot\text{mm}^{-2})$	$(d/t)_{min}$
低碳钢	260	$0.5\sim0.7$	不锈钢	520	$0.99\sim1.30$
黄铜	320	$0.61\sim0.85$	硅钢片	450	$0.86\sim1.2$

b. 失稳弯曲应力的校验。冲头有导向时(如导板导向等),不发生弯曲失稳的计算近似材料力学中一端固定另一端铰支的压杆,由细长杆临界压力的欧拉极限力公式确定,即最大压力(冲裁时此压力为冲裁力)P 为

$$P = 2\pi^2 \frac{EI}{L^2} \tag{10.3}$$

式中 E——冲头材料的弹性模量;

I——冲头最小横截面的截面二次轴矩;

L——冲头长度。

对于圆形截面冲头的截面二次轴矩 $I = \pi d^4/64 \approx 0.05 d^4$,故有 $P \approx Ed^4/L^2$;如取安全系数为 n 时,则冲头不发生曲弯失稳的条件应为 $nP \leqslant Ed^4/L^2$ (对于淬火钢 $n=2\sim3$)。

故圆形截面冲头不发生失稳弯曲的极限长度 L 为

$$L \leqslant \sqrt{\frac{Ed^4}{nP}} \tag{10.4}$$

将冲裁力之值 $P = \pi dt\tau$ 代入上式,可得

$$L \leqslant 0.55 \sqrt{\frac{Ed^3}{nt\tau}} \tag{10.5}$$

式中,各符号的意义和所取之值同上,将 E、n 之值代入上式中,可得直径为 d 有导向的圆形截面冲头的极限长度为

$$L \leqslant 270 \frac{d^2}{\sqrt{P}} \tag{10.6}$$

对于无导向的冲头,其受力情况相当于一端固定另一端自由的压杆。同样可得

$$L \leqslant 0.35 \sqrt{\frac{Ed^4}{nP}} \tag{10.7}$$

或 $$L \leqslant 95\,\frac{d^2}{\sqrt{P}} \qquad (10.8)$$

以上是对于圆形截面冲头不发生失稳弯曲的极限长度计算公式。对于一般形状,其相应通式则应为

冲头有导向时 $$L \leqslant 1\,200\,\sqrt{\frac{I}{P}} \qquad (10.9)$$

冲头无导向时 $$L \leqslant 425\,\sqrt{\frac{I}{P}} \qquad (10.10)$$

④结构要素。依照冲模术语的国家标准,圆冲头即圆凸模的结构要素如图 10.13 所示。

2)凹模

①结构形式。冲模工作时,与冲头直接相关或相配合的零件是凹模。不管是用于分离加工的凹模,还是用于成型加工的凹模,基本上都是板块状零件。

a. 冲裁凹模的整体结构形式,常用的有三种,如图10.14所示。

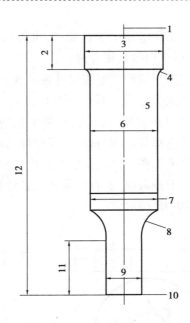

图 10.13　圆凸模结构要素

1—头部;2—头厚;3—头部直径;4—连接半径;
5—杆(与凸模固定板孔之配合处);6—杆直径;
7—引导直径;8—过渡半径;9—刃口直径;
10—凸模圆角半径或刃口;
11—刃口长度;12—凸模总长

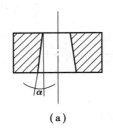 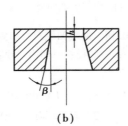 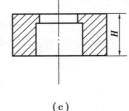

(a)　　　　　　(b)　　　　　　(c)

图 10.14　冲裁凹模形式

图 10.14(a)锥形凹模的特点是工件或废料更容易漏出;凹模磨损后的修磨量较小,修磨后孔口尺寸略有增大;刃口强度稍低。锥角 α 的选取与加工方法有关:放电加工时,取 $\alpha = 4' \sim 20'$(落料模 $\alpha < 10'$,复合模 α 为 $5'$ 左右);机械加工经钳工并精修时,取 $\alpha = 15' \sim 30'$。它一般用于形状简单、精度要求不太高零件的冲裁。

图 10.14(b)直壁转锥形凹模的特点是刃口强度高;修磨后孔口尺寸不变;磨损后的修磨量较大;直壁内可能会积存冲裁件,会增大冲裁力和孔壁磨损;磨损后刃口处可能出现微小倒锥形。直壁高度 h 与被冲材料的厚度有关。为了减少摩擦便于漏料,锥形部分的锥角取为 $\beta = 2° \sim 3°$(电火花加工时,$\beta < 1°$;使用带斜度机构的线切割机时,$\beta = 1° \sim 1.5°$)。它常用于形状较复杂或精度要求较高的冲裁。

图 10.14(c)所示为直壁转较大直壁凹模。与直壁转锥形凹模相比,因它有某种悬壁存在,所以凹模刃口强度较低些,其他特点与直壁转锥形凹模相同。但是,它的加工比较简便,可

171

以由机加工和电加工结合完成,也可以由机加工一次装夹而加工出来,提高了加工效率。因此,这种形式用得也很普遍。

b. 成型模的凹模型腔尺寸视各成型工序的要求而定。也有类似上述形状的,不过其直壁尺寸 h 更大。它当然不存在图 10.14(a)的形式,而且刃口的尖角处必须加工成不同的圆弧。除了整(校)形凹模外,其他各种成型凹模的圆角半径至少要等于成型工件料厚的两倍。凹模圆角半径选择得合理与否,对成型件的成型极限、工件质量及工序数目都有很大影响。

② 有关工作零件的确定与强度校核。凹模的厚度(或称高度)H 及壁厚 C 可由结构设计而定。对于冲裁模,也有很多公式供计算与校核凹模强度用。式(10.11)~式(10.14)中的符号与图 10.15 相对应。

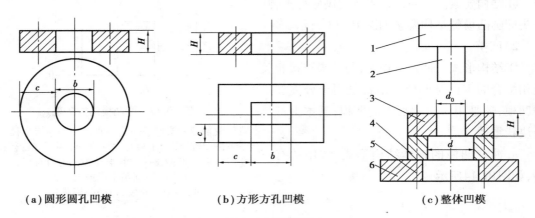

(a)圆形圆孔凹模　　　　**(b)方形方孔凹模**　　　　**(c)整体凹模**

图 10.15　冲裁凹模尺寸示意

1—冲头固定板;2—冲头;3—凹模;4—凹模垫块;5—螺栓;6—下模座

凹模厚度　　　　　　　　　　$H = Kb(\geqslant 15 \text{ mm})$　　　　　　　　　　(10.11)

凹模壁厚　　　　　　　　$C = (1.5 \sim 2)H(\geqslant 30 \sim 40 \text{ mm})$　　　　　　(10.12)

式中　b——冲裁件的最大外形尺寸;

K——系数,考虑坯料厚度 t 的影响,其值可查表 10.5。

表 10.5　系数 K 值

t/mm　　b/mm	0.5	1	2	3	>3
<50	0.3	0.35	0.42	0.5	0.6
50~100	0.2	0.22	0.28	0.35	0.42
100~200	0.15	0.18	0.2	0.24	0.3
>200	0.1	0.12	0.15	0.18	0.22

上述方法适用于普通工具钢(凹模与冲头材料基本相同)经过正常热处理并在平面支承条件下工作的凹模尺寸。用于大批量生产条件下的凹模,其高度应该在计算的结果中增加总的修磨量。

和冲头的设计计算一样,在一般情况下,按照整体结构设计的凹模,其强度是足够的。但因冲裁凹模的工作条件通常如图 10.15(c)所示,其刃口部分区域呈一种悬臂梁状态,故有一个抗弯强度的问题需要考虑。

冲裁凹模强度校核的最著名公式为 Oehler-Kaiser 公式。该公式有三组,其中整体圆形凹模强度公式为:

$$H = \sqrt{\frac{1.5P}{[\sigma_w]}\left(1 - \frac{2r_0}{3r}\right)} \tag{10.13}$$

和

$$H = \sqrt{\frac{2.5P}{[\sigma_w]}\left(1 - \frac{2r_0}{3r}\right)} \tag{10.14}$$

式中　H——凹模厚度,mm;

　　　P——冲裁力,N;

　　　$[\sigma_w]$——凹模材料许用弯曲应力(为脉冲寻欢脚边应力),MPa,见表 10.9;

　　　$d_0(=2r_0)$——凹模孔径,mm;

　　　$d(=2r)$——凹模垫块孔径,mm。

③结构要素。依照冲模术语的国家标准,圆凹模的结构要素如图 10.16 所示。

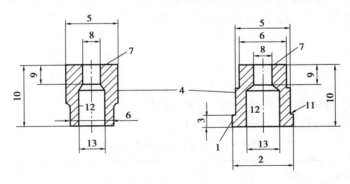

图 10.16　圆凹模结构要素

1—头部;2—头部直径;3—头厚;

4—模体(与凹模固定板或垫块孔之配合部分);5—凹模外径;6—引导直径;

7—刃口;8—刃口直径;9—刃口长度;10—凹模总长;11—连接圆角;12—排料孔;13—排料孔直径

3)薄刃口组合圆凹模、冲头

传统整体凹模、冲头要消耗大量模具钢,为此,提出了一种与整体凹模、冲头相比其厚度、长度要小一个数量级的薄刃口组合凹模、冲头的结构。这种结构及设计不仅适用于普通冲裁模(圆形件或非圆形件),也为诸如奥氏体钢板叠层冲裁模等简易而先进模具的设计提供了理论指导。其设计方法分别简述如下。

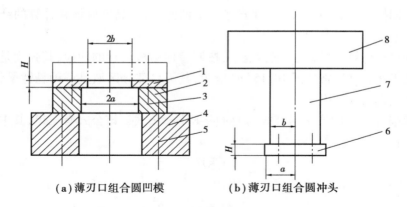

（a）薄刃口组合圆凹模　　　　（b）薄刃口组合圆冲头

图 10.17　薄刃口组合凹模与冲头

1—薄刃口凹模;2—凹模垫块;3—紧定螺钉;4—下模座;

5—紧固螺钉;6—薄刃口冲头;7—冲头本体;8—冲头固定板

①薄刃口组合圆凹模的强度设计。如图 10.17(a)所示,用模具钢的薄刃口凹模 1 是与垫块 2 用螺钉或通过其他压板或用黏结剂紧固在一起的。如果两者都用同种模具钢作成一个整体件,即变为常规的整体凹模或传统整体凹模,如图中点划线所示。如果对照图 10.14(c)来看,它相当于把传统整体凹模一分为二,上面部分为薄刃口凹模,下面部分为凹模垫块。这里要讨论的就是薄刃口凹模厚度 H 的设计计算问题。

薄刃口组合圆形凹模厚度 H 的设计计算公式为:

$$H_{\min} = \sqrt{\frac{K_d P}{[\sigma_w]}} \tag{10.15}$$

式中　P——冲裁力;

　　　K_d——系数,可按表 10.6 查取(尺寸 a、b 见图 10.17);

　　　$[\sigma_w]$——凹模材料许用弯曲强度,见表 10.8。

表 10.6　凹模厚度计算系数 K_d

a/b	1.000 1	1.000 5	1.001	1.005	1.01	1.02	1.03	1.04	1.05	1.08	1.10
K_d	0.000 05	0.000 15	0.001	0.005	0.009	0.018	0.027	0.037	0.046	0.072	0.088
a/b	1.15	1.20	1.25	1.30	1.40	1.5	1.6	1.7	1.8	1.9	2.0
K_d	0.126	0.162	0.194	0.224	0.277	0.320	0.357	0.388	0.414	0.436	0.455

$$K_d = \left[\frac{3}{4\pi}\left[-2.6\ln\frac{a}{b} + \left(1.4\ln\frac{a}{b} - 1.077\right)\left[\frac{1}{\left(\frac{a}{b}\right)^2 + 0.538} - \frac{1}{1 + 0.538\left(\frac{a}{b}\right)^2}\right]\right]\right] \tag{10.16}$$

②薄刃口组合圆冲头的强度计算。薄刃口组合圆冲头,就是把整体冲头设计成如图 10.17(b)所示的结构形式。它由刃口部分 1 和本体部分 2 组成。其刃口部分的材料与常规冲头相同;本体部分用冲模非工作零件的一般材料,如 Q235、45 钢等,可不进行热处理。1、2 两部分用螺钉等紧固。如果对照图 10.12 来看,它相当于把冲头头部称为薄刃口冲头,后面视为冲头本体,冲头本体再与冲头固定板紧固。

薄刃口组合圆冲头之薄刃口厚度的计算公式:

$$H_{\min} = \sqrt{\frac{K_p P}{[\sigma_w]}} \tag{10.17}$$

式中　K_p——系数,可按表 10.7 查取(尺寸 a、b 见图 10.17);

　　　　$[\sigma_w]$、P——意义及取值同薄刃口组合圆形凹模厚度 H 的设计计算。

表 10.7　冲头厚度计算系数 K_p

a/b	1.000 1	1.000 5	1.001	1.005	1.01	1.02	1.03	1.04	1.05	1.08	1.10
K_p	0.000 1	0.000 8	0.001	0.005	0.010	0.019	0.029	0.038	0.049	0.076	0.094
a/b	1.15	1.20	1.25	1.30	1.40	1.5	1.6	1.7	1.8	1.9	2.0
K_p	0.140	0.184	0.227	0.270	0.351	0.427	0.500	0.509	0.634	0.695	0.753

$$K_p = \frac{2.1\left(\dfrac{a^2}{b^2} - 1\right) + 7.8\left(\dfrac{a}{b}\right)^2 \ln \dfrac{a}{b}}{\pi\left[2.6\left(\dfrac{a}{b}\right)^2 + 1.4\right]} \tag{10.18}$$

4)凸凹模

凸凹模是其内、外形都有工作表面且仅为复合模中的一种模具工作零件,如落料冲孔复合模、落料拉深复合模、冲孔翻边复合模等均有凸凹模零件。凸凹模形状属空心轴类零件,但没有冲头那么细长,且后部更宽大。故总体强度虽没有问题,可往往有一个局部强度——口部壁厚的问题。

由于对这个问题的理论计算较烦琐,故常用一些经验方法设计和校验壁厚。如果按式(10.12)设计的凹模壁厚难以满足复合模中要求,则建议凸凹模壁厚 C 为:

$$C \geqslant (1.5 \sim 2.0)t \ (C \geqslant 3 \text{ mm}) \tag{10.19}$$

凸凹模的结构设计、材料选用及热处理要求基本上与凹模类似或相同。具体选择方法,可参见表 10.8。

表 10.8　冲模主要材料的许用应力

材料名称及牌号钢	许用应力/MPa			
	拉深	压缩	弯曲	剪切
Q215、Q235、25	108 ~ 147	118 ~ 157	127 ~ 157	98 ~ 137
Q275、40、50	127 ~ 157	137 ~ 167	167 ~ 177	118 ~ 147
铸钢 ZG35、ZG45	—	108 ~ 147	118 ~ 147	88 ~ 118
T7A 硬度 54 ~ 58HRC	—	88 ~ 137	34 ~ 44	25 ~ 34

续表

材料名称及牌号钢	许用应力/MPa			
	拉深	压缩	弯曲	剪切
T8A、T10A、Cr12MoV、GCr15 硬度 52～60HRC	245	981～1 569	294～490	—
20(表面渗碳) 硬度 58～62HRC	—	245～294		
65Mn 硬度 43～48HRC	—	—	490～785	—

注:对小直径有导向的凸模值,此值可取 2 000～3 000 MPa。

(3)固定零件

1)模座

在上、下模座上安装全部模具零件,以构成模具的总体和传递压力。模座不仅应该具有足够的强度,而且还要有足够的刚度。刚度问题往往容易被忽视。如果刚度不足,工作时会产生严重的弹性变形而导致模具零件迅速磨损或破坏。

一般情况下是上模座与冲头、冲头固定板及垫板等装配成一体,用 3 个以上的螺栓紧固构成模具的上模部分;下模板则与凹模、凹模垫块等组成模具的下模部分。此外,上、下模两部分还分别对称地用两个销钉销紧,以防转动和错位。

上、下模座中间联以导向装置(导柱、导套)的总体称为模架。模架示意及有关尺寸参见相关资料选用的国家标准。模具设计时,通常都是按标准选用模架或模座,只有在不能使用标准的特殊情况下才进行模板设计。设计时,圆形模座的外径应比圆形凹模直径大 30～70 mm,以便安装和固定。同样,矩形模座的长度应比凹模长度大 40～70 mm,而宽度可取与凹模宽度相同或稍大些。

模座大多是铸铁或铸钢件,因此其结构应能满足铸造工艺要求。现国际上也有钢板模座、大型模座,为起吊运输方便安全,应有起吊孔,可在其侧向加工。模座的厚度一般设计或选用得比凹模(凹模垫板)厚一些,下模座通常比上模座设计得厚一些。

2)模柄

模具的上模部分通过模柄固定在冲床滑块上。模柄结构形式很多,常见的结构形式有:

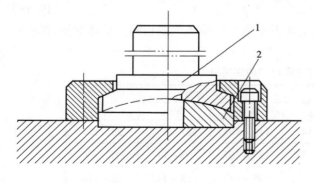

图 10.18　浮动式模柄
1—模柄;2—球形垫

①带凸缘模柄(图 10.9 之零件 6)。它用 4～6 个螺钉与模板固定联接,适用于尺寸较大的冲模。

②压入式模柄(图 10.3～图 10.5)。它通过压配合和附加的小钉与模板固定联接以防转动与松动,适用于模板较厚的各种中、小型模具。

③旋入式模柄(图 10.7 之件 2)。它通过螺纹与模板 1 固定联接,并且也附加销钉止动。这种形式现日渐减少。

④浮动式模柄(如图 10.18 所示)。

模柄 1 的压力通过球形垫 2 传递给上模板,可以避免压机导滑误差对模具导向精度的影响,适用于有硬质合金凸、凹模的多工序冲裁模。

模柄材料一般选用优质碳素钢中的 45 钢,碳素结构钢中的 Q235、Q275 钢等。

3)凸模固定板与垫板

用凸模固定板可将凸模联接固定在模板的正确位置上。凸模固定板有圆形和矩形两种,其平面尺寸除保证能安装凸模外,还应该能够正确安放定位销钉和紧固螺钉。

固定板与凸模采用过渡配合,压装后将凸模尾部与固定板一起磨平。凸模固定板可用 45 钢或 Q235、Q275 材料加工。

垫板的作用是分散凸模传来的压力,防止模板直接被凸模后端压挤损伤。凸模端面对模板的单位压力为

$$\sigma = P/A \tag{10.20}$$

式中　P——冲压工艺变形力;

　　　A——凸模支承端面积。

当凸模端面上的单位压力大于模板材料的许用挤压应力时,就需要在凸模支承面上加一 45 钢或 T8 钢材料等淬硬(50HRC 左右)磨平的垫板(图 10.3、图 10.5);如果凸模端面上的单位压力不大于模板材料的许用挤压应力时,可以不加垫板(图 10.4)。垫板厚度一般取 3 ~ 8 mm。

(4)**导向零件**

常用的导向装置有导板式(图 10.3)和导柱式(图 10.4)。

导板的导向孔按凸模断面形状加工,采用 IT6、IT7 级精度间隙配合。模具工作时,凸模始终不脱离导板以确保导向作用。导板必须具有足够的厚度,其平面尺寸一般与凹模相同。冲压加工零件的形状复杂时,导板加工困难。为了避免热处理变形,时常不进行热处理,所以其耐磨性能差,实际上很难达到和保持可靠与稳定的导向精度。

生产中广泛采用导柱、导套方式导向。较大型模具多用阶梯形导柱,其大端直径取等于导套的外径,从而使上、下模板安装导柱、导套的孔径相等,可以在一般的设备上同时加工并保证同轴度。即使在中、小型模具中导柱、导套孔径不相等时,上、下模板上的导套孔、导柱孔也应同时加工,以保证上、下模两部分的同心和导向的可靠性。为了提高导向的可靠性,增加导向部分长度,可取导套长度比模板的厚度大些。导柱和导套应具有耐磨性与足够的韧性,一般用低碳钢制造,表面渗碳、淬火。导套的硬度(56 ~ 60HRC)应稍低于导柱(两度左右)。导柱导套有滑动式结构和滚动式结构两种形式。当冲模工作速度较高或对冲模精度要求较高时,可以采用滚动式的导柱、导套装置。

导柱、导套应按标准选用。尽管有标准,但对初学者来说,还是应该按标准去作 1 ~ 2 次画图练习,且画成正规图样。同样,前面所叙及的有标准的上、下模座,也应有这种设计要求。

(5)**定位零件**

为了保证模具正常工作并冲出合格的制件,要求在送进的平面内,坯料(块料、条料)相对于模具的工作零件处于正确的位置。坯料在模具中的定位有两个内容:一是在送料方向上的定位,用来控制送料的进距,通常称为挡料(图 10.19 中的销 a);二是在与送料方向垂直方向上的定位,通常称为送进导向(图 10.19 中的销 b、c)。

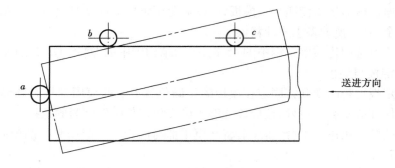

图 10.19　坯料的定位

a,*b*,*c*—销

1)送进导向方式与零件

常见的松紧导向方式有导销式与导尺式。图 10.9 为导销式送进导向复合模,在条料的同一侧设置了两个固定导料销 12;为了保证条料在首次或末次冲裁的正确送进方向,设有一活动导料销 18。只要保持条料沿导料销一侧送进,即可保证条料正确的送进方向。导料销也可以压装在凹模上。导料销送进导向结构简单,制造容易,多用于简单模或复合模。为了条料的顺利通过,导尺间距离应该等于条料的最大宽度加上一间隙值。如果条料宽度尺寸公差较大,为节省材料和保证冲压件的质量,应该在进料方向的一侧装侧压装置,迫使条料始终紧靠另一侧送进。导尺与导板(有时兼作刚性卸料板)可以分开制造,也可以支撑整体(图 10.4、图 10.5)。有导板(卸料板)的简单模或连续模,经常采用导尺作送进导向。

2)挡料方式与零件

常见的限定条料送进距离的方式有:用销钉抵挡搭边或制件轮廓,以限定条料送进距离的挡料销定距;用侧刀在条料侧边冲切各种形状缺口,以限定条料送进距离的侧刀定距。

①挡料销定距。

根据结构特征挡料销控制条料送进距离的模具。图 10.5 中零件 7 为圆形挡料销,用于中、小型冲裁件定距。图 10.4 中零件 3 为钩式挡料销,其尾柄远离凹模刃口,有利于凹模强度,适用于较大型的冲裁件定距。为防止钩头转动需有定向销,从而增加了制造加工量。固定式挡料销,适用于手工送料的简单模或连续模。

有的模具采用活动式挡料销控制条料送进距离,并设计成挡料销在送进方向带有斜面。送料时,搭边碰撞斜面使挡料销跳跃搭边,然后将条料后拉,挡料销抵住搭边而定位。每次送料都要先送后拉,做方向相反的两个动作。有的设计成挡料销下面用弹簧托起,送进时需将条料抬起。

为了提高材料利用率,可使用临时挡料销。在条料第一次冲裁送进前,预先用手临时将各挡料销(图 10.5 之零件 6)按入,使其端部突出导尺,挡住条料而限定送进距离。第一次冲裁后,弹簧将临时挡料销推出,在以后各次冲裁中不再使用。

②侧刀定距。

图 10.7 所示为侧刀定距的连续模。根据截面形状,常用的侧刀有三种形式:长方形、内凹形和尖角形(图 10.20)。

长方形侧刀(图 10.20(a))制造和使用都很简单,但当刃口尖角磨损后,在条料侧边形成

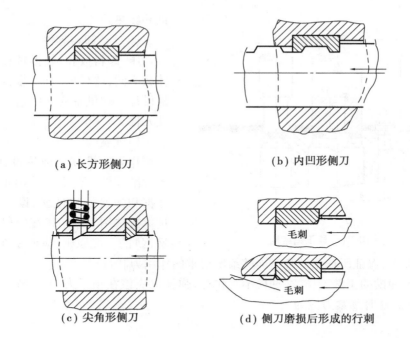

(a) 长方形侧刀　　　　　　　　(b) 内凹形侧刀

(c) 尖角形侧刀　　　　　　　(d) 侧刀磨损后形成的行刺

图 10.20　侧刀的形式

的毛刺(图10.20(d))会影响定位和送进。为了解决这个问题,常采用图 10.20(b)所示的内凹形侧刀。这是由于侧刀尖角磨损而形成的毛刺不会影响条料的送进,但必须增大切边的宽度,因而造成原材料的消耗。尖角形侧刀(图 10.20(c))需与弹簧挡销配合使用,先在条料边缘冲切尖角缺口,条料送进;当缺口滑过弹簧挡销后,反向后拉条料至挡销卡住缺口而定距。尖角形侧刀废料少,但操作麻烦,影响生产效率。

侧刀定距准确可靠,生产效率高,但会增大总冲裁力和增加材料消耗,一般用于连续模冲制窄长形零件(步距小于 6~8 mm)或薄料(0.5 mm 以下)冲裁。

侧刀的数量可以是一个,或者是两个。两个侧刀可以并列布置,也可按对角布置,对角布置能够保证料尾的充分利用。

③导正销。

为了保证连续模冲压中工件内孔与外形的相对位置精度,可采用如图 10.21 所示的导正销结构。导正销安装在落料凸模工作端面外,落料前导正销先插入已冲好的孔中,以确定内孔与外形的相对位置,以及消除送料和导向造成的误差。

设计有导正销的连续模时,应该保证导正销导正条料过程中条料活动的可能。为此,前方挡料销的位置 e(mm)应为

$$e = c - D/2 + d/2 + 0.1(12 ~ 21) \tag{10.21}$$

式中　c——步距,mm;

　　　D——落料凸模直径,mm;

　　　d——挡料销头部直径,mm。

定位零件一般都选用 Q235、Q275 或 45 号钢材料加工,但以侧刀定距时侧刀应选用工具

179

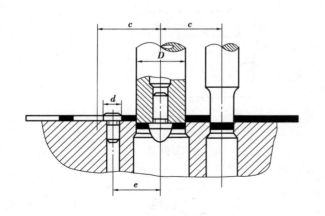

图 10.21　导正销结构

钢并经热处理。

（6）压、卸料零件

压、卸料板和顶、推件板的结构没有什么不同，选材也一般，根据结构要求容易设计。这里主要介绍这一部件中的弹性元件。

1）弹簧

作为冲模卸料或推件用的弹簧，属于标准零件。标准中给出了弹簧的有关数据和弹簧的特性线，设计模具时只需按标准选用。选用弹簧（材料为 65Mn 弹簧钢）的一般原则，应该是在满足模具结构要求的前提下，保证所选用的弹簧能够给出要求的作用力和行程。

为了保证冲模的正常工作，在冲模不工作时，弹簧也应该在预紧力 P_0 的作用下产生一定的预压紧量 F_0，这时预紧力应为

$$P_0 > P/n \qquad (10.22)$$

为保证冲模正常工作所必需的弹簧最大压紧量 $[F]$ 为：

$$[F] \geqslant F_0 + F + F' \qquad (10.23)$$

式中　P_0——弹簧预紧力；

P——工艺力即卸料力、推件力等。

n——弹簧根数；

$[F]$——弹簧最大许用压缩量；

F_0——弹簧预紧量；

F——工艺行程（卸料板、顶件块行程），应根据该副模具所完成的工序而定；

F'——余量，主要考虑模具的刃磨量及调整量，一般取 $5 \sim 10$ mm。

圆柱形螺旋弹簧的选用应该以图 10.22 所示的弹簧的特性线为根据，按下述步骤进行：

①根据模具结构和工艺力初定弹簧根数 n，并求出分配在每根弹簧上的工艺力 P/n。

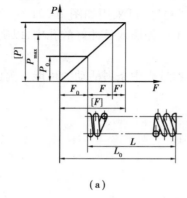

（a）

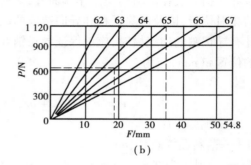

（b）

图 10.22　弹簧的特性线

②根据所需的预紧力 P_0 和必需的弹簧总压紧量 $F+F'$,预选弹簧的直径 D、弹簧钢丝的直径 d 及弹簧的圈数(即自由长度),然后利用图 10.22 所示的弹簧特性线校验所选弹簧的性能,使其满足式 10.22 及式 10.23 的要求。

冲压模具中广泛地应用了圆柱形螺旋弹簧。当所需工作行程较小而作用力很大时,可以考虑选用碟形弹簧。

比如,用图 10.9 所示复合模冲裁料厚 $t=1$ mm 的低碳钢垫圈,外径 $\phi80$,内孔 $\phi50$,凸凹模的总刃磨量6 mm。如果卸料力为 3 600 N 时,则卸料板 13 所用的圆柱形弹簧 19 的具体选用过程如下:

a. 根据模具结构和卸料力大小,初定弹簧根数 $n=6$,则每根弹簧上的卸料力为 $P/n=$ 3 600 N/6 = 600 N。

b. 根据所需的预紧力 $P_0>600$ N 和必需的弹簧总压缩量 $F+F'=12$ mm,参照弹簧的特性线(图 10.22(b))和弹簧的规格,预选弹簧的直径 $D=40$ mm,弹簧丝的直径 $d=6$ mm,弹簧自由长度 $L_0=110$ mm。该弹簧的规格标记为 $40\times6\times110$,简记为序号 65。

c. 校验所选弹簧的性能。由弹簧的特性线(对于序号 65 的弹簧,当预紧力取 $P_0=620$ N 时,预紧量 $F_0=19$ mm,则可作出其特性曲线),此特性曲线给出的最大许用压缩量 $[F]=34.5$ mm,实际所需工艺行程 $F=2$ mm,取余量 $F'=10$ mm,则 $F_0+F+F'=31$ mm,即有 $P_0>P/n$,$[F]\geqslant F_0+F+F'$,故所选弹簧满足要求。

③橡胶。选择橡胶作为冲模卸料或推(顶)件用时,与弹簧的选用方法相类似,也是应根据卸料力或推(顶)件力的要求以及压缩量的要求来校核橡皮的工作压力和许可的压缩量,以保证满足模具结构要求与设计的要求。

橡胶选用中的计算与校核可按下列步骤进行。这里介绍的是普通橡胶(其单位压力为 $2\sim3$ MPa)的选用;若单位压力需要更大,可选用聚氨酯。

a. 计算橡胶工作压力。

橡胶工作压力与其形状、尺寸以及压缩量等因素有关,一般可按下式计算

$$F = Ap \qquad\qquad (10.24)$$

式中　F——橡胶工作压力(即用作卸料或顶件的工艺力);

A——橡胶横截面积;

p——单位压力,与橡胶压缩量、形状有关,一般取 $2\sim3$ MPa。

b. 橡胶压缩量和厚度的确定

橡胶压缩量不能过大,否则会影响其压力和寿命。生产实践表明,橡胶最大压缩量一般应不超过其厚度 h_2 的45%,而模具安装时橡胶应预先压缩10% ~15%。所以橡胶厚度 h_2 与其许可压缩量 h_1 之间有下列关系

$$h_2 = h_1/(0.25 \sim 0.30) \qquad\qquad (10.25)$$

由此可见,橡胶厚度 h_2 选定后,可按式(10.25)确定出其许可的压缩量 $h_1=(0.25\sim 0.30)h_2$。

④校核。校核时,应使橡胶的工作压力 F 大于卸料力 F_0,橡胶许可的压缩量 h_1 大于模具需要的压缩量。同时,应校核橡胶厚度与外径的比值 h_2/D 为 $0.5\sim1.5$,才能保证橡胶正常工

作。若 h_2/D 超过 1.5 应将橡胶分成若干块,每块之间用钢板分开,但每块橡胶的 h_2/D 值仍应在上述范围内。外径 D 与橡胶形状有关,可按 $F = Ap$ 公式计算,如图 10.23 所示形状,$A = \frac{\pi}{4}(D^2 - d^2)$,代入上式经整理后,得 $D = \sqrt{d^2 + 1.27\frac{F}{p}}$($d$ 为橡胶中心孔直径,可按结构选定)。同理,图 10.23 所示其他形状的外径尺寸,经过上式计算,分别列于表 10.9 中。

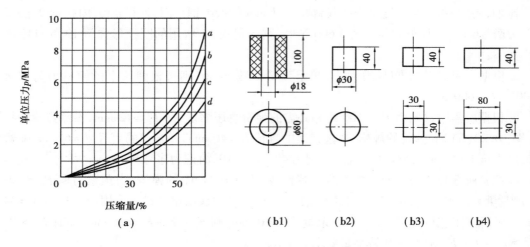

图 10.23　橡胶压缩量与单位压力 p 的变化关系

表 10.9　橡胶截面尺寸的计算

橡胶形式	图 10.23(b1)		图 10.23(b2)	图 10.23(b3)	图 10.23(b4)	
计算项目/mm	d	D	d	a	a	b
计算公式	按结构选用	$\sqrt{d^2 + 1.27\frac{F}{p}}$	$\sqrt{1.27\frac{F}{p}}$	$\sqrt{\frac{F}{p}}$	$\frac{F}{bp}$	$\frac{F}{ap}$

注:p——橡胶单位压力,一般取 2~3 MPa;F——所需工作压力。

10.2.4　冲模总体设计

(1)冲模设计的程序

依据冲压件的产品图纸进行冲压工艺过程设计确定工艺方案之后,可进行冲模的设计。在模具设计时,要收集、准备有关的设计参考资料;经过充分理解、研究和确定内容之后,便可着手绘制模具的构思图即草图;在绘制草图阶段要召开讨论会,以防发生设计上的重大错误,然后再绘制正式图。

一般模具设计可按图 10.24 所示的步骤完成。

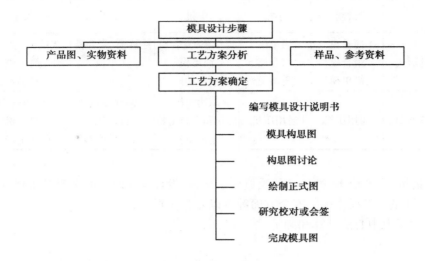

图 10.24　模具设计步骤

（2）冲模总体设计要求

1）模具总体结构形式的确定

模具总体结构形式的确定,是设计时必须首先解决的问题,也是冲模设计的关键,它直接影响冲压件的质量、成本和冲压生产的水平,所以必须十分重视。模具类型的选定,应以合理的冲压工艺过程为基础,根据冲压件的形状、尺寸、精度要求、材料性能、生产批量,以及冲压设备、模具加工条件等多方面的因素,做综合的分析研究并比较其综合经济效果,以期在满足冲压件质量要求的前提下达到最大限度地降低冲压件的生产成本的基本要求。确定模具的结构形式时,必须解决以下几方面的问题。

①模具类型的确定:简单模、连续模、复合模等。

②操作方式的确定:手工操作、自动化操作、半自动化操作。

③进出方式的确定:根据原材料的形式确定进料方法,以及取出和整理零件的方法、原材料的定位方法。

④压料与卸料方式的确定:压料或不压料,弹性或刚性卸料等。

⑤模具精度的确定:根据冲压件的特点确定合理的模具加工精度,选取合理的导向方式及模具固定方法等。

表 10.1 是三种模具类型在各方面的对比关系,其内容可供选定模具类型时参考。

表 10.11 给出了模具的形式与生产批量之间的关系,表中所列的简易模是指这样一些模具:旨在节省模具钢或减少模具加工难度所采用的不同常规冲模的模具,例如在某些薄板金属材料的冲载、成型时或某些非金属材料冲载时包括聚氨酯模、低熔点金模、钢皮模等。这些内容本书未作介绍,可查阅别的资料。

表 10.10　冲压生产批量与合理模具型式

项目＼批量	试制	小批	中批	大批	大量
模具形式	简易模 组合模 简单模	简单模 组合模 简易模	连续模、复合模 简单模 半自动模	连续模、复合模 简单模 自动模	连续模、复合模 简单模 自动模
设备类型	通用压机	通用压机	高速压机 自动和半自动机 通用压机	高速压机 自动机 自动生产线	专用压机 自动机 自动生产线

除生产批量、生产成本、冲压件的质量要求外,在设计冲模时还必须对其维修性能、操作方便、安全性特别是手工操作模的安全方面等予以充分注意。

2) 冲模的压力中心的计算和确定

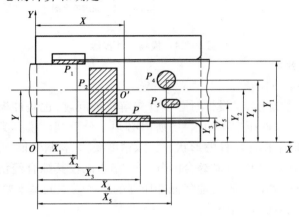

图 10.25　压力中心确定的示例

冲压力合力的作用点称为模具的压力中心。如果压力中心不在模柄轴线上,滑块就会承受偏心载荷,导致滑块导轨和模具不正常的磨损,从而降低模具寿命甚至损坏模具。通常利用求平行力系合力作用点的方法——解析法或图解法,确定模具的压力中心。

图 10.25 所示的连续模压力中心为 O 点,其坐标为 X,Y,连续模上作用的冲压力 $P_1,P_2,$ P_3,P_4,P_5 是垂直于凸面方向的平行力系。根据理论力学定理,诸分力对某轴力矩之和等于其合力对同轴之矩,则有压力中心 O 点的坐标通式为

$$X = \frac{P_1X_1 + P_2X_2 + \cdots + P_nX_n}{P_1 + P_2 + \cdots + P_n} = \frac{\sum\limits_{i=1}^{n} P_iX_i}{\sum\limits_{i=1}^{n} P_i} \qquad (10.26)$$

$$Y = \frac{P_1Y_1 + P_2Y_2 + \cdots + P_nY_n}{P_1 + P_2 + \cdots + P_n} = \frac{\sum\limits_{i=1}^{n} P_iY_i}{\sum\limits_{i=1}^{n} P_i} \qquad (10.27)$$

如果这里以 $P_1 = L_1 t \tau$（均以冲裁为例），则有

$$P_2 = L_2 t \tau$$
$$\vdots$$
$$P_n = L_n t \tau$$

式中　$P_1, P_2, \cdots, P_n$——各图形的冲裁力；

　　　$X_1, X_2, \cdots, X_n$——各图形冲裁力的 X 轴坐标；

　　　$Y_1, Y_2, \cdots, Y_n$——各图形冲裁力的 Y 轴坐标；

　　　$L_1, L_2, \cdots, L_n$——各图形冲裁周边长度；

　　　t——毛坯厚度；

　　　τ——材料抗剪强度。

将各图形冲裁力 P_1, P_2, P_3, P_4, P_5 之值代入上两式可得冲裁模压力中心坐标 X 与 Y 之值为

$$X = \frac{L_1 X_1 + L_2 X_2 + \cdots + L_n X_n}{L_1 + L_2 + \cdots + L_n} = \frac{\sum\limits_{i=1}^{n} L_i X_i}{\sum\limits_{i=1}^{n} L_i} \qquad (10.28)$$

$$Y = \frac{L_1 Y_1 + L_2 Y_2 + \cdots + L_n Y_n}{L_1 + L_2 + \cdots + L_n} = \frac{\sum\limits_{i=1}^{n} L_i Y_i}{\sum\limits_{i=1}^{n} L_i} \qquad (10.29)$$

除上述的解析法外，在生产中也常用作图法求压力中心。虽然作图法的精度稍差，但却可省掉许多计算。在实际生产中，可能出现冲模压力中心在加工过程中发生变化的情况，或者由于零件的形状特殊，从模具结构考虑不宜于使压力中心与模柄中心线相重合，这时应注意使压力中心的偏离不致超出所选用压力机所允许的范围。

3）冲模封闭高度的确定

冲模总体结构尺寸必须与所用设备相适应，即模具总体结构平面尺寸应该适应于设备工作台面尺寸，而模具总体封闭高度必须与设备的封闭高度相适应，否则就不能保证正常的安装与工作。

冲模的封闭高度是指模具在最低工作位置时，上、下模板外平面间的距离。模具的封闭高度 H 应该介于压力机的最大封闭高度 H_{max}（mm）及最小封闭高度 H_{min}（mm）之间（图 10.26），一般取

$$H_{max} - 5 \geqslant H \geqslant H_{min} + 10 \qquad (10.30)$$

如果模具封闭高度小于设备的最小封闭高度时，可以附加垫板（在下模座下面）以达到要求。

模具的平面尺寸（主要是下模座）应小于设备工作台平面尺寸，这是不言而喻的。但还有几个与设备相应的尺寸，是初学者往往容易忽视的。一是模具漏料孔 D_1 应小于设备的工作台孔 D。二是模柄长度 L_1 应该小于设备滑块孔的深度 L；模柄直径 d_1 应稍小于滑块孔径 d。

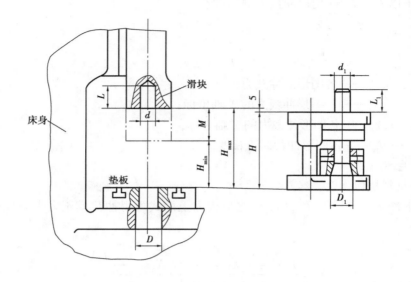

图 10.26　模具的封闭高度

设计冲模时,在总体设计三个要点确定之后,便可以进行模具零部件的设计、计算与选用,然后就可以绘制模具图。具体作设计时,还可参阅其他一些指导性资料等。

任务 10.3　项目实施

10.3.1　汽车覆盖件冲模

(1)覆盖件图、主模型

由于汽车覆盖件与一般冲压件相比,其形状、尺寸及表面质量等方面都有一些比较特别的要求,所以汽车覆盖件被视为是一类特殊的冲压件。首先,在设计汽车覆盖件冲模时,光凭一张覆盖件图是很不够的。因此,必须对覆盖件冲模设计、制造的前提或必备的知识有所了解。

覆盖件图只能表示一些主要的投影关系,不可能将覆盖件所有相关点的空间位置都表示出来。它是根据覆盖件在汽车中的位置(称为汽车位置)而画出的。覆盖件图上的尺寸标注有两个特殊之处:

①各覆盖件的基准线、基准面是统一的(按汽车线统一)。比如,汽车驾驶室有一个自己统一的基准线(面),组成驾驶室的各覆盖件的覆盖件图均采用这个统一的基准线(面)。

②覆盖件图上仅标注了覆盖件的轮廓尺寸、部分特征尺寸,而过渡部分的尺寸和一些点、孔及局部形状尺寸则依据主模型。

主模型与覆盖件图相互补充,才真正完整地反映了覆盖件。主模型是制造覆盖件冲模的依据和标准,也是检查覆盖件是否符合要求和标准的样品。主模型有内、外之分,它们都是按覆盖件内表面形状做成的,这是出于制造冲模的需要。

为了制造汽车覆盖件冲模,还必须完成覆盖件冲压工艺中各道工序的工序件图。其工序件图是按工序件在冲模中的位置画出的。工序件图除作为冲模设计的依据外,对于冲模制造工艺的生产准备工作也是十分重要的。如覆盖件的拉深件(工序)图,除开画出主模型放置成拉深位置,并将加制的工艺补充部分的尺寸注出外,还用双点划线画出主模型轮廓线、修边线并标出了相应字样。

　　(2)拉深筋

　　在前述项目中已讲过,在汽车覆盖件的冲压成型中,拉深工序是比较关键的工序,且在拉深中带有胀形成分,是一种复合类冲压成型,有时胀形成分还很重要。加上汽车覆盖件大多是非对称、非旋转体的曲面形状零件,变形沿周边分布不均匀。因此,在拉深成型时,拉深模多采用拉深筋结构。

　　1)拉深筋的作用和设置方法主要有以下三种情况。

　　①增大径向拉应力,防止冲头圆角附近及悬空部分材料的起皱。

　　如图 10.27 所示的红旗小客车后翼左、右内轮挡泥罩工序 1 拉深件,其模具不用拉深筋,也能拉深成型,但质量不稳定,表现为冲头圆角附近及直壁上经常有起皱波纹。于四周设置了一圈拉深筋增大胀形成分后,皱纹消除了,质量很稳定。

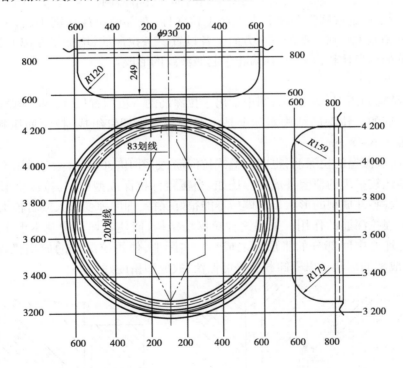

图 10.27　内轮挡泥罩工序 1 拉深件

　　②增加(平衡)拉深阻力,促使零件周边变形均匀。

　　一般汽车侧滑门内盖板及油箱均类似于盒形件的拉深,变形区直边部分容易变形,圆角部分不容易变形。不加拉深筋的情况下,容易在圆角部位产生破裂及直壁部位产生皱纹。为了使其不均匀、不均衡的两部分的变形成为均匀、均衡,就得在直边部位设置增加阻力的拉深筋。

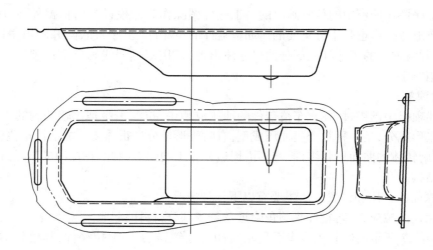

图 10.28　油底壳工序 1 拉深件

③平衡各部分的进料量,使其变形程度不同的部分变形协调。

图 10.28 所示的解放牌汽车油底壳工序 1 拉深件,左部的拉深深度小、右部的拉深深度大,其变形程度相差大。在左部的三个方向上各设置一条拉深筋,增加了左部的拉深阻力,使其左、右两部分的变形比较协调,从而防止了起皱波纹的形成。

2)拉深筋的结构

拉深筋的结构如图 10.29 所示,图中示出了拉深筋的一般位置尺寸。根据设计需要,有一根筋、也有两根筋的。拉深筋结构实际上是由筋条与紧固螺钉组成,拉深筋压料(即胀形筋条)的深度可取为 6 ~ 8 mm。

还有一种叫拉深槛的拉深筋,也叫门槛式拉深筋,如图 10.30 所示。它适用于某些深度较小、曲率也小的比较平坦的覆盖件成型。比如,当覆盖件拉深成型中,其拉深变形所需的径向拉应力数值不大,零件成型的形状于出模后不能很好保持,即回弹变形大或者根本不能紧密地贴模时,应该加强拉深筋的作用。采用这种拉深槛结构,能使毛坯周边基本上不产生拉深变形,而主要靠毛坯的中间部分的胀形使之成型。实际上,使用拉深槛的成型机理与拉弯(拉形)相同,毛坯成型的形状于出模卸载后仍可保留,故成型精度好。

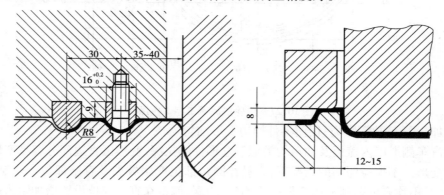

图 10.29　拉深筋结构例　　　　　　图 10.30　拉深槛例

（3）大型铸件的结构

大型铸件在汽车覆盖件冲模中属重量最大、尺寸最大的零件,因而也是最重要的模具零件之一。

汽车覆盖件冲模中的大型铸件,主要用作上模座、下模座、推件块及压边圈等模具的非工作零件;同时,也还用作模具的凸模、凹模等工作零件。

在汽车覆盖件冲模中,用作模具工作零件的大型铸件,不仅有各种成型模(如拉深模、翻边模、整形模和弯曲模等)中的工作零件,而且有冲裁模(如切边模、剖切模等)以及多工序复合模的工作零件。目前,汽车覆盖件冲模中的大型铸件的结构有一些新特点:

1）整体件结构

模具零件的整体件结构是汽车覆盖件冲模的重要特点之一。

传统设计中,作为模具工作零件的凸模、凹模,往往都分别与另一种零件即上、下模座用螺栓等紧固零件连在一起。而 20 世纪后期汽车覆盖件冲模中,有不少是把两者合为一整体件。比如,某种面包车的高顶棚零件的切边模中,凹模和下模座就是一个整体零件。又如,安装于双动压力机上的侧滑门外盖板拉深模和安装于单动压力机上的前围外板切角拉深模(见图10.31 和图 10.32),其模具尺寸都比较大,但它们的凸模与上模座为一整体件,凹模与下模座亦为一个整体零件。

整体件结构能减少覆盖件冲模的模具零件数,节省模具加工、组合装配的工作量,缩短制模周期。但是,制模技术水平要求提高了。

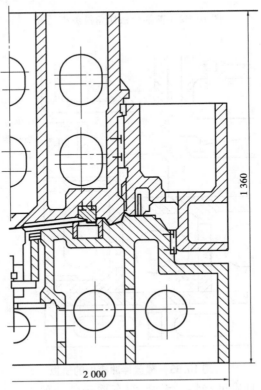

图 10.31　侧滑门外盖板拉深模局部

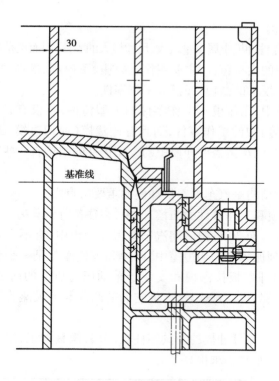

图 10.32　前围外板切角拉深模局部

2）轻量化结构

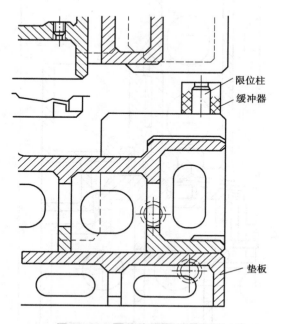

图 10.33　覆盖件冲模中的垫板

　　汽车轻量化设计是一种发展趋势。无疑,汽车覆盖件冲模大型铸件的轻量化也是具有很大意义的。为此,现今对大型铸件也正在设法减轻自身的重量。比如,模座零件的主要作用是连接并支承凸、凹模(或本身也作为工作零件),其高度尺寸在组成模具闭合高度上占相当大的比重。模座的高度尺寸越大,其加工难度(特别是铸造难度)也越大,重量也越大。因此,当模具的闭合高度相对较高时,不需要把模座零件(包括上面所述的整体件)设计得特别高,而可采取另加一块垫板的方法来减少模座零件的高度并满足模具的要求。这样,就可以把模座零件的重量减轻。图 10.33 为在汽车覆盖件冲模下模加垫板的例子。

值得一提的是,过去一般垫板是实心的,而这种垫板上面为平面状,下面是筋条,墙面还有减轻孔。这样既减轻了垫板本身的重量,节省了材料,也减少了加工量。

同理,模座零件本身(所有的大型铸件)都可以做得更轻巧而不笨重,使其型面厚度、周边围墙及筋条厚度合理地薄而细小些。图 10.34 所示的汽车司机门内盖板拉深模中,凸、凹模零件的工作型面厚度为

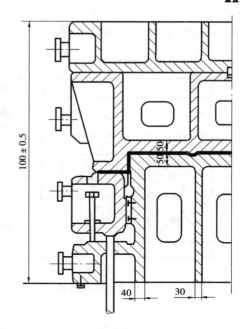

图 10.34 司机门内盖板拉深模

50 mm,纵向筋条厚度为 30 mm。国外大型铸件壁厚设计为:型面 40 ~ 60 mm;周边围墙 40 mm;筋条 30 mm。

(4)**堆焊刃口**

由于汽车覆盖件模具中的凸、凹模或整体结构件的大型铸件多采用普通铸铁,为了增加模具工作零件刃口强度和硬度并延长模具寿命,可以采用不同的强化模具刃口的方法,同时也可克服模具工作部分需加工成复杂形状的困难。

强化模具刃口较普遍的方法是堆焊刃口,它不仅用于各种冲裁模(直刃口),也用于各种成型模(圆角刃口)。

堆焊刃口的剖面形状最常用的是三角形与方形两种。三角形剖面的工艺方面应用较多,但方形剖面的强度更好。图 10.35 列出了两种堆焊刃口剖面的形状及尺寸。

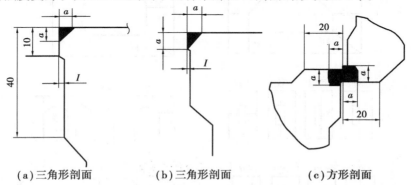

(a)三角形剖面 (b)三角形剖面 (c)方形剖面

图 10.35 堆焊刃口剖面形状举例

堆焊刃口的底层用结构钢焊条,表层用合金钢焊条。焊接后,表面硬度一般要求达到 55HRC 以上。有的焊条焊后的刃口部分不经热处理可达到硬度要求,有的焊条焊后需经表面

淬火才能达到其表面硬度要求。

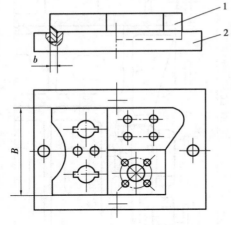

图 10.36　镶拼模结构示意
1—镶拼凸、凹模;2—凸、凹模固定板

（5）镶拼模结构

汽车覆盖件的模具不但外形尺寸大而且其凸模和凹模的形状一般较复杂。为了便于制模,方便更换,提高模具使用寿命,降低制模成本,有时不采用整体而用镶拼块结构。

图 10.36 所示的是一般镶拼模的结构。在该落料冲孔复合模的凸、凹模镶拼结构中,凸、凹模分 3 块镶拼而成,再与固定板紧固在一起。

由此可知,镶拼模结构实际上分为凸模或凹模或凸凹模等多种情况的镶拼组合。

1）对镶拼块的基本要求与设计原则

①根据制件形状、材料和厚度以及镶拼块受力的不同设计镶块结构。

②镶块应尽量具有良好的机械加工工艺性,同时热处理时变形不要太大,尽可能避免锐角,以免热处理时开裂。一般多采用矩形、圆形及接近直线的形状。

③应根据磨损的情况和更换方便的原则设计镶块。一般圆弧部分做成单块,镶块制件的接合面应避免在曲线部分,接缝最好在距直线与曲线切点的 5 ~ 7 mm 处。若制件有对称线,则可沿对称线组拼镶块。

④根据制件的精度情况设计镶块。例如要保证高精度的孔距,可在孔中心连线中间分割模具,用研磨拼缝来达到孔距的高精度。

⑤上、下模镶块的拼缝不应重合,否则易在制件上模具的拼缝处出现毛刺。

⑥镶块之间的组合应可靠,不应有任何滑动。

图 10.37 所示为合理和不合理拼缝的一些对比示意图。

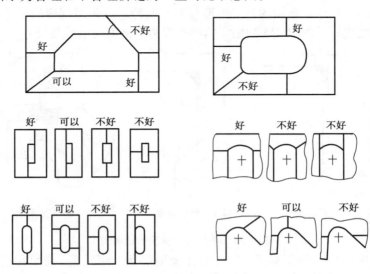

图 10.37　合理和不合理拼块示意图

2）镶拼块的固定方式

为了合理而可靠地固定凸、凹模的镶拼块，必须根据实际需要选择固定方式。镶拼块的固定方式常用的有以下几种：

①嵌入凹槽固定式：将凸模或凹模的镶拼块嵌入有同等宽度凹槽（图10.36中的 b 或 B）的各自模座（或固定板）内，每块用螺钉、销钉固定。

②平面固定式：各镶拼块按模具形状的要求直接并列在模座的一个平面上，然后每一块镶拼块都用螺钉销钉固定。

③侧向键或楔铁固定式：在各镶拼块拼合后的外侧用键或楔铁将各拼块挤紧固定。由于这种固定方式加工比较简单，承力情况相当好，因而在覆盖件镶拼模中应用最广，其固定方式如图10.38所示。

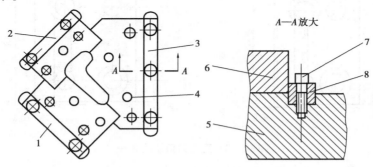

图 10.38　侧向键固定式

1、2、3、8—键；4—定位销；5—模座；6—凹模镶块；7—螺钉

④凸台型固定式：在模座上加工一个台阶，然后将镶块用销钉、螺钉固定在台阶上。这种模块既能承受垂直方向的力，又能承受侧向力。图10.39所示为弯曲模凹模镶块的凸台型固定方式。

3）镶拼块标准结构

汽车冷冲模标准中有一些镶块标准，主要用于冲裁、切边和弯曲模，设计时可查其标准型式和尺寸。图10.40是其直线刃口镶块标准结构之一。

4）实例

汽车前轮护板整形切口冲孔模，如图10.41所示，采用的是镶拼结构。

该模具之凹模由8个镶拼块拼合组成，完成整形、两头切口、冲长孔、冲6个 $\phi11.2$ 小孔及冲两个 $\phi86$ 大孔。显然，如果做成整体式凹模，其加工精度和加工难

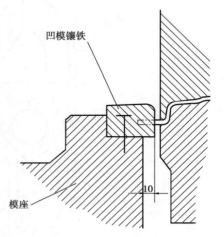

图 10.39　凸台型固定式

度将更大，调整和修磨将更麻烦。所以，在汽车覆盖件冲模中既有整体式大型工作零件，也有镶拼式结构的工作零件，它们各有用途。

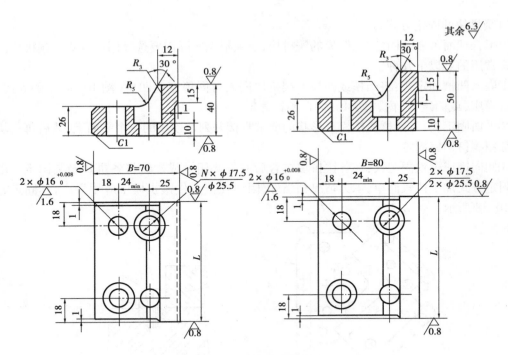

图 10.40 直线刃口镶块之一

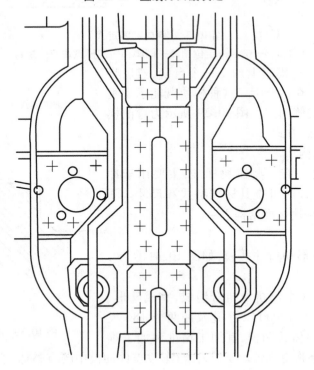

图 10.41 前轮护板整形切口冲孔模

10.3.2 车窗玻璃升降器外壳冲压模具设计

汽车玻璃升降器在车辆的运营中属于常用件,使用频次较高,用户对该件的关注程度也很高,为此生产出既满足数量又满足使用要求的较高质量的零件尤为重要。

(1)升降器外壳说明

汽车车门上的玻璃升降是由升降器操纵的,主要作用就是保证车门玻璃能够顺畅升降。升降器部件装配如图 10.42 所示。

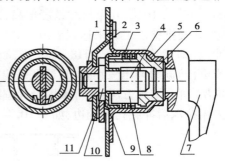

升降器的传动机构装在外壳内,通过外壳凸缘上均布的三个 $\phi3.2$ mm 的小孔铆接在车门内板上。传动轴 6 以 IT11 级的间隙配合装在外壳件右端 $\phi16.5$ mm 的承托部位,通过制动扭簧 3、联动片 9 及心轴 4 与小齿轮 11 连接。摇动手柄 7 时,传动轴将动力传递给小齿轮,继而带动大齿轮 12,推动车门玻璃升降。

图 10.42 玻璃升降装配简图
1—轴套;2—座板;3—制动扭簧;
4—心轴;5—外壳;6—传动轴;
7—手柄;8—联动片;9—挡圈;
10—小齿轮;11—大齿轮

本冲压件为其中的零件 5,如图 10.43 所示。它采用 1.5 mm 厚的钢板冲压而成,保证了足够的刚度和强度。外壳内腔主要配合尺寸 $\phi16.5^{+0.12}$ mm,$\phi22.3^{+0.14}$ mm,$16^{+0.2}$ mm 为 IT11 ~ IT12 级。外壳与座板铆装固定后,为保证外壳承托部位 $\phi16.5$ mm 与轴套同轴,三个小孔 $\phi3.2$ mm 与 $\phi16.5$ mm 的相互位置要准确,小孔中心圆直径 $\phi42 \pm 0.1$ mm 为 IT10 级。

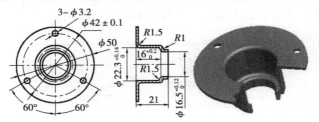

图 10.43 玻璃升降器外壳

(2)工件冲压工艺性及方案确定

根据冲压件零件图并结合可供选用的冲压设备规格以及模具制造条件、生产批量,对冲压件的形状特点、尺寸大小、精度要求、原材料尺寸规格和力学性能等因素进行分析。首先,判断该产品需要哪几道工序,各道工序间半成品的形状尺寸由哪几道工序完成;然后逐个分析各道工序,裁定该冲压件加工的难易程度,确定是否需要采取特殊工艺措施。工艺分析是要判断产品在技术上能否保质、保量地稳定生产,在经济上是否有效益。

工艺方案的确定是在冲压件工艺分析之后进行的重要设计环节。本环节需要作以下几步:①列出冲压所需的全部单工序;②对于所列的各道加工工序,根据其变形性质、质量要求、操作方便等因素,对工序的先后顺序作出初步安排;③经过工序的顺序安排和组合,形成多种工艺方案,从产品质量、生产效率、设备占用情况、模具制造的难易程度和寿命高低、生产成本、操作方便与安全程度等方面进行综合分析、比较,确立最佳工艺方案。

1)冲压工艺性分析

根据零件的技术要求进行冲压工艺性分析,可以认为:该零件形状属旋转体,是一般的带凸缘圆筒件,且 $d_凸/d$,h/d 都比较合适,拉深工艺性较好。只是圆角半径偏小些,$\phi22.3^{+0.14}$,$\phi16.5^{+0.12}$,$16^{+0.2}$ 几个尺寸精度偏高,这可在拉深时采取较高的模具制造精度和较小的模具间隙,并安排整形工序来达到。由于 $\phi3.2$ 小孔中心距要求较高精度,按照规定,需要采用精密冲裁(即尺寸精度可达 IT8 ~ IT9 级,断面粗糙度 Ra 值为 $1.6 ~ 0.4$ μm,断面垂直度可达89°30′或更佳)同时冲出三小孔,且冲孔是应以 $\phi22.3$ mm 内孔定位。该零件底部 $\phi16.5$ mm 区段的成型,可有三种方法:①可采用阶梯拉深后车去底部;②可以采用阶梯拉深后冲去底部;③可以采用拉深后冲底孔再翻边,如图 10.44 所示。

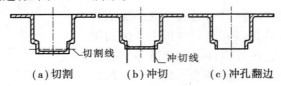

（a）切割　　（b）冲切　　（c）冲孔翻边

图 10.44　零件底部成型方法

在这三种方法中,第一种车底,质量高但生产率低且浪费材料,由于该零件底部要求不高,故不宜采用;第二种冲底,要求零件底部的圆角半径压成接近清角($R≈0$),这就需要增加一道整形工序且质量不易保证;第三种采用翻边,生产效率高且省料,翻边端部虽不如以上的好,但该零件高度 21 mm 为未注公差尺寸,翻边完全可以保证要求,所以采用第三种方案是较合理的。

2)计算毛坯尺寸

计算毛坯尺寸须先确定翻边前的半成品尺寸,以及确定翻边前是否需拉成阶梯零件,这要核算翻边的变形高度。翻边前的半成品形状尺寸如图 10.45 所示。

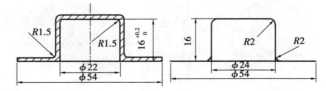

图 10.45　翻边前半成品形状和尺寸

3)计算拉深次数

$d'_凸/d = 54/23.8 = 2.3 > 1.4$,属宽凸缘筒形件。

有凸缘件第一次拉深的最大相对高度 $h_1/d_1 = 0.45$,而 $h/d = 16/23.8 = 0.67 > 0.45$,故一次拉深不行。当 $d'_凸/D = 54/65 = 0.83$,$t × 100/D = 2.3$ 时,$m_1 = 0.44$,所以 $d_1 = m_1 × D = 0.44 × 65 = 28.6$ mm,$d_2/d_1 = 23.8 ÷ 28.6 = 0.83$。

$[m_2] = 0.75 < m_2 = 0.83$,故两次拉深可以成功。

但考虑到二次拉深时均采用极限拉深系数,故需保证较好的拉深条件而选用大的圆角半径,这对该零件材料厚度 $t = 1.5$ mm、零件直径又较小时是难以做到的,况且零件所要达到的圆角半径($R = 1.5$ mm)又偏小,这就需要在二次拉深工序后增加整形工序。

在这种情况下,可采用三次拉深工序,以减小各次拉深工序的变形程度,而选用较小的圆角半径,从而在可能不增加模具套数的情况下,既能保证零件质量,又可稳定生产。零件总的

拉深系数 $d/D = 23.8/65 = 0.366$，调整后的三次拉深工序系数为：$m_1 = 0.55$，$m_2 = 0.80$，$m_3 = 0.832$，$m_1 \times m_2 \times m_3 = 0.55 \times 0.80 \times 0.832 = 0.366$。

4）确定工序的合并与工序顺序

由于本零件冲压成型需多道工序完成，合理的成型工艺方案十分重要。考虑到生产批量为中批生产，应在生产各个零件的基础上尽量提高生产效率、降低成本。要提高生产效率应该尽量复合工序，但复合程度太高，模具结构复杂，安装、调试困难，模具成本高，同时可能降低模具强度、缩短模具寿命。因此，当工序较多、不易立即确定工艺方案时，最好先确定零件的基本工序，然后将这个基本工序作各种可能的组合并排出顺序，以得出不同工艺方案，再根据各种因素进行分析比较从而找出适合于具体生产条件的最佳方案。对于本零件，需包括的工序有：落料，首次拉深，二次拉深，三次拉深，冲 $\phi 11$ 孔，翻边，冲三个 $\phi 3.2$ 孔，切边。根据以上基本工序，可以拟出以下方案：落料与首次拉深复合，二次拉深，三次拉深，冲 $\phi 11$ 底孔，翻边，冲三个 $\phi 3.2$ 孔，切边。此工序复合程度低，生产效率低。不过，单工序模具简单制造费用低，该方案在中小批生产中是合理的。本方案在第三次拉深和翻边工序中，于冲压行程临近终了时，模具可对工件产生刚性冲击而起整形作用，故无需另加整形工序。

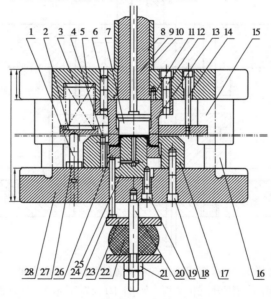

图 10.46　弹性卸料装置落料拉深复合模

1—螺栓销；2—卸料板；3—上模座；4—挡料销；5—弹簧；6—柱销；7—推件块；
8—模柄；9—推杆；10—模柄套；11—柱销；12—螺钉；13—凸凹模；14—卸料螺钉；
15—导套；16—导柱；17—凹模；18、19—螺钉；20—带螺纹推杆；21—螺母；22—橡胶；
23—支撑板；24—推销；25—凸模；26—压边圈；27—螺母；28—下模座

5）主要工艺参数的计算

各道工艺参数的计算，包括毛坯直径、拉深系数、各工序的圆角半径、冲裁力等的计算。这些参数的计算有的可以计算得比较准确，如零件排样的材料利用率、工件面积等；有的只能是近似计算，只能根据经验公式或图表进行粗略计算。

(3)模具设计

选定冲模类型及结构形式,需根据工艺方案和零件的形状特点、精度要求、所选设备的主要技术参数、模具制造条件等。在此介绍第一次工序所用的落料和首次拉深复合模的设计要点。

只有当拉深件高度较高时,才有可能采用落料、拉深复合模,因为浅拉深件若采用复合模,其落料凸模(同时也作拉深凹模)的壁厚较薄,强度不足。本零件的凸凹模壁厚 $b = (65 - 37.25)/2 = 13.87$ mm,能保证足够的强度,故采用复合模是合理的。

图 10.46 所示的是弹性卸料装置的落料拉深复合模的典型结构。该结构落料采用正装式,拉深采用倒装式。模座下的缓冲器兼作压边与顶件装置,另设有弹性卸料和刚性推件装置。该结构的优点是操作方便,出件畅通无阻,生产效率高。缺点是弹性卸料装置使模具的结构较复杂与庞大,特别是拉深深度较大,料厚、卸料力较大的情况下需要较多较长的弹簧,使模具结构过分地庞大。所以,该模具适用于拉深深度不太大、材料较薄的情况。

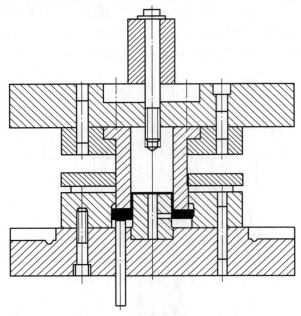

图 10.47 采用刚性卸料装置的落料拉深复合模

为了简化上模部分,可采用刚性卸料板(如图 10.47 所示),但其缺点是拉深件留在刚性卸料板内,不易出件,会带来操作上的不便并影响生产效率。这种结构适用于拉深深度较大、材料较厚的情况。对于该零件,由于拉深深度不算大,材料也不厚,因此采用弹性卸料较合适。考虑到装模方便,模具采用后侧布置的导柱导套模架。

任务 10.4 技能训练

10.4.1 课程实验

(1)课程实验目的要求

实验是本项目教学环节之一。通过课程实验,读者可以亲眼看到有关冲压工艺过程与被冲材料的变形情况,可以自己动手操作设备、接触模具,从而对课程教学内容有一种深入的体会和理解。更重要的是,学生通过课程实验能熟悉有关实验设备和仪器,掌握冲压加工中工艺参数测定原理和方法,提高模具拆装和设备操作的实际能力,进而对科学研究能力有一种初步的培养。

因此,课程实验与课堂教学具有相同的目的——学知识、学方法、增加兴趣、培养能力、提高素质,它们都是不可缺少的教学实践活动。

实验后要认真完成实验报告。

(2)实验:冲模拆装

1)实验原理

每一副模具都是由一些零部件构成的有机整体,也是一种机械结构。因此,冲模结构可以用机械制图中的一些方法进行描绘。

①轴测分解图法。图 10.48 所示为一简单落料模的轴测分解图,其落料件为一带小圆角的方形板料件。

由图可知该模具由十多种零件组成,并已分出上模和下模两大部分。

②装配图法。装配图是按照模具工作状态位置绘制的一种结构图。因此,比较容易从模具的上、下两部分认识模具构成。

③零件图法。一张零件图表示一个零件,一个零件至少有一种功能。因此,模具结构可以按零件功用(工艺结构部分预辅助结构部分)加以分解和认识。

2)实验目的

按照模具完成冲压工序的数量及其组合程度,通常把冲模分简单模(单工序模)、连续模(级进模)和复合模三种。

通过对具体的三副模具的拆开、观察、认识、还原的冲模拆装实验的全过程,学生可了解冲模的一般组成,各部分零件的名称及作用,完成冲压工序的动作过程与方式等,并体会三种模具的特点。

3)实验用工模具

①模具:简单模、连续模及复合模各一副。

②工具:钳工台(桌)、活动扳手、内六

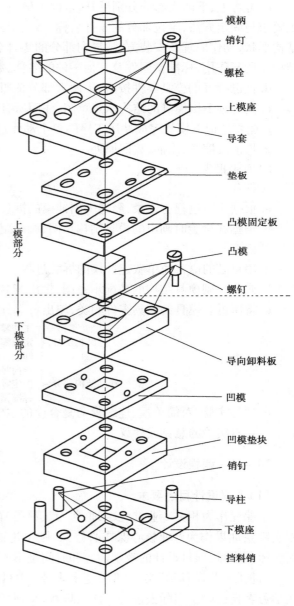

图 10.48　落料模轴测分解图

角扳手、螺钉旋具、榔头等。

4）实验方法及步骤

①方法：对三副模具逐一完成其拆装实验。

②步骤：

a.将模具按上、下两大部分拆开，观察。

b.了解模具中可见部分零件的名称、作用，初步掌握该模具所完成的冲压工序的名称、数量、顺序及其坯料与工件的大致形状。

c.再将上、下两大部分分别拆开，依次了解：模具工作部分即凸、凹模的整个结构形状、加工要求与固定方法，定位部分的零件名称、结构形式及定位特点，卸料、压料部分的零件名称、结构形状、动作原理及安装方式，导向部分的零件名称、结构形式与加工要求，固定零件名称、结构及所起作用，标准紧固件及其他零件的名称、数量和作用。

d.把已拆开的模具零件按上、下两大部分依照一定的顺序还原。

e.同时画下该模具的结构示意草图，注明所有零件的名称、数量等。

f.扼要地记下模具完成冲压工序的整个动作过程及方式。

g.将模具擦净、涂油，放回原处。

5）实验报告

①任务

a.根据实验过程与记录，简述一副冲模的拆装过程。

b.根据在试验时画出的模具结构草图，画一副模具结构的装配示意图。

②内容

a.用自己的语言简单叙述冲模的拆装过程。

b.画出一副模具结构的装配示意图，标出其名称与编号。

c.将所拆装模具的模具零件归类，填出各部分零件名称。

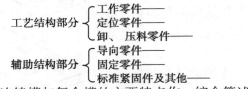

d.通过实验，对简单模、连续模与复合模的主要特点作一综合简述。

e.对本实验的意见或建议。

10.4.2 课程设计

（1）课程设计目的要求

本课程作为相关专业的（文、理、医及工科类）的公共、选修课，可以不做课程设计（包括课程实验）；如果作为专业核心课或必修课，则不论课堂教学时数安排多少，也不论所学内容如何选择或增减，项目设计的教学内容和时间是不能少的。

"冲压工艺模具学"与"注射工艺模具学"项目设计是本课程各教学环节中重要的一环，它让学习者自己联系实际去进一步深入理解、掌握所学到的理论知识。与课堂教学具有相同的宗旨，是一次综合性实践和锻炼的教学活动。一般是专门集中两周以上的时间进行。因此，设计者必须十分认真地对待和完成它。

由于课时数有限,且项目 3 已给出部分"注射工艺模具学"项目设计的内容,故将"冲压工艺模具学"项目设计作为本课程的课程设计内容。

（2）项目设计内容与步骤

1）内容与步骤

①读懂冲压件的产品图（即了解清楚设计题目要求）。

②分析该冲压件工艺过程设计的可能方案。

③确定该冲压件的工艺过程设计方案。

④具体计算和设计该方案中各工序的工艺参数。

⑤设计绘制出其中一道冲压工序所用的模具图。

a. 构思总图。

b. 画出装配图。

c. 完成模具零件明细表。

d. 画出模具零件图。

⑥全面检查工艺计算和模具图样。

⑦编写设计说明书。

2）设计要求

在课程设计开始之前,要作好必要的准备工作,包括思想认识和设计条件方面的准备工作。也可准备一些设计手册之类的工具书或参考资料,以便在设计过程中逐渐学习查阅资料。确定设计题目后,应复习在"冲压工艺模具学"课程中学过的相关内容。下面提出完成本课程设计任务的具体要求：

①设计说明书要全面反映设计思想、设计过程和结论性认识。其工艺设计要有文字、计算式、公式来源、参数选取的资料名称或序代号、图表（草图）。说明书用专用纸（16K）写成,约 20 页左右,并装订成本。

②正规图的画法、制图及设计全过程要执行"机械制图"、"公差与配合"及"冷冲模"等国家标准。图样应达到可生产实用的程度。

③对于模具零件图,要求一种模具零件用一张图纸且有标题栏,一般用 1∶1 的比例绘制。该零件的有关精度和技术要求要有合理的标注或说明。

④对于总装图,要求一律用 1 号图纸绘制。总装图上只标三个尺寸,即模具的闭合高度、总长、总宽。一般在总装图图样的右上角处画出该副模具之功用的工序图。总装图图样上还要写明技术要求,其技术要求标注举例如下（注意不同模具其技术要求不尽相同）：

a. 组成模具各零件的材料、尺寸及精度、形位公差、表面粗糙度及热处理等均应符合图样要求。

b. 上、下模座之上、下平面的平行度应达到_____级精度（规定的精度等级）。

c. 模柄轴心线对上模座上平面的垂直度公差,在全长范围内不大于_____ mm。

d. 导柱与下模座、导套与上模座、模柄与上模座的配合为_____,导柱与导套的配合为_____。

e. 模具的上模部分沿导柱上、下移动应平稳、无阻滞现象。

f. 凸、凹模之间的间隙应达到规定的要求、且四周的间隙应均匀一致。

g. 模具应在生产条件下试模,试模时冲裁毛刺高度不大于_____mm。

⑤模具零件明细表置于装配图右下角,与标题栏相连。明细表中各项内容(比如序号、名称、件数、材料、热处理要求等)必须与模具零件图及装配图上标的内容完全相同。

⑥图面要干净、整洁、美观,尤其总装图布局应合理,最好将其视为一艺术品来制作完成。

(3)课程设计参考题目

1)选题说明

这里所选择的"冲压工艺模具学"课程设计题目,都是来自生产实际中的冲压产品。其目的是为让设计者把所学过的理论知识能与实践很好地结合起来。为了减小初学者的设计难度,对其中某些冲压产品图的个别尺寸作了改动。

这些题目所用到的冲压加工基本工序,有分离(包括落料、冲孔、精冲等),也有成型(包括拉深、翻边、胀形、缩口、扩口、弯曲等);能设计的冲模结构型式则包括简单模、复合模和级进模。因此,总体看来,题目是比较典型的,内容是丰富的。当然,对于每个设计者来说,只能对其中一个冲压件进行工艺设计并画出一副模图。但只要设计者能积极、认真地完成这次实践和锻炼,就能为今后担任冲压工艺设计及模具设计打下良好的基础。

2)题目名称

①调节偏心轮(图10.49)。

②柴油机排气管法兰(图10.50)。

③差速器螺栓垫片(图10.51)。

④电器开关网芯(图10.52)。

⑤柴油机滤清器外壳(图10.53)。

⑥自行车中轴碗(图10.54)。

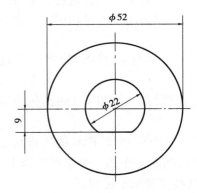

技术要求

1. 去除毛刺

2. 材料:Q235,t1.5

3. 大批量生产

图10.49 调节偏心轮

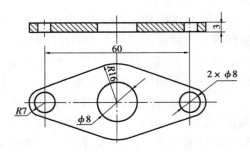

技术要求

1. 去毛刺

2. 材料:Q235,t3

3. 中批量生产

4. 表面涂漆

图10.50 柴油机排气管法兰

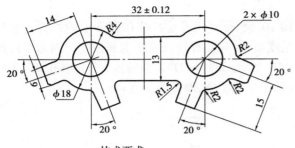

技术要求

1. 未注圆角 R1

2. 去毛刺

3. 材料：Q235，t1.0

4. 大批量生产

图 10.51 差速器螺栓垫片

技术要求

1. 断面平整、光洁

2. 材料：H62，t1.2

3. 小批量生产

图 10.52 电器开关网芯

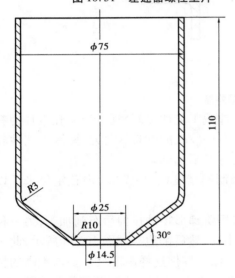

技术要求

1. 平面不平度允差 0.2 mm

2. 去除毛刺

3. 材料：08F，t1.5

4. 中批量生产

图 10.53 柴油机滤清器外壳

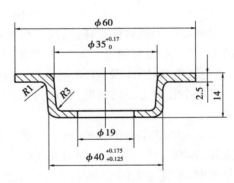

技术要求

1. 78HRA 以上

2. 滚道表面不得有麻点、裂纹等

3. 氧化处理

4. 材料：15钢，t2.5

5. 大批量生产

图 10.54 自行车中轴碗

(4) 课程设计举例

一种汽车玻璃升降器外壳零件，如图 10.55 所示。零件材料为 08 钢，料厚 1.5 mm，中批量生产。

下面以该零件为典型实例，介绍某厂在 20 世纪曾作出的冲压工艺过程设计的具体内容、步骤，以及模具结构设计的方法和结果。

1）读产品图并分析其冲压工艺性

该零件是汽车车门玻璃升降器的外壳，图 10.55 所示位置是其装在部件中的位置。从技术要求和使用条件来看，该零件具有较高的精度要求，并要有较高的刚度和强度。因为零件所标注的尺寸中，其 $\phi 22.3^{+0.14}_{0}$、$\phi 16.5^{+0.12}_{0}$ 及 $\phi 16^{+0.2}_{0}$ 为 IT11 ~ IT12 级精度，三个小孔 $\phi 3.2$ 的中心位置精度为 IT10；外形最大尺寸为 $\phi 50$；属于小型零件，厚度为 1.5 mm。

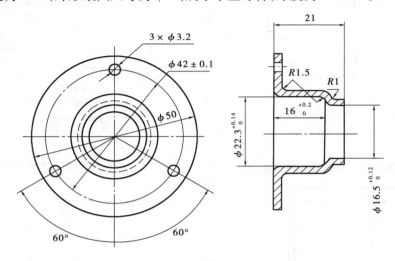

图 10.55　玻璃升降器外壳

因该零件为轴对称旋转体，故落料片肯定是圆形，冲裁工艺性很好，且三个小孔直径为料厚的两倍，一般没有问题。零件为带法兰边圆筒形件，且 d_f/d、h/d 都不太大、拉深工艺性较好；只是圆角半径 $R1$ 及 $R1.5$ 偏小，可安排一道整形工序最后达到。

三个小孔中心距的精度，可通过采用 IT6 ~ IT7 级制模精度及以 $\phi 22.3$ 内孔定位来予以保证。

底部 $\phi 16.5$ 部分的形成，能有三种方法：一种是采用阶梯形零件拉伸后车削加工；另一种是拉伸后冲切；再一种是拉伸后在底部先冲一预加工小孔，然后翻边。如图 10.56 所示，此三种方案中，车底方案的质量高，但生产效率低，且费料。像该零件这样高度尺寸要求不高的情况下，一般不宜采用车底。冲底的方案其效率比车底要高，但还存在一个问题就是要求其前道拉深工序的底部圆角半径接近清角，这又带一部分的高度和孔口端部质量要求不高，而 $\phi 16.5^{+0.12}_{0}$ 和 $R1$ 两个尺寸正好是用翻边可以保证的。所以，比较起来，采用第三种方案更为合理、合算。

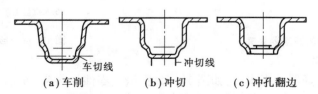

图 10.56　底部成型方案

因此，该零件的冲压生产要用到的冲压加工基本工序有：落料、拉伸（可能多次）、冲三小孔、冲底孔、翻边、切边和整形等。用这些工序组合可以提出多种不同的工艺方案。

2）分析计算确定工艺方案

①计算毛坯尺寸。计算毛坯尺寸需先确定翻边前的半成品尺寸和翻边前是否也需拉成阶梯零件,这就要核算翻边的变形程度。

$\phi16.5$ 处的高度尺寸为 $H = (21 - 16)\,\text{mm} = 5\,\text{mm}$。

根据翻边公式,翻边的高度 H 为 $H = d_1(1 - K)/2 + 0.43r_d + 0.72t$。

经变换后,有

$$K = 1 - 2(H - 0.43r_d - 0.72t)/d_1 = 1 - 2(5 - 0.43 \times 1 - 0.72 \times 1.5)/18 = 0.61$$

即翻边高度 $H = 5$ 时,翻边系数 $K = 0.61$。由此可知,其预加工小孔孔径 $d_0 = d_1 \times K = 18 \times 0.61\,\text{mm} = 11\,\text{mm}$。

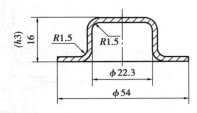

图 10.57　翻边前半成品件

由 $t/d_0 = 1.5/11 = 0.13$,当采用圆柱形凸模,预加工小孔为冲制时,其极限翻边系数 $K_{f,c} = 0.50 < K = 0.61$ 即一次能翻边出竖边 $H = 5$ 的高度。故翻边前,该外壳半成品可不为阶梯形,其翻边前的半成品形状和尺寸如图 10.57 所示。图中法兰边直径 $\phi54$ 是根据工件法兰边直径 $\phi50$、加上拉深时的修边余量取为 4 而确定的。于是,该零件的坯料直径 D_0 可按下式计算:

$$D_0 = \sqrt{d_f^2 + 4dh - 3.44Rd}\,(d\text{ 按中径尺寸计算})$$
$$= \sqrt{54^2 + 4 \times 23.8 \times 16 - 3.44 \times 2.25 \times 23.8}\,\text{mm} \approx 65\,\text{mm}$$

②计算拉深次数。

$D_f/d = 54/22.3 = 2.42$,$m_f = d/D_0 = 23.8/65 = 0.37$,$t/D_0 = 1.5 \times 100/65 = 2.3$,由此查表得其 $m_c = 0.38$。

因为 $m_f = 0.37 < m_c = 0.38$,所以一次拉深不行,需多次拉深。

若取 $m_1 = 0.45$,有 $d_1 = m_1 D_0 = 0.45 \times 65\,\text{mm} = 29\,\text{mm}$,则 $m_2 = d_2/d_1 = 22.3/29 = 0.77$。查表有 $m_2 = 0.75 < m_2 = 0.77$,故用两次拉深可以成功。

但考虑到第二次拉深时仍难以达到零件所要求的圆角半径 $R1.5$,故在第二次拉深后,还要有一道整形工序。在这种情况下,可考虑三次拉深,在第三次拉深中兼整形。这样,既不需增加模具数量,又可减少前两次拉深的变形程度,能保证稳定生产。于是,拉深系数可调整为: $m_1 = 0.56$,$m_2 = 0.81$,$m_3 = 0.81$,$m_1 \times m_2 \times m_3 = 0.56 \times 0.81 \times 0.81 = 0.37$。

③确定工艺方案。根据以上分析和计算可以进一步明确,该零件的冲压加工需包括以下基本工序:落料、首次拉深、二次拉深、三次拉深(兼整形)、冲 $\phi11$ 孔、翻边(兼整形)、冲三个 $\phi3.2$ 孔和切边。根据这些基本工序,可拟出如下五种工艺方案。

方案一:落料与首次拉深复合,其余按基本工序顺序。

方案二:落料与首次拉深复合(见图 10.58(a)),冲 $\phi11$ 底孔与翻边复合(见图 10.59(a)),冲三个小孔 $\phi3.2$ 与切边复合(见图 10.59(b)),其余按基本工序顺序。

方案三:落料与首次拉深复合,冲 $\phi11$ 底孔与冲三小孔 $\phi3.2$ 复合(见图 10.60(a)),翻边与切边复合(见图 10.60(b)),其余按基本工序顺序。

方案四:落料、首次拉深与冲 $\phi11$ 底孔复合(见图 10.61),其余按基本工序顺序。

方案五:采用带料连续拉深或在多工位自动压力机上冲压。

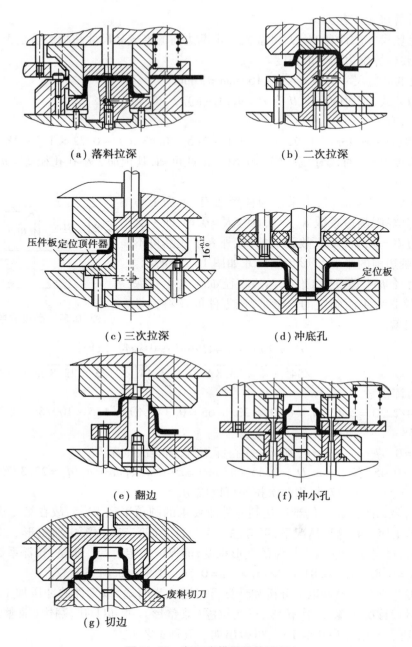

(a) 落料拉深　　　　　　　　　　　　(b) 二次拉深

(c) 三次拉深　　　　　　　　　　　　(d) 冲底孔

(e) 翻边　　　　　　　　　　　　　　(f) 冲小孔

(g) 切边

图 10.58　各工序模具结构原理

分析比较上述五种工艺方案,可以看到:

方案二中冲 $\phi 11$ 孔与翻边复合,由于模壁厚度较小($a = (16.5 - 11)/2 = 2.75$ mm),小于式(10.20)中要求的最小壁厚(3 mm),模具容易损坏。冲三个 $\phi 3.2$ 小孔与切边复合,也存在模壁太薄的问题 $a = (54 - 42 - 3.2)/2 = 2.4$ mm,模具也容易损坏。

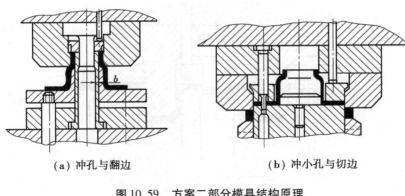

（a）冲孔与翻边　　　　　　　　　　　（b）冲小孔与切边

图 10.59　方案二部分模具结构原理

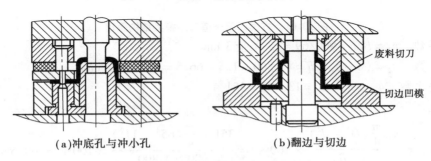

（a）冲底孔与冲小孔　　　　　　　　　（b）翻边与切边

图 10.60　方案三部分模具结构原理

方案三虽然解决了上述模壁太薄的矛盾,但冲 $\phi11$ 底孔,以及冲 $\phi3.2$ 小孔复合与切边复合时,它们的刃口都不在同一平面上,而且磨损快慢也不一样,这会给修模带来不便,修模后要保持相对位置也有困难。

方案四中落料、首次拉深与冲 $\phi11$ 底孔复合,冲孔凹模与拉深凸模做成一体,也给修模造成困难。特别是冲底孔后再经二次和三次拉深,孔径一旦变化,将会影响到翻边的高度尺寸和翻边口缘质量。

方案五采用带料连续拉深或多工位自动压力机冲压,可获得高生产率,而且操作安全,也避免了上述方案的缺点,但这一方案需要专用压力机或自动送料装置,而且模具结构复杂,制造周期长,生产成本高,因此只有在大量生产中才较适宜。

方案一没有上述的缺点,但其工序复合程度较低,生产率较低。不过单工序模具结构简单,制造费用低,对中小批量生产是合理的,因此决定采用第一方案。本方案在第三次拉深和翻边工序中,可以调整冲床滑块行程,使之于行程临近终了时,模具可对工件起到整形作用（见图 10.58（c）（e））,故无需单作整形工序。

3）主要工艺参数的计算

①确定排样、裁板方案。这里毛坯直径 $\phi65$ 不算太小,考虑到操作方便,排样采用单排,取其搭边数值:条料两边 $a=2$ mm、进距方向 $a_1=1.5$ mm。于是有:

进距　$h=D+a_1=(65+1.5)\,\mathrm{mm}=66.5\,\mathrm{mm}$

条料宽度　$b=D+2a=(65+2\times2)\,\mathrm{mm}=69\,\mathrm{mm}$

板料规格拟选用 $1.5\times900\times1\,800$ 钢板,若用纵裁:

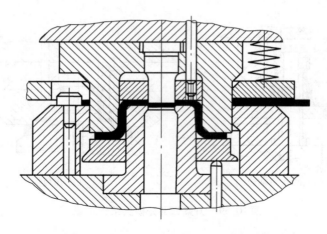

图 10.61　方案四第一道工序模具结构原理

裁板条数　$n_1 = B/b = 900/69 = 13$ 条余 3 mm

每条个数　$n_2 = (A - a_1)/h = (1\,800 - 1.5)/66.5 = 27$ 个余 3 mm

每板总个数　$n_\text{总} = n_1 \times n_2 = 13 \times 27 = 351$ 个

材料利用率

$$\eta_\text{总} = \frac{n_\text{总} \dfrac{\pi}{4}(D^2 - d^2)}{A \cdot B} \times 100\% = \frac{351 \times \dfrac{\pi}{4}(65^2 - 11^2)}{900 \times 1\,800} \times 100\% = 69.5\%$$

若横裁：条数　$n_1 = A/b = 1\,800/69 = 26$ 条余 6 mm

每条个数　$n_2 = (B - a_1)/h = (900 - 1.5)/66.5 = 13$ 个余 34 mm

每板总个数　$n_\text{总} = n_1 n_2 = 26 \times 13 = 338$ 个

材料利用率 $\eta_\text{总} = \dfrac{338 \times \dfrac{\pi}{4}(65^2 - 11^2)}{900 \times 1\,800} \times 100\% = 66.5\%$

由此可见，纵裁有较高的材料利用率，且该零件没有纤维方向的考虑，故决定采用纵裁。

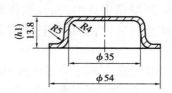

图 10.62　首次拉深件

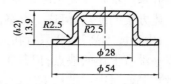

图 10.63　第二次拉深件

计算零件的净重 G 及材料消耗定额 G_0：

$$G = Ft\rho = \pi[65^2 - 11^2 - 3 \times 3.2^2 - (54^2 - 50^2)] \times 10^{-2} \times 1.5 \times 10^{-1} \times 7.85/4 \approx 33 \text{ g}$$

式中的 ρ 为密度，低碳钢取 $\rho = 7.85$ g/cm^3；[ ]内第一项为毛坯面积，第二项为底孔废料面积，第三项为三个小孔面积，第四项即( )内为切边废料面积。

$$G_0 = ABt\rho/351 = (900 \times 1\,800 \times 1.5 \times 10^{-3} \times 7.85)/351 = 54 \text{ g} = 0.054 \text{ kg}$$

②确定各中间工序尺寸。

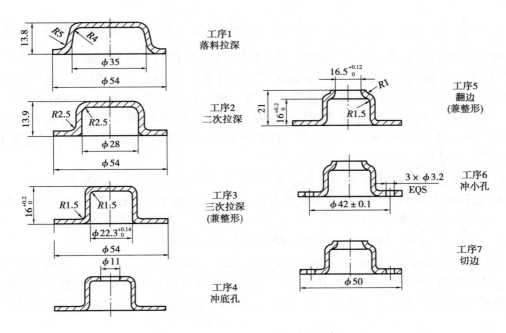

图 10.64 外壳冲压工序图

a. 首次拉深。

首次拉深直径：$d_1 = m_1 D_0 = 0.56 \times 65$ mm $= 36.5$ mm（中径）

首次拉深时，凹模圆角半径查表应取 5.5 mm。由于增加了一次拉深工序，使各次拉深工序的变形程度有所减小，故允许选用更小的圆角半径，这里取 $r_{d1} = 5$ mm，而冲头圆角半径 $r_{p1} = 0.8 \times r_{d1} = 4$ mm。

首次拉深高度按实际生产取 $h_1 = 13.8$ mm，见图 10.62 所示。

b. 二次拉深。

$d_2 = m_2 d_1 = 0.805 \times 36.5$ mm $= 29.5$ mm（中径）

取 $r_{d2} = r_{p2} = 2.5$ mm，按面积相等近似计算，可得 $h_2 = 14$ mm。而生产实际中取 $h_2 = 13.9$ mm，参见图 10.63。

c. 三次拉深（兼整形）。

$d_3 = m_3 d_2 = 0.81 \times 29.5$ mm $= 23.8$ mm，取 $r_{d3} = r_{p3} = 1.5$ mm，达到零件要求，因该道工序兼有整形作用，故这样设计是合理的。

$h_3 = 13.9$ mm，见图 10.64。

d. 其余各中间工序均按零件要求尺寸而定，详见图 10.64。

③计算工序力，选设备。

a. 落料拉深工序。

落料力计算：$P_冲 = 0.8 \pi D t \sigma_b = 0.8 \times 3.14 \times 65 \times 1.5 \times 400$ N $= 97\,968$ N

卸料力计算：$P_卸 = K_卸 P_冲 = 0.03 \times 97\,968$ N $= 2\,940$ N

拉深力计算：$P_拉 = \pi d_1 t \sigma_b K_1 = 3.14 \times 36.5 \times 1.5 \times 400 \times 0.75$ N $= 50\,200$ N

压边力按照防皱最低压边力公式：

$$Q = \frac{\pi}{4}\left[D_0^2 - (d_1 + 2r_{d1})^2 \right]q = \frac{\pi}{4}\left[65^2 - (36.5 + 2 \times 5.75)^2 \right] \times 2.5 \text{ N} = 3\ 772 \text{ N}$$

对于这种落料拉深复合工序,选择设备吨位时,既不能把以上四个力加起来(再乘个系数值)作为设备的吨位,也不能仅按落料力或拉深力(再乘个系数)作为设备吨位,而应该根据压力机说明书所给出的允许工作负荷曲线作出判断和选择。经查,该复合工序的工艺力可在160 kN 压力机上得到。但现场条件只有 250 kN、350 kN、630 kN 和 800 kN 压机,故选用250 kN压机(工厂实际选用350 kN压机。因250 kN压机任务较多,而350 kN压机任务少)。

　　b. 第二次拉深工序。

拉深力计算:$P_{拉} = \pi d_2 t\sigma_b K_2 = 3.14 \times 29.5 \times 1.5 \times 400 \times 0.52 \text{ N} = 28\ 900 \text{ N}$

显然,拉深力很小,可选 63 kN 开式压力机。但根据现场条件,只好选用 250 kN 压力机。

　　c. 第三次拉深兼整形工序。

$P_{拉} = \pi d_3 t\sigma_b K_2 = 3.14 \times 23.8 \times 1.5 \times 400 \times 0.52 \text{ N} = 23\ 316 \text{ N}$

其整形力计算:$P_{整} = Fq = \pi\left[(54^2 - 25.3^2) + (22.3 - 2 \times 1.5)^2 \right] \times 100/4 = 207\ 500 \text{ N}$

对于这种复合工序,由于整形力是在最后且为临近下死点位置时发生,符合压力机的工作负荷曲线,故可按整形力大小选择压机,即可选 250 kN 压力机(工厂实际上安排在 630 kN 压机上)。

　　d. 冲 ϕ11 孔工序。

冲孔力:$P_{冲} = 0.8\pi dt\sigma_b = 0.8 \times 3.14 \times 11 \times 1.5 \times 400 \text{ N} = 16\ 580 \text{ N}$

显然,只要选 63 kN 压力机即可,但根据条件只好选 250 kN 压力机。

　　e. 翻边兼整形工序。

翻边力计算:$P_{翻} = 1.1\pi t(d_1 - d_0) = 1.1 \times 3.14 \times 1.5 \times 400 \times (18 - 11) \text{ N} = 14\ 510 \text{ N}$

整形力计算:$P_{整} = Fq = \pi(22.3^2 - 16.5^2) \times 100/4 = 17\ 750 \text{ N}$

同上道理,按整形力选择设备也只需 63 kN 压机,这里选用 250 kN 压力机。

　　f. 冲三个 ϕ3.2 孔工序。

$P_{冲} = 3 \times 0.8\pi dt\sigma_b = 3 \times 0.8 \times 3.14 \times 3.2 \times 1.5 \times 400 \text{ N} = 14\ 470 \text{ N}$

因此选 250 kN 压力机。

　　g. 切边工序。

$P_{冲} = 0.8\pi Dt\sigma_b = 0.8 \times 3.14 \times 50 \times 1.5 \times 400 \text{ N} = 75\ 360 \text{ N}$

所需切断废料压力:$P'_{冲} = 2 \times 0.8 \times (54 - 50) \times 1.5 \times 400 \text{ N} = 3\ 840 \text{ N}$

故总切边力:$P = P_{冲} + P'_{冲} = (75\ 360 + 3\ 840) \text{ N} = 79\ 200 \text{ N}$

因此选用 250 kN 压力机(工厂安排 350 kN 压机)。

4)模具结构设计

根据确定的工艺方案和零件的形状特点、精度要求,以及所选设备的主要技术参数、模具制造条件等,选定其冲模的类型及结构形式。下面仅介绍第一工序的落料拉深复合模的设计。其他各工序所用模具的设计从略。

①模具结构型式选择。

采用落料拉深复合模,首先要考虑落料凸模(兼拉深凹模)的壁厚是否过薄。本例凸凹模壁厚 $b = (65 - 38)/2 = 13.5$ mm,能保证足够强度,故可采用复合模。

　　落料拉深复合模常采用图 10.58(a)所示的典型结构,即落料采用正装式,拉深采用倒装式。模座下的缓冲器兼作压边与预计,另设有弹性卸料和刚性推件装置。这种结构的优点是操作方便,出件畅通无阻,生产率高;缺点是弹簧卸料装置使模具结构较复杂,特别是拉深深度大、材料较厚卸料力大的情况,更需要较多、较长的弹簧,使模具结构更复杂。

　　对于本例,由于拉深深度不算大、材料也不厚,因此采用弹性卸料较合适。

　　考虑到装模方便,模具采用后侧布置的导柱导套模架。

　　②模具工作部分尺寸计算。

　　a. 落料。圆形凸模和凹模可采用分工加工。所落下的料按未注公差的自由尺寸和 IT14 级取极限偏差,故落料件的尺寸取为 $\phi 65_{-0.74}^{0}$。于是,凸凹模直径尺寸为:

$$D_d = (D - X\Delta)_0^{+\delta_d} = (65 - 0.5 \times 0.74)_0^{+0.03} \text{ mm} = 64.63_0^{+0.03} \text{ mm}$$

$$D_p = (D - X\Delta - 2C_{\min})_{-\delta_p}^0 = (65 - 0.5 \times 0.74 - 0.132)_{-0.02}^0 \text{mm} = 64.5_{-0.02}^0 \text{mm}$$

式中,X 按工序精度为 IT14 级而选定 $X = 0.5$;δ_d、δ_p 按制造精度 IT6 ~ IT7 而选定;$C_{\min}$ 查表取 0.12。再按 $|\delta_d| + |\delta_p| = 0.03 + 0.02 < 2C_{\max} - 2C_{\min} = 0.108$,核验上述计算是恰当的。

　　落料凹模外形尺寸的确定:取凹模壁厚为 30 ~ 40 mm,调整到符合标准,即凹模外径设计为 $\phi 140$ mm,凹模高度(厚度)调整至 53 mm。落料冲头长度调整为 65 mm。

　　b. 拉深。

　　首次拉深件按未注公差的极限偏差考虑,因零件是标注内形尺寸,故拉深件的内径尺寸取为 $\phi 35_0^{+0.02}$。

$$D_p = (d + 0.4\Delta)_{-\delta_p}^0 = (35 + 0.4 \times 0.62)_{-0.06}^0 = 35.25_{-0.06}^0$$

$$D_d = (d + 0.4\Delta + 2C)_0^{+\delta_d} = (35 + 0.4 \times 0.62 + 2 \times 1.8)_0^{+0.09} = 38.85_0^{+0.09}$$

式中,δ_p、δ_d 按 IT9、IT10 级精度选取;C 取 $1.2t$。

　　③选用标准模架,确定闭合高度及总体尺寸。

　　a. 由凹模外形尺寸 $\phi 140$ 选后侧滑动导柱导套模架,再按其标准选择具体结构尺寸。

上模板:$160 \times 160 \times 40$　　HT250(按 GB/T 2581.6—1990)

下模板:$160 \times 160 \times 45$　　ZG450

导　柱:28×170　　　　　 20 钢　　渗碳 58 ~ 62HRC

导　套:$28 \times 100 \times 38$　　 20 钢　　渗碳 58 ~ 62HRC

压入式模柄:$\phi 50 \times 70$　　 Q235

模具闭合高度:最大 220 mm,最小 180 mm

该副模具没有漏料问题,故不必考虑漏料孔尺寸。

　　b. 模具的实际闭合高度,一般为:

$H_{模}$ = 上模板厚度 + 垫板厚度 + 冲头长度 + 凹模厚度 + 凹模垫块厚度 + 下模板厚度 - 冲头进入凹模深度

　　该副模具因上模部分未用垫板、下模部分未用凹模垫块(经计算,模板上所受到的压应力小于模座材料所允许的压应力,故允许这种设计);如果冲头(这里具体指凸凹模)的长度设计为 65 mm,凹模(落料凹模)厚度设计为 53 mm,则该模具的实际闭合高度为:

$$H_{模} = [40 + 65 + 53 + 45 - (1 + 13.8 - 1.5)] \text{mm} = 189.7 \text{ mm} \approx 190 \text{ mm}$$

查开式压力机规格知,250 kN 压力机最大闭合高度为:固定台和可倾式最大闭合高度为250 mm(封闭高度调节量 70 mm),活动台式最大为 360 mm、最小为 180 mm。故实际设计的模具闭合高度 190 mm 满足要求,故闭合高度设计合理。

c. 由于该零件落料、拉深均为轴对称形状,故不必进行压力中心的计算。

d. 确定该模具装配图的三个外形尺寸:长为 254 mm、宽为 240 mm(按 GB/T 2855.6—1990)、闭合高度选为 190 mm,参见图 10.65、图 10.66。然后,便可对工作零件、标准零件及其他零件进行具体结构设计。当然,如果在具体结构设计中涉及上述三个总体尺寸需要调整,也属于冲模结构设计中的正常过程。

④模具零件的结构设计(在主要工艺设计及模具总体设计之后进行)。

a. 落料凹模(图 10.67):设计内、外形尺寸和厚度(已定);需有三个以上螺纹孔,以便于下模板固定;要有两个与下模板同时加工的销钉孔;有一个挡料销用的销孔;标注尺寸精度、形位公差及粗糙度。

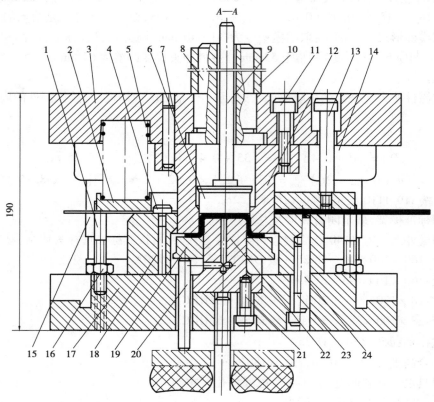

图 10.65　落料拉深复合模 1

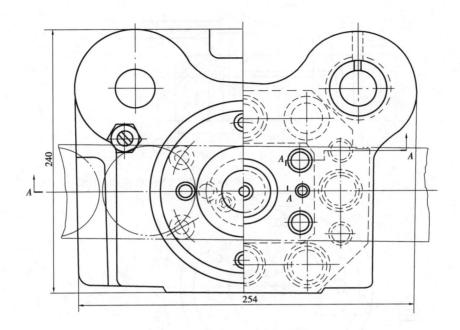

图 10.66　落料拉深复合模 2

　　b. 拉深凸模(图 10.68):设计外形尺寸(工作尺寸已定);一般有出气孔(工厂实取 $\phi 4$);需有三个以上螺纹孔与下模座固定(工厂实际用两个螺钉紧固,其设计不很合理);标注尺寸精度,形位公差及表面粗糙度。

　　c. 凸凹模(图 10.67):设计内、外形尺寸(工作部分尺寸已定);需有三个以上螺纹孔,以便与上模座固定;要有两个与上模座同时配作的销钉孔;标注尺寸精度、形位公差及粗糙度。

　　d. 弹性卸料板(图 10.67):内形与凸凹模(或凸模)间隙配合,外形视弹簧或橡皮的数量、大小而定。弹性卸料板需要有三个以上螺纹孔与卸料螺钉配合;如不是橡皮而是用弹簧卸料时,需加工出坐稳弹簧的沉孔;厚度一般为 10 mm;如模具用挡料销挡料定位,注意留空挡料钉头部位置。

　　e. 顶料板(该模具兼作压边圈)(图 10.68):内形与拉深冲头间隙配合,外形受落料凹模内孔限制;一般与顶料杆(三根以上)、橡皮等构成弹性顶料系统;顶料杆长度 = 下模板厚 + 落料凹模厚 − 顶料板厚。

　　f. 打料块:前部外形与拉深凹模间隙配合且后部必须更大;一般与打料杆联合使用,靠两者的自重把工件打出来;打料杆的长度 = 模柄总高 + 凸凹模高 − 打块厚。

　　g. 其他零部件:根据具体结构进行设计,内容从略。

　　⑤设计结果。

　　由以上设计计算并经绘图设计,该外壳零件的落料拉深模装配图如图 10.65 所示,其部分零件图见图 10.67、图 10.68。

　　表 10.11 列出了该复合模的零件明细表,并作了几点附加注明。

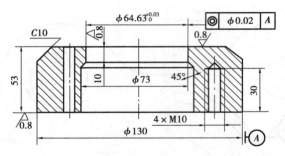

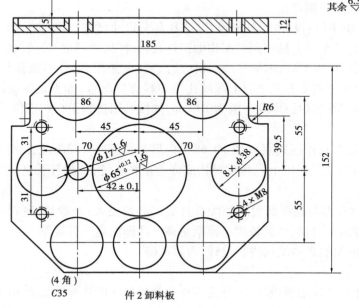

件 2 卸料板

图 10.67 部分零件图(一)

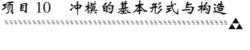

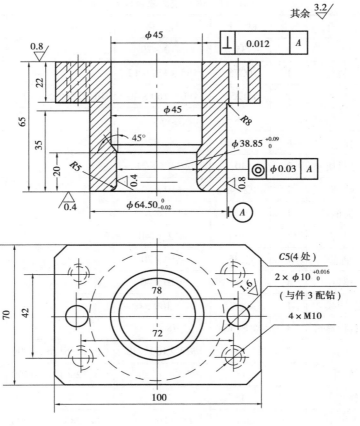

件 12 凸凹模

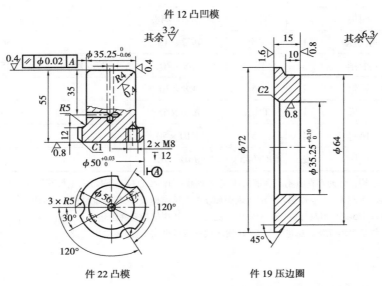

件 22 凸模　　　　　　件 19 压边圈

图 10.68　部分零件图（二）

表10.11 落料拉深复合模零件表

件 号	名 称	数量	材料	规 格	标 准	热处理
1	螺栓销②	2	35	$M10 \times 70$		35~35 HRC
2	卸料板	1	Q275	$185 \times 152 \times 12$		
3	上模板	1	HT250	$160 \times 160 \times 40$	GB/T2855.5—1990	焖火
4	挡料销	1	T8	No. 2		50~54 HRC
5	弹簧	8	65Mn	No. 42		
6	打料块	2	40	$\phi 38.5 \times 21$		40~45 HRC
7	柱销	2	40Cr(45)	$\phi 10 \times 50$		
8	模柄	1	Q235	$\phi 50 \times 70$		
9	打料杆	1	40	$\phi 12 \times 140$		40~45 HRC
10	模柄套①	1	Q235	$\phi 50 \times 70$		
11	螺钉	4	45	$M10 \times 40$		
12	凸凹模	1	Cr12	$70 \times 100 \times 65$		60~62 HRC
13	卸料板螺钉	4	40Cr(45)	$M8 \times 60$		35~35 HRC
14	导套	2	15	$\phi 28 \times 100 \times 38$	GB/T2861.6—1990	渗碳 60 HRC
15	导柱	2	15	$\phi 28 \times 180$	GB/T2861.1—1990	渗碳 60 HRC
16	螺母②	2	45	$M10$		
17	下模板	1	ZG450	$160 \times 160 \times 50$	GB/T2855.6—1990	焖火
18	凹模	1	T10A	$\phi 140 \times 48$		60~62 HRC
19	压边圈	1	45	$\phi 72 \times 15$		56~58 HRC
20	推销	3	T8A	$\phi 8 \times 70$		45~50 HRC
21	螺钉	2	45	$M8 \times 30$		
22	凸模	1	T10A	$\phi 50 \times 55$		58~62 HRC
23	螺钉	4	45	$M10 \times 50$		
24	柱销	2	40Cr(45)	$\phi 10 \times 70$		

注:该副模具结构设计尚存在有不甚合理的地方,如凹模、凸凹模直接与下模座、上模座接触,凹模和凸凹模太厚(高)等,初学设计者应作思考。对于表中加注的两项结构设计,初学者也可不予采用。

①本冲模在 J23-250 型及吨位更大型号压力机工作时才用模柄套并加垫板 65 mm 两块。

②这些零件是为增强条料送进时的导向(使之被托承得更加平整)而采用的设计。

【项目小结】

冲压加工与其他加工方法相比,具有以下特点:

①操作简单,易于实现自动化,并且具有较高的生产效率。

②冲压加工可以获得其他加工方法不能或难以制造的形状复杂、精度一致的制件,而且可

以保证互换性。

③冲压过程耗能少,材料利用率高,加工成本低。冲压加工不像切削加工那样需要消耗很多能量,材料的利用率一般可达 70% ~85% 。

④冲压件刚性好、强度高、重量轻、表面质量好。冲压加工过程中,材料表面不易遭受破坏,而且通过塑性变形还可以使制件的机械性能有所提高。

⑤冲压加工中所用的模具结构一般比较复杂、制造周期长、生产成本高,因此在小批量生产中受到限制。

⑥冲压件的精度主要取决于模具精度,如果零件的精度要求过高,用冲压生产的方法就难以达到。

【思考与练习】

1. 冲模是如何分类的? 简单模、级进模及复合模的基本特征是什么?

2. 画出图 10.4 的主视图,并标注出该模具各种零件的编号和名称。

3. 冲模工作零件设计与校验中,要用到材料力学中哪些理论知识?

4. 工作零件—其他零部件—总体结构并反复调整,这样一种冲模结构设计的方法和顺序为何更科学?

5. 假如图 10.25 所示为一落 $\Phi36$ 料片的实验用冲裁模(传统式结构、左右方向送料、刚性卸料、导柱导向),试画出该模具装配图之主视图与俯视图。

6. 汽车覆盖件拉深模在结构上有什么特点?

7. 你对冲模 CAD 有何种理解或感受,能对它产生兴趣吗?

第三部分　压铸模具结构

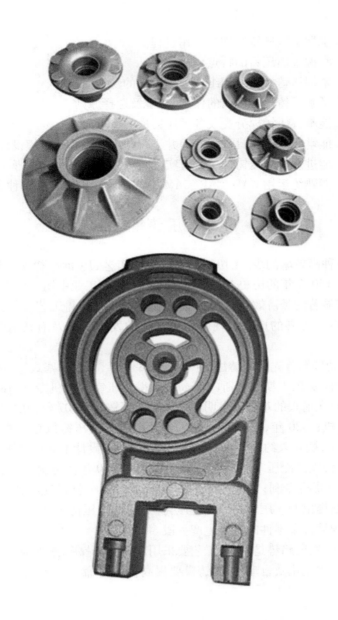

项目 11　压铸模具结构

【学习目标】1. 掌握金属压铸原理与工作过程。

2. 掌握金属压铸的特点。

3. 掌握压铸模的结构组成及各零件的功能。

4. 了解压铸模分型面的作用、类型及选择原则。

【能力目标】1. 能掌握压铸模分类及各类压铸模的特点。

2. 能掌握压铸模具设计流程并进行常用零件的压铸模设计前期准备工作。

3. 能进行常用压铸件压铸模实际时分型面的分析与选择。

4. 能熟练运用 CAD/CAE/CAM 一体化软件里的至少一种主流软件。

任务 11.1　压铸模具的发展

压铸工艺是一种高效率的少、无切削金属的成型工艺,19 世纪初期用铅锡合金压铸印刷机的铅字至今已有 150 多年的历史。由于压铸工艺在现代工业中用于生产各种金属零件具有独特的技术特点和显著的经济效益,因此人们长期以来围绕压铸工艺、压铸模具及压铸机进行了广泛的研究,取得了可喜的成果。现就压铸工艺的发展历史及有代表性的事件作简要的回顾。

1838 年,格·勃鲁斯首先用压铸法生产铅字;1839 年,一种活塞式压铸机获得了第一个压力铸造专利;1849 年,英国人斯都奇斯(Sturges)取得热压室压铸机专利;1885 年,奥·默根瑟勒(O. Mergenthaler)在前人的基础上发明了一种铅字压铸机;1907 年,瓦格纳(Wagner)首先制成了气动活塞压铸机;1920 年,英国开发了冷压室压铸机,使压铸机有可能生产铝合金和镁合金等压铸件;1927 年,捷克人约瑟夫·波拉克(Josef Polak)设计了立式冷压室压铸机;1952 年,苏联制造出了第一台立式冷压室压铸机,我国在 20 世纪 60 年代也制造出了此种压铸机;1958 年,真空压铸在美国获得专利;1966 年,美国 General Motors 公司提出精、速、密压铸法;1969 年,美国人爱列克斯提出冲氧压铸的无气孔压铸法。目前,压铸工艺已得到广泛的应用,成为汽车、电器仪表等领域许多零件的重要生产手段。

今后压铸生产的发展趋势是:压铸工艺要采用新技术,提高压铸件质量,扩大应用范围;压铸机要实现系列化、大型化及自动化;压铸模要提高使用寿命。总之,为压铸生产开辟了更为广阔的前景。

任务 11.2　金属压铸模具概述

11.2.1　金属压铸原理与压铸过程

金属压铸是压力铸造的简称。它是将熔融的液态金属注入压铸机的压室,通过压射冲头的运动,使液态金属在高压作用下高速通过模具浇注系统填充型腔,在压力下结晶并迅速冷却凝固形成压铸件。

压铸压力为几兆帕至几十兆帕(即几十到几百个大气压),填充初始速度为 $0.5 \sim 70$ m/s,填充时间很短,一般为 $0.01 \sim 0.03$ s。高压和高速是压铸工艺的重要特征,也使压铸过程、压铸件的结构及性能和压铸模的设计具有自己的特点。

压铸过程循环图见图 11.1,较为详尽表述压铸过程的工程图见图 11.2。

11.2.2　压铸法的特点

由于压铸工艺是在极短时间内将压铸模填充完毕,且在高压、高速下成型,因此压铸法与其他成型方法相比有其自身的特点。

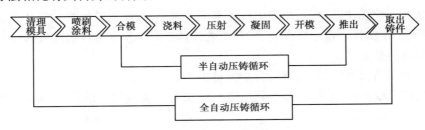

图 11.1　压铸过程循环图

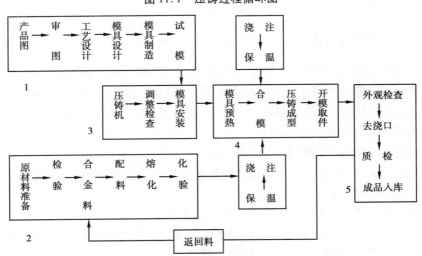

图 11.2　压铸过程工程图

1—模具制造;2—合金熔化;3—压铸准备;4—压铸;5—清理校验

（1）优点

①可以制造形状复杂、轮廓清晰、薄壁深腔的金属零件。因为熔融金属在高压高速下保持高的流动性，因而能够获得其他工艺方法难以加工的金属零件。

②压铸件的尺寸精度较高，可达 IT11～IT13 级，有时可达 IT9 级，表面粗糙度达 $R_a 0.8$～$3.2\ \mu m$，有时达 $R_a 0.4\ \mu m$，互换性好。

③材料利用率高。由于压铸件的精度较高，只需经过少量机械加工即可装配使用，有的压铸件可直接装配使用。其材料利用率约为 60%～80%，毛坯利用率达 90%。

④可以将其他材料的嵌件直接嵌铸在压铸件上。这样既满足了使用要求，扩大了产品用途，又减少了装配工序，使制造工艺简化。

⑤压铸件组织致密，具有较高的强度和硬度。因为液态金属是在压力下凝固的，又因充填时间很短，冷却速度极快，所以组织致密，晶粒细化，使铸件具有较高的强度和硬度，并具有良好的耐磨性和耐蚀性。

⑥可以实现自动化生产。因为压铸工艺大都为机械化和自动化操作，生产周期短，效率高，可适合大批量生产。一般冷压室压铸机平均每小时可压铸 80～100 次，而热压室压铸机平均每小时可压铸 400～1 000 次。

（2）缺点

①由于高速充填和快速冷却，型腔中气体来不及排出，致使压铸件常有气孔及氧化夹杂物存在，从而降低了压铸件质量。高温时，气孔内的气体膨胀会使压铸件表面鼓泡，因此，有气孔的压铸件不能进行热处理。

②压铸机和压铸模费用昂贵，不适合小批量生产。

③压铸件尺寸受到限制，这是因受到压铸机锁模力及装模尺寸的限制而不能压铸大型压铸件。

④压铸合金种类受到限制。由于压铸模具受到使用温度的限制，目前主要用来压铸锌合金、铝合金、镁合金及铜合金。

11.2.3　压铸模设计概述

在压铸生产中，正确采用各种压铸工艺参数是获得优质压铸件的重要措施，而金属压铸模则是提供正确地选择和调整有关工艺参数的基础。所以说，能否顺利进行压铸生产，压铸件质量的优劣，压铸成型效率以及综合成本的高低等，在很大程度上取决于金属压铸模结构的合理性和技术的先进性以及模具的制造质量。

金属压铸模在压铸生产过程中的作用是：

①确定浇注系统，特别是内浇口位置和导流方向以及排溢系统的位置，它们决定着熔融金属的填充条件和成型状况；

②压铸模是压铸件的翻版，它决定了压铸件的形状和精度；

③模具成型表面的质量影响着压铸件的表面质量以及压铸件脱模阻力的大小；

④使压铸件在压铸成型后易于从压铸模中脱出，在推出模体后，应无变形、破损等现象的发生；

⑤保证模具的强度和刚度能承受压射比压及以内浇口速度对模具的冲击；

⑥控制和调节在压铸过程中模具的热交换和热平衡。

⑦压铸机成型效率的最大发挥。

在压铸生产中,压铸模与压铸工艺、生产操作存在着相互制约、相互影响的密切关系。所以,金属压铸模的设计实质上是对压铸生产过程中预计产生的结构和可能出现各种问题的综合反映。因此,在设计过程中,必须通过分析压铸件的结构特点了解压铸工艺参数能够实施的可能程度,掌握在不同情况下的填充条件以及考虑对经济效果的影响等因素,从而设计出结构合理、运行可靠、满足生产要求的压铸模来。

同时,由于金属压铸模结构较为复杂,制造精度要求较高,当压铸模设计并制造完成后,其修改的余地不大,所以在模具设计时应周密思考、谨慎细腻,力争不出现原则性错误,以达到最经济的设计目标。

压铸模设计前,设计人员应对所提供的设计依据,包括压铸件产品图和生产纲领进行工艺分析并作其他必要准备:

①根据产品图对所选用的压铸合金、压铸件的形状、结构、精度和技术要求进行工艺性分析;确定机械加工部位、加工余量和机械加工时所要采取的工艺措施以及定位基准等。

②根据产品图和生产纲领,确定压射比压,计算锁模力;估算压铸件所需的开模力和推出力以及压铸机的开模距离;选定压铸机的型号和规格。

③根据产品图和压铸机的型号及规格对模具结构进行初步分析:选择分型面和确定型腔数量;选择内浇口进口位置,确定浇注系统和溢流槽、排气槽的总体布置方案;确定抽芯数量,选用合理的抽芯方案;确定推出元件的位置,选择合理的推出方案;对带嵌件的压铸件要考虑嵌件的装夹和固定方式;确定动模和定模镶块,动模和定模套板外形尺寸,以及导柱、导套的位置和尺寸;确定冷却和加热管道的位置和尺寸,控制和调节压铸过程的热平衡等。

④绘制压铸件毛坯图包括:分型面位置、浇注系统、溢流槽、排气槽、推出元件位置和尺寸以及机械加工余量、加工基准等。

在完成上述工作后,设计人员应能给出压铸模设计周期、压铸件的成品率、模具正常的使用寿命和与模具价格相关的经济性等综合指标。一旦设计任务落实,设计人员应根据上述工艺分析和前期准备工作,将初步的总体方案和主要系统设计方案,与模具设计的校核人员、模具制造的工艺人员和具体操作人员一起商讨,经确认后,再按模具设计的规范和上述步骤精心设计压铸模。设计工作包括总体方案设计、详细的工艺计算和结构设计计算、绘制压铸模总装图和模具零件图等。压铸模应满足下列要求:

①能获得符合图样要求的压铸件。

②能适应压铸生产的各种工艺要求,并在保证质量和安全生产的前提下,尽量采用先进和简单的模具结构。这样,既可减少操作程序,提高生产率,又使模具动作准确可靠。

③模具所有零件都应满足各自的机械加工工艺和热处理工艺的要求,选材要适当,尤其是成型工作零件和其他与金属液接触的零件,应具有足够抵抗热变形的抗力和疲劳强度、硬度、机械强度和较长的使用寿命。

④模具构件的刚性良好;模具零件间的配合精度选用合理;易损的模具零件拆换要方便,便于维修;模具造价低廉。

⑤浇注系统设计和计算是压铸模设计中一项十分重要的工作,应引起高度重视。在获得

优质压铸件的同时,还应注意减少压铸件浇注系统合金的消耗量,并易于将压铸件从其浇口上取下而不损伤压铸件。

⑥在条件许可时,压铸模应尽可能实现标准化,以缩短设计和制造周期,使管理方便。

11.2.4　压铸模的结构组成

压铸模是由定模和动模两个主要部分组成的。定模与压铸机压射机构连接,并固定在定模安装板上,浇注系统与压室相通。动模则安装在压铸机的动模安装板上,并随动模安装板而与定模合模或开模。压铸模机构组成如图 11.3 所示。

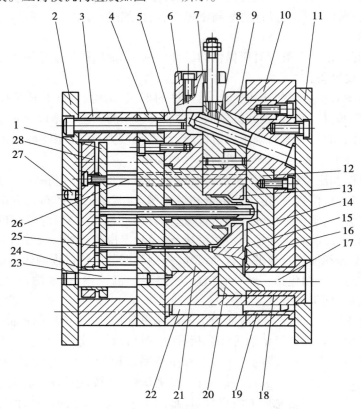

图 11.3　压铸模标准术语

1—推杆固定板;2—动模座板;3—垫块;4—支承板;5—动模套板;6—滑块支架;
7—滑块;8—斜销;9—楔紧块;10—定模套板;11—定模座板;12—定模镶块;
13—活动型芯;14—型腔;15—内浇口;16—横浇道;17—直浇道;18—浇口套;
19—导套;20—导流块;21—动模镶块;22—导柱;23—推板导柱;24—推板导套;
25—推杆;26—复位杆;27—限位钉;28—推板

(1)浇注系统

金属液进入型腔的通道,如图中零件 15、16、17、18。

压铸模的浇注系统是金属液在压力的作用下充填型腔的通道。它由直浇道、横浇道、内浇口和余料等部分组成。

　　浇注系统的主要作用是把金属液从热压室压铸机的压射嘴或从冷压室压铸机压室送到型腔内。浇注系统的位置、形状和大小直接影响到金属液的充模时间、充模速度以及充填形式，而这些因素都对压铸件质量有很大影响。正确设计浇注系统需要了解金属液流动的基本规律，而这些在用压铸法生产大批合格压铸件初期确实是不甚了解的。长期以来，压铸件的浇注系统都是从实践经验或利用少数几个简单的公式来设计的。

　　（2）**溢流与排气系统**

　　排除压室、浇道和型腔中气体的通道，一般包括排气槽和溢流槽；而溢流槽又是存储冷金属和涂料余烬的处所，一般开设在成型工作零件上。

　　（3）**成型工作零件**

　　定模镶块合拢后，构成型腔（零件 14）的零件称为成型工作零件。成型工作零件包括固定的和活动的镶块和型芯，如图中零件 12、13、21。

　　（4）**模架**

　　①支承与固定零件：包括各种套板、板座、支承板和垫块等构架零件，其作用是将模具各部分按一定的规律和位置加以组合和固定，并使模具能够安装到压铸机上，如图中零件 2、3、4、5、10、11。

　　②导向零件：图中零件 19、22 为导向零件，其作用是引导动模和定模合模或开模。

　　③推出与复位机构：将压铸件从压铸模上脱出的机构，包括推出、复位和预复位零件，还包括这个机构自身的导向零件以及定位零件，如图中零件 1、23、24、25、26、27、28。

　　（5）**抽芯机构**

　　它是抽动与开合模方向运动不一致的活动型芯的机构，合模前或后完成插芯动作，在压铸件推出前完成抽芯动作，如图中零件 6、7、8、9。

　　（6）**加热与冷却系统**

　　因压铸件的形状、结构和质量上的需要，在模具上常设有冷却和加位件等。

11.2.5　压铸模的分类

　　根据所使用的压铸机类型的不同，压铸模的结构形式也略有不同，大体上可分为以下几种形式。

　　（1）**热压室压铸机用压铸模**

　　基本形式如图 11.4 所示。

　　（2）**立式冷压室压铸机用压铸模**

　　基本形式如图 11.5 所示。

　　（3）**全立式压铸机用压铸模**

　　基本形式如图 11.6 所示。

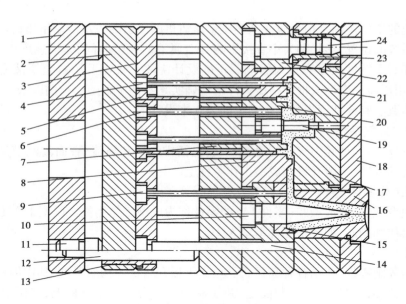

图 11.4　热压室压铸机用压铸模

1—动模座板;2—推板;3—推杆固定板;4、6—推杆;7—扁推杆;7—支承板;8—动模镶块;
9—浇道推杆;10—分流锥;11—限位钉;12—推板导柱;13—推板导套;14—复位杆;15—浇道镶块;
16—浇口套;17—定模镶块;18—定模座板;19、20—型芯;21—定模板;22—动模板;23—导套;24—导柱

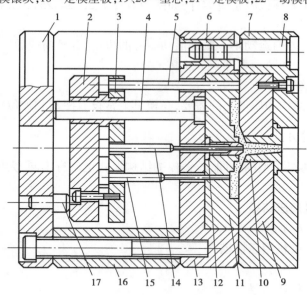

图 11.5　立式冷压室压铸机用压铸模

1—动模座板;2—推板;3—推杆固定板;4、8—导柱;5—复位杆;6—导套;7—定模板;9—定模镶块;
10—浇口套;11—动模镶块;12—分流锥;13—动模板;14—中心推杆;15—推杆;16—垫块;17—限位钉

（4）卧式冷压室压铸机用压铸模

它的结构形式有如下几种:图 11.4 为偏心浇口的压铸模的基本形式;图 11.7 为中心浇口的压铸模的基本形式。

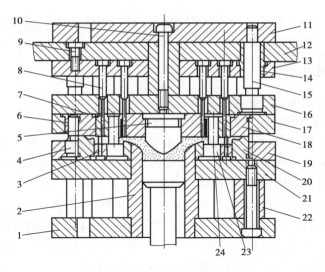

图 11.6　全立式压铸机用压铸模

1—定模座板;2—压室;3、24—型芯;4、15—导柱;5—分流锥;6、14—导套;7、18—动模镶块;
8—推杆;9、10—螺钉;11—动模座板;12—推板;13—推杆固定板;16—支承板;
17—动模板;19—定模板;20、23—定模镶块;21—定模垫板;22—支承柱

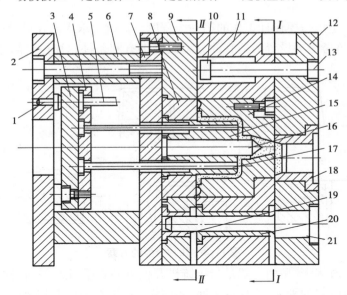

图 11.7　卧式冷压室压铸机中心浇口压铸模

1—限位钉;2—动模座板;3—推板;4—推杆固定板;5—复位杆;6—垫块;7—支承板;
8—动模镶块;9—动模板;10—限位块;11—定模板;12—定模座板;13—限位杆;
14—型腔镶块;15—主型芯;16—分流锥;17—推杆;18—浇口套;19、20—导套;21—导柱

从以上各种类型的压铸模可以看出,其基本结构(如各功能单元)基本相同,只是随着压铸机压铸形式的不同,它们的浇注系统的形式随之也略有不同。再就是安装位置,只有图 11.6 所示的全立式压铸机用压铸模是垂直安装的,其他均为卧式安装。

为了脱出浇注余料,还必须设置辅助分型面 *I—I*,在脱出浇注余料后,再从主分型面 *II—II*

227

处开模,如图11.7所示的形式。有时为了脱出压铸件,往往需要设置多处分型面。这些形式的压铸模通常称为二次或几次分型的多板式压铸模。

11.2.6 分型面设计

定模部分和动模部分的接触表面称为分型面。

（1）分型面的作用和类型

分型面虽然不是压铸模一个完整的结构组成,但它与压铸件的形状和尺寸以及压铸件在压铸模中的位置和方向密切相关,因此,分型面设计是压铸模设计中的一项重要内容。分型面确定后,将对整个压铸模结构和压铸件质量产生很大的影响。

对于一个压铸件来说,分型面的位置可以有多种选择,如图11.8所示的零件,至少就有几种分型的方案。因此,确定分型面时应考虑下列有关问题:①考虑压铸件的技术要求,如从分型面算起的或被分型面截过互相关联的尺寸精度、脱模斜度大小和方向对相关尺寸精度的影响;②考虑压铸件几何形状和金属液的流动形态,分型面应有利于合理布置内浇口的位置和浇注系统以及排溢系统的位置;③考虑如何简化压铸模的基本结构,确定定模和动模各自所包含的成型部分的配置;④考虑压铸件在模具内的方位和脱出压铸件的方案,确认压铸机规格和工艺条件;⑤考虑压铸模接卸加工工艺性,尽量延长压铸模使用寿命;⑥考虑压铸件的生产批量和生产操作。

分型面的设置是压铸模设计工作的第一个程序。这就要求人们在设计压铸件和绘制压铸件毛坯图时候,应该考虑为设置最适宜的分型面提供有利条件,只有这样,才有可能得出较为理想的分型面。

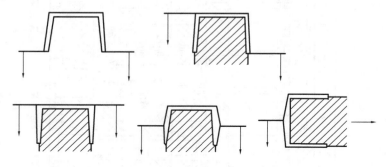

图11.8　几种分型的方案

分型面的类型较多,分型面一般是与压铸机开模方向相垂直的平面,称之为平直分型面。也有将分型面做成倾斜的平面、阶梯弯折面、曲面,分别称之为倾斜分型面、阶梯分型面和曲面分型面;少数与压铸机开模方向平行的分型面称之为垂直分型面。

压铸模通常只有一个分型面,称为单分型面;但对于有些压铸件,由于结构的特殊性,以及为了使模具更好地适应压铸生产的工艺要求,往往需要再增设一个或两个辅助分型面,称为多分型面。多分型面可以由单分型面组合而成。

（2）多型面的选择

对于同一压铸件,因为分型面的位置选择得不同就可以设计出不同结构的压铸件,只有结构比较简单的压铸模才能算得上经济合理。分型面不同则金属流动方向也不一样,这就会影响填充条件及其他一系列工艺条件,因此只有分型面选择得正确,才能设计出优良的压铸模。

下面举一个简单的例子来说明分型面的选择对压铸件和压铸模的影响。图 11.9 所示压铸件分型的方法较多,现就下面四种分型加以说明:

1)第一种分型法(图 11.10)

该方法构成压铸件形状的型腔被分型面揭开,分别处于定模和动模内,压铸件圆柱表面的完整性难以控制。同时还必须设置抽芯机构,抽芯之后才能取出压铸件,使得压铸模结构复杂。

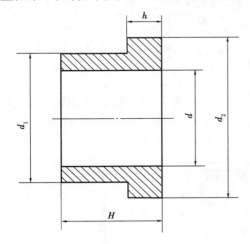

图 11.9　压铸件

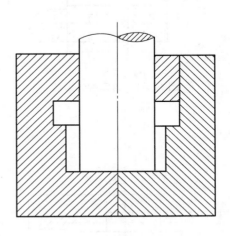

图 11.10　第一种分型法

2)第二种分型法(图 11.11)

该方法构成压铸件形状的型腔也被分型面揭开,分别处于定模和动模内,压铸件的尺寸 d 与 d_2 能达到同轴,但是,它们与 d_1 的同轴度不易保证。如果同轴度要求高,这种分型法就不合适了。这种分型法还有一个缺点就是压铸件的尺寸 H 和 h 精度偏低。

3)第三种分型法(图 11.12)

该方法构成压铸件形状的型腔全部在定模内,压铸件的尺寸 d_1 与 d_2 能达到同轴。单尺寸 d 在动模型芯上形成,与 d_1 与 d_2 不易保证同轴。如果压铸件的孔与外圆同轴度要求高时,就不能采用这种办法。这种分型法的优点是尺寸 h 与 H 的基准都在分型面上,且尺寸 H 不受 h 的影响。

4)第四种分型法(图 11.13)

该方法构成压铸件形状的型腔全部在动模内。这种分型法集中了前面三种分型的优点,克服了它们的缺点,三个尺寸 d、d_1、d_2 都能达到同轴,又能使 h 和 H 都从分型面开始,尺寸精度较高。若压铸件 d、d_1 和 d_2 的同轴度要求高,该分型方案值得推荐,但其压铸件脱模机构较为复杂。若模具制造能保证压铸件 d 和 d_1 与 d_2 的同轴度要求,采用第三种分型方案同样也是可行的。

当然并不是模具的成型部分都在定模或动模内就能获得优质压铸件,分型面的选择应根据具体情况而定,并且通常分型面的选择主要是通过浇注系统的合理安排而确定的。选择分型面的具体原则如下:

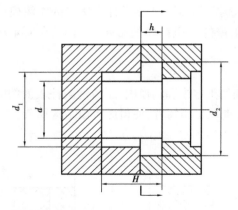

图 11.11　第二种分型法

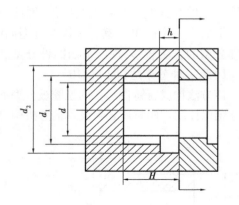

图 11.12　第三种分型法

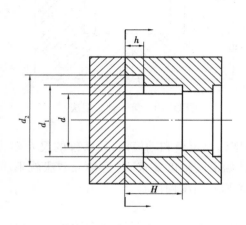

图 11.13　第四种分型法

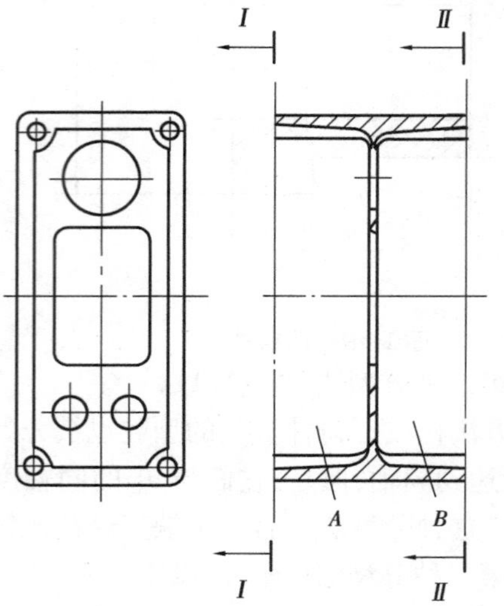

图 11.14　压铸件对动模型芯的包紧力大于对定模的包紧力

①分型面要尽可能地使压铸件在开模后留在动模部分,以便于脱模,故在压铸件设计时要做到压铸件对动模上型芯的包紧力大于对定模的包紧力。如图 11.14 所示,利用压铸件对动模型芯 B 的包紧力略大于对定模型芯 A 的包紧力,再加上中间小型芯及四角型芯都是动模型芯,压铸件可有 I—I 和 II—II 两个分型面供选择。考虑到压铸机和生产操作等因素有可能增加定模脱模阻力,采用 II—II 分型面较能保证压铸件随动模移动而脱出定模。

②分型面应适应合理的浇注系统的布置,要有利于内浇口的位置和方向的安排,使金属液进入型腔顺畅,有良好的填充环境。如图 11.15 所示,压铸件适合于设置环形或半环形浇口和浇注系统,I—I 分型面比 II—II 分型面更能满足压铸件的压铸工艺要求。

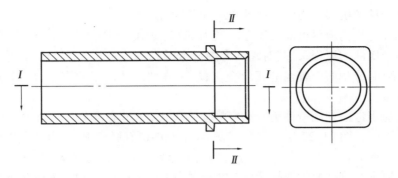

图 11.15　分型面应满足铸造工艺要求

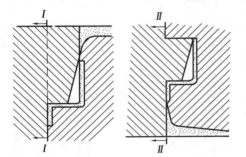

图 11.16　分型面应有利于排溢系统设置

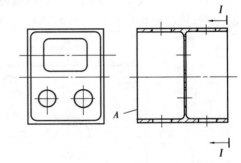

图 11.17　分型面应不与基准面重合

③分型面应使压铸模型腔有良好的溢流排气条件,使先进入型腔的冷金属盒型腔内的气体进入排溢系统排出。如图 11.16 所示,I—I 分型面比 II—II 分型面有利于溢流槽和排气槽的布置。

④分型面应开设在压铸件断面轮廓最大的地方,使压铸件能顺利地从模具中脱出。

⑤尽可能选用平直分型面,避免用阶梯、曲面、倾斜或垂直分垂面。

⑥分型面应避免与压铸件基准面相重合,尺寸精度要求较高的部位和对同轴度要求高的外形或内孔,应尽可能设在同一半模内。如图 11.17 所示,A 为压铸件基准面,应选 I—I 作为分型面,这样即使分型面上有毛刺飞边也不会影响基准面的精度。

⑦应考虑型腔的构成方案,以尽量简化模具结构为宜。如图 11.18 所示,压铸模若采用 I—I 分型面就需要两个侧向抽芯机构,而采用 II—II 分型面则不必设置侧向抽芯机构,模具结构简单。

⑧分型面应考虑型腔在动模和定模内的深度。过深的型腔不但不利于金属液填充、排气以及上涂料,同时会增加模具的厚度和质量。图 11.19 所示压铸件的两组尺寸中,尺寸为 160 mm×50 mm 的压铸件的分型面应当取 A 为好,而尺寸为 100 mm×100 mm×100 mm 的压铸件的分型面的应当取 B 为好。

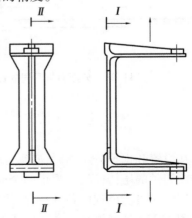

图 11.18　尽量减少侧抽芯机构和活动部分

231

⑨选择低于压铸机锁模力的压铸件投影面积为分型面。

⑩活动侧抽芯机构应尽可能设置在动模内,避免使用定模抽芯结构(图11.20)。

⑪应考虑金属液的流程,尤其对黏度大的合金流程不应过长。图11.21所示细长管状压铸件,因材料不同,分型面位置也应相应变化,I—I分型面适用于锌合金,Ⅱ—Ⅱ分型面适用于铝合金或铜合金。

⑫分型面应当考虑到压铸件美观和容易去除飞边,尽可能避免在平直面的中间或无法抛光处设置分型面。如图11.22所示零件,若外表不允许留有脱模斜度,为减少机械加工量应选Ⅱ—Ⅱ分型面;若外周不允许有分型面痕迹,则应选择I—I作为分型面。

上述这些原则对分型面的选择无疑是重要的,但实际工作中,要全面满足上述原则是不太可能的,顾此失彼是常见的现象。此时就应在保证满足最重要的原则的前提下,尽量照顾到其他原则,如与压铸件设计人员密切磋商并配合压铸件设计选择分型面。

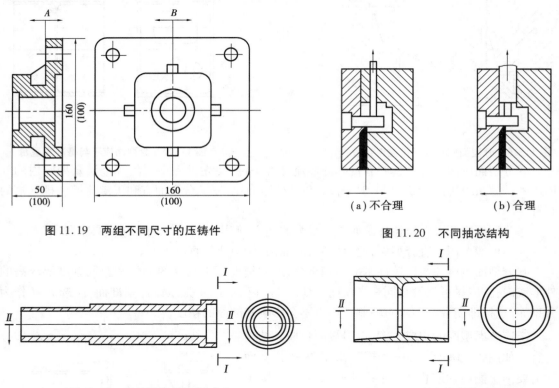

图11.19　两组不同尺寸的压铸件

(a)不合理　　(b)合理

图11.20　不同抽芯结构

图11.21　分型面与不同的合金

图11.22　考虑压铸件外观要求

任务11.3　项目实施:分型面的典型分析

在设置和选择分型面时,必须综合考虑各方面的影响因素、工艺条件和技术要求。成型同一个压铸件的压铸模均可提供两个或多个分型面加以选择。所以,应该分析该压铸件在不同的分型面时可能出现的各种情况,然后综合比较、扬长避短,选取比较合理的分型面。

图11.23是带侧孔的方底座压铸件,虽然其结构比较简单,却可设置出多个不同的分型

面,从而演化出多种模具结构形式。下面对这些结构形式进行简单的分析和比较,供实践参考。

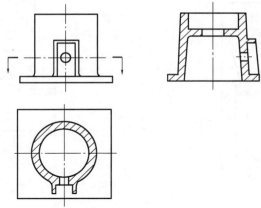

图 11.23   带侧孔的方底座压铸件

（1）分型面设在方底座的端面

其结构形式如图 11.24 所示。这种形式除在定模上设置一个型芯外,其余成型部分都设在动模内。其结构特点如下:

①侧面的矩形凹孔和小通孔设置在动模一侧,采用动模抽芯的形式,简化了模具结构。

②虽然压铸件对定模型芯的包紧力相对较大,但因在动模内有侧抽芯的阻碍作用,故在开模时仍会使压铸件留在动模。

③侧浇口设在方底座的端面,其导流方向避开型芯,避免对型芯的热冲击。

④采用推管的推出形式,其推出力平稳可靠。但应注意在合模时,侧滑块上的通孔型芯在移入型腔时会进入推管的投影区内,与推管产生干涉现象。因此,应设置推板的预复位机构,使小型芯安全地进入工作位置。

⑤成型深内孔的型芯设在定模,而侧孔抽芯设在动模,故合模出现的误差会引起两中心线的偏移,使它们的同轴度精度降低。为满足两中心线的位置精度要求,可采用成型深内孔和动模上的浅内孔的两个型芯锥面对插定心,或在分型面上设置斜面止口的对中形式。

⑥侧滑块除成型侧面的矩形孔和小通孔外,还构成方底座凸缘的一部分型腔 A,使得方底座的部分侧面可能不够整齐,而且出现合模接痕。

（2）分型面设在方底座的内端面上

改变分型面,将分型面设置在方底座的内端面上,如图 11.25 所示。改变分型面后,使定模和动模均包含着部分型腔,侧滑块仍在动模内。它的结构特点如下:

①方底座完整地在定模内成型,使方底座部位形状平整,与成型深孔有较好的形位精度。

②方底座与外形的同轴度可能出现偏差。

③内浇口开设在方底座的侧面,在填充成型时,对型芯有热冲击现象。必要时,可采用中心浇口的进料方式。

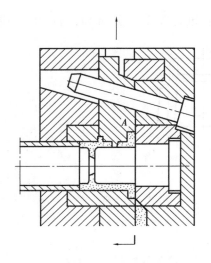

图 11.24   在压铸件的一端平面上分型

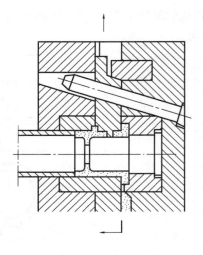

图 11.25   分型面在方底座的内端面上

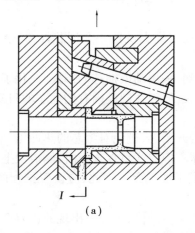

（a）　　　　　　　　　　　　　（b）

图 11.26   倒置成型位置大部设置在定模内

（3）改变成型位置,使型腔全部设置在定模内

图 11.26 是改变成型位置的结构形式,与图 11.24 相反,它成型部位大部分都设置在定模上。这种结构采用卸料板推出形式,比推管推出有更显著的优越性。其主要特点如下:

①动模型芯的固定方法简单可靠。

②卸料板推出力平衡稳定可靠,能保证压铸件高度的尺寸精度。

③避免了因推管的干涉现象而引起模具结构的复杂化,使模具结构简单。

压铸件成型位置的改变,会引起侧抽芯机构的变化。在通常情况下,侧抽芯机构有如下几种设置方式(见图 11.26):

图(a)是将侧滑块设置在动模上。开模时,在动模型芯的包紧力和侧型芯的阻力作用下,压铸件可靠地留在动模一侧;并在压铸件脱离型腔的同时,侧滑块与斜销形成相对移动而被带动,完成抽芯动作;再在卸料板作用下,使压铸件脱离型芯。

图(b)是将侧滑块的抽芯设置在定模上。为实现侧抽芯动作,必须设置辅助分型面 I,并在动模板和定模板间设置定距拉紧机构。开模时,在顺序分型脱模机构作用下,首先从 I 处分

型,完成侧抽芯动作后,再从主分型面 Ⅱ 处分型。这种结构形式设置了顺序分型脱模机构,使模具结构复杂。

其他有关特点与图 11.24 的分析相同。

（4）**改变分型面位置,型腔分设在动、定模两侧**

在图 11.26 的基础上略作变化,将分型面设置在方底座的内端面上,其结构形式如图11.27所示。它综合了图 11.25 和图 11.26 的结构特点。

（5）**采用中心浇口**

该分型面及成型位置与图 11.24 相同,内浇口由侧浇口改为中心浇口,如图 11.28 所示。其动模和定模上的型芯不能采用相互锥面对中的方法。为消除合模误差以保证深孔与压铸件成型中心的偏移度允许误差,可采用可以相互定心的轮辐式内浇口。这种结构形式最适合应用在立式压铸机上。

（6）**沿压铸件的轴线分型**

它将分型面开设在压铸件的轴线上,如图 11.29 所示。这种分型形式可以采用环形内浇口,从方底座端面进料,在另一端面开设环形溢流槽,加上分型面上的排气作用,排气条件良好。特别是对于长度较大的管状压铸件,更有优越的成型效果。

由于压铸件外形部分是由定模和动模两瓣组合而成的,故总会有明显的合模接痕,其圆度也会因制造误差和合模误差而受到影响。但在一般情况下,这种分型形式还是能够满足要求的。

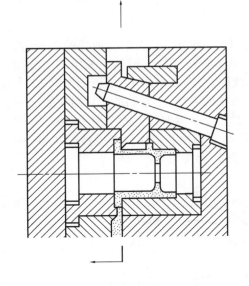

图 11.27　倒置成型位置型腔分置

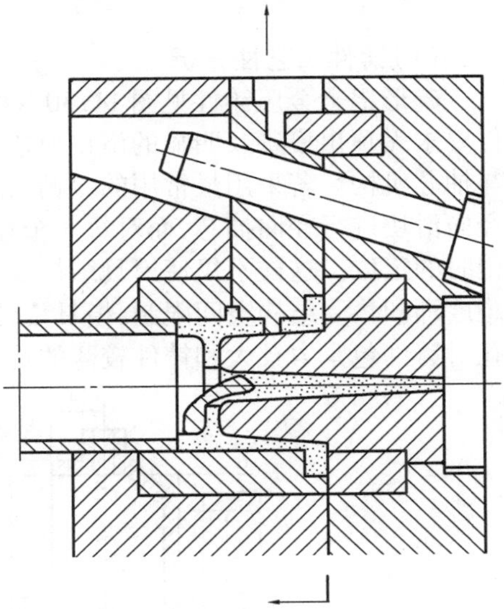

图 11.28　采用中心浇口

侧面的矩形孔和小通孔可以按图（a）的形式设置在定模一侧,或按图（b）的形式设置在动模一侧。但由于设置在分型面上的两端孔是在动模上侧分型的,所以图（b）,将它们安置在动模成型的形式,可消除或减小相互之间的偏移度。

通过以上对分型面各种形式的分析可以看出,压铸同一种压铸件的压铸模,它的分型面有不同的设计方案,而每一种设计方案都有各自不同的特点,有时很难直观地指出哪一个方案最好,只有根据压铸件的技术要求和现场生产条件等具体情况综合考虑而定。

同时,通过上面的分析还应意识到,选择分型面和安排成型位置,必须对以后的浇注系统、排溢系统、侧抽芯机构以及压铸模结构的复杂程度、制模的难易程度、制模成本等因素做综合考虑。

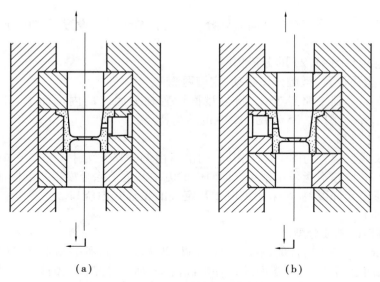

图 11.29　沿压铸件轴线分型

任务 11.4　技能训练:斜销—齿条—转盘机构径向抽拔多型芯压铸模

(1)铸件工艺性分析

碗形铝合金压铸件见图 11.30,材料为 ZL104。该铸件外侧均布了 2 个带通孔的凸台,铸件要求无顶出痕迹及明显的浇口痕迹,表面粗糙度 $R_a < 0.2$ μm。因此,模具须采用侧向分型与抽芯机构。若采用最常用的斜销-滑块侧向分型抽芯机构,则需要采用 12 个斜销驱动 12 个径向滑块进行径向抽芯,而对每一个径向滑块都要解决滑块的导滑、锁紧和抽芯后滑块脱离斜销时的定位。这样不仅使模具结构复杂、体积大、成本增加,而且需要较大的开模力,增加开模难度;同时,受结构空间限制,模具设计困难,因此需采用联动侧抽芯机构。考虑铸件 φ80 mm孔对铸件包紧力较大和铸件较薄的特点,不宜采用推杆推件,而应采用推套推件。

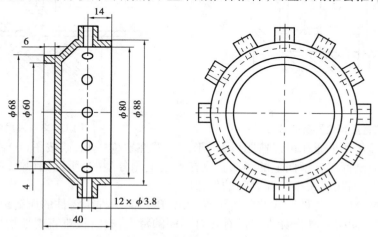

图 11.30　碗形铝合金压铸件

(2)模具结构设计

模具结构见图 11.31,一模一腔,顶浇口进料,斜销—齿条—转盘机构径向抽拔 12 个型芯,推套推出铸件。

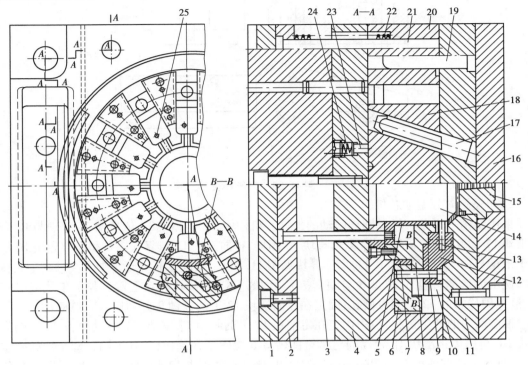

图 11.31 斜销—齿条—转盘机构径向抽拔多型芯压铸模

1—模板;2—推杆固定板;3—推杆;4—支承板;5—推套;6—转盘;7—轴套;8—支座;9—拨销;
10—扇形导块;11—定模板;12—径向滑块;13—型芯;14—主型芯;15—浇口套;16—定模座板;
17—斜销;18—齿条滑块、杆;19—导柱;20—动模板;21—复位;22—弹簧;23—定位销;24—弹簧;25—销

1)浇注系统

由于铸件的表面质量要求较高,根据铸件形状,模具采用顶浇口进料。这样,熔体以大致相同的速度进入型腔,型芯受力均匀,型腔内的气体从分型面及成型零件的配合面处排出。

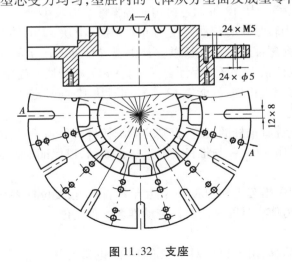

图 11.32 支座

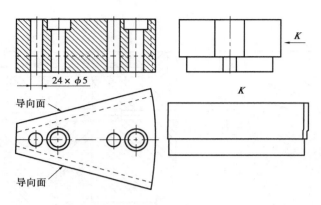

图11.33　扇形导块

2）动模侧向分型抽芯机构

采用斜销—齿条—转盘圆周联动的外抽芯机构中,12 个型芯 13 依靠销 25 分别与 12 个径向滑块 12 固联,支座 8 与 12 个扇形导块 10 固连,径向滑块 12 依靠支座 8 和扇形导块 10 形成的 T 形槽导向（支座见图 11.32,扇形导块见图 11.33）。支座 8 底部有一个可绕轴套 7 旋转且局部铣出齿形的转盘 6,转盘 6 与轴套 7 采用 $H8/f8$ 配合;转盘 6 上铣有与子午线成一定角度、沿圆周均布的 12 个圆弧槽孔;固定在径向滑块 12 上的拨销 9 分别插入圆弧槽孔。

抽芯动力的产生过程是:由固定在定模板 11 上的斜销 17 驱动安装在动模板 20 上的齿条滑块 18,再由齿条滑块 18 带动与之啮合的转盘 6 绕固定在动模板 20 上的轴套 7 旋转一定角度,转盘 6 上的圆弧槽孔的圆弧面通过拨销 9 带动径向滑块 12 径向抽芯。抽芯结束时,依靠定位销 23 使齿条滑块 18 定位。这种形式的圆周方向多型芯侧向分型与抽芯机构,其结构简单可靠,整体性强。如果动力传动部分的零件热处理得当,模具寿命长,铸件的精度要求也易于保证。

在抽拔型芯 13 的过程中,所需的抽芯力是变化的,即抽动型芯初始时刻所需的力最大,以后逐渐变小直至为 0（此时刻抽芯结束）。因此,与采用倾斜直槽孔相比,倾斜圆弧槽孔拨动拨销 9 产生的抽芯力能更好地满足所需抽芯力的变化,从而在不改变抽芯机构其他参数的条件下,使抽芯时斜销 17、齿条滑块 18 等抽芯机构的各零件受力较小。

由图 11.31 可见,当转盘 6 的转动角度为 θ 时,径向滑块 12 的抽芯距离为 S。为安全起见,转盘 6 上的圆弧槽孔尾部应适当加长以弥补由斜导柱抽芯产生的误差。径向侧抽芯结束时,齿条滑块 18 依靠定位销 23 定位,保证合模时斜销 17 顺利插入齿条滑块 18 的斜孔。该侧抽芯机构只需设置一套定位机构,就能使 12 个径向滑块 12 同时定位。

3）推出和复位机构

铸件内外表面不允许有推杆的痕迹,否则会影响铸件的外观质量,因此模具采用推套推出铸件。推套 5 安装在支座 8 内,并与推杆 3 通过螺纹连结,以保证推杆固定板 2 带动推套 5 一起复位。

为了避免合模过程中推套 5 和型芯 13 相互干涉,在 4 根复位杆 21 处安装了弹簧 22,合模前依靠压弹簧 22 的张力使模具的推出机构带动推套 5 预复位。

（3）模具工作过程

开模时,动模部分后移,由于铸件对主型芯 14 的包紧力和型芯 13 的作用使铸件脱离定模,而随型芯 14 后移,主流道凝料从浇口套 15 中拉出。同时,斜销 17 通过齿条滑块 18 带动转盘 6 绕轴套 7 旋转,转盘 6 的圆弧槽孔通过拨销 9、径向滑块 12 使 12 个型芯 13 同时作径向侧抽芯。齿条滑块 18 脱离斜销 17 时,径向侧抽芯结束,定位销 23 使齿条滑块 18 停留在刚脱离斜销 17 的位置。动模部分退到位后,注射机推出机构通过推板 1、推杆 3 和推套 5 推动铸件脱离主型芯 14。

合模前,压铸机推杆退回,弹簧 22 的张力使推板 2、推杆 3 和推套 5 先复位。合模时,斜销 17 插入齿条滑块 18 的斜孔,带动转盘 6 旋转,转盘上的圆弧槽孔通过拨销 9、径向滑块 12 使 12 个型芯 13 同时复位,定模板 6 上的圆弧槽孔将 12 个径向滑块同时锁紧。与此同时,复位杆 21 使推板 2、推杆 3 和推套 5 复位到位,为下一次注射成型做好准备。

(4)模具使用效果

试验表明,模具排气和型腔填充良好,抽芯安全可靠,铸件的尺寸、表面质量和生产效率满足要求。

对于需要多型芯径向抽芯的铸件,采用斜销—齿条—转盘径向抽芯机构使模具结构紧凑、体积小、整体性强,抽芯安全可靠,铸件的尺寸要求及表面质量易于保证,生产效率满足要求。

【项目小结】

压铸生产效率高,能压铸形状复杂、尺寸精确、轮廓清晰、表面质量及强度、硬度都较高的压铸件,故应用较广,发展较快。目前,铝合金压铸件产量最多,其次为锌合金压铸件。

压铸工艺主要用于汽车、拖拉机、电器仪表、电信器材、航天航空、医疗器械及轻工日用五金行业。生产的主要零件有发动机汽缸体、汽缸盖、变速箱体、发动机罩、仪表、照相机的壳体及支架、管接头、齿轮等。

各种合金压铸件的质量和尺寸范围见表 11.1。

表 11.1　合金压铸件质量和尺寸范围

合　金	质量/g		平均壁厚/mm		外形尺寸/mm		最小孔径/mm
	最大	最小	最大	最小	最大	最小	
锌合金	92 000	0.3	10	0.3	400	2	0.7
铝合金	60 000	0.14	12	0.7	1 220 × 160 × 4.5	—	0.7
铜合金	12 000	10	20	0.8	—	—	—

注:铜合金最大壁厚指局部尺寸。

近年来,除了真空压铸、冲氧压铸、精速密压铸及黑色金属压铸得到发展外,可熔型芯等新工艺也被应用于压铸,进一步扩大了压铸工艺的应用范围。

压铸生产中,压铸模是保证压铸件质量的不可缺少的工艺装备,是生产过程能够顺利进行的先决条件,它直接影响了压铸件的形状、尺寸、强度、表面质量等。若压铸模的型腔、各种系统结构设计正确,再加上压铸工艺选择适当,则一定会得到合格的压铸件。由于选用各种适当的工艺参数是生产出优质压铸件的决定因素,而压铸模又是能够正确选择和调整各种工艺参数的重要前提。因此,可以认为,压铸模设计的好坏,不仅影响了压铸件的质量和稳定性,而且还反映出整个压铸生产过程和压铸模制造过程的技术水平高低和经济效益的好坏。所以,在压铸模设计过程中,必须全面分析压铸件结构,熟悉压铸机操作过程,了解压铸机及工艺参数和得以调整的可能性及范围,掌握在不同压铸条件下的金属液填充特性和流动行为,并充分考虑经济效益等因素,才能设计出切合实际并满足生产要求的压铸模。

【思考与练习】

1. 何谓压铸?金属压铸有何特点?
2. 压铸工艺主要应用于哪些场合?
3. 压铸模设计应满足哪些条件?
4. 压铸模由哪些部分组成?
5. 分型面的作用是什么?选择分型面应考虑的因素有哪些?

第四部分 其他典型模具结构

　　相对于实际生产中常常见到的塑料模具、冲压模具以及压铸模具，一些其他类型的典型模具同样起着不可忽视的作用。它们具备普通常见模具所不具备的一些优点，诸如经济性良好、生产效率高、产品质量相对较高等，是在实际生产中所普遍采用的零件制造方法。

项目 12　铸造工艺装备

【学习目标】1. 掌握铸造及相关分类的概念。

2. 掌握铸造分类方法及各种铸造方法的工艺流程、特点。

3. 重点掌握砂型铸造的工艺流程及其特点。

4. 了解铸造工艺装备结构及特点。

【能力目标】1. 能了解合金铸造性能。

2. 能进行铸造工艺方法设计。

3. 能进行铸造工艺装备设计。

4. 能掌握铸造及其他零件毛坯制造方法(锻造、焊接、热处理等)的区别。

任务 12.1　铸造工艺概述

铸造是零件毛坯最常用的生产工艺之一。铸造由于可选用多种多样成分、性能的铸造合金,加之基本建设投资小、工艺灵活性大和生产周期短等优点,因而广泛地应用在机械制造、矿山冶金、交通运输、石化通用设备、农业机械、能源动力、轻工纺织、家用电器、土建工程、电力电子、航天航空、国防军工等国民经济各部门,是现代大机械工业的基础。

铸造具有很多特点,与其他成型工艺相比,它不受零件毛坯的重量、尺寸和形状的限制,对于重量从几克到几百吨,壁厚由 0.3 mm 到 1 m,包括一些形状十分复杂、机械加工十分困难,甚至耗费大量机床工时都难以制得的零件,都可用铸造方法获得。

铸造工艺(造型、制芯、浇注、落砂、清理及其后处理等)是铸造生产的核心,是生产优质铸件的关键,古今中外都把提高和发展工艺水平视为推动行业技术进步、满足经济和社会发展需要的一个重要组成部分。

据出土文物考证和文献记载,我国是世界上最早掌握铸造工艺的文明古国之一,其铸造技术已有 6 000 多年的悠久历史。铸造技术的发展推动了农业生产、兵器制造、人民生活及天文、医药、音乐、艺术等方面的进步。

铸造是比较经济的毛坯成型方法,对于形状复杂的零件更能显示出它的经济性,如汽车发动机的缸体和缸盖,船舶螺旋桨以及精致的艺术品等。对于有些难以切削的零件,如燃汽轮机的镍基合金零件,不用铸造方法无法成型。另外,铸造零件的尺寸和重量的适应范围很宽,金属种类几乎不受限制;零件在具有一般机械性能的同时,还具有耐磨、耐腐蚀、吸振等综合性能,是其他金属成型方法如锻、轧、焊、冲等做不到的。因此,在机器制造业中用铸造方法生产的毛坯零件在数量和吨位上迄今仍是最多的。

铸造生产经常要用的生产资料有各种金属、电力、焦炭、木材、塑料、气体(或液体)燃料、造型材料等。所需设备有冶炼金属用的各种炉子,有混砂用的各种混砂机,有造型造芯用的各种造型机、造芯机,有清理铸件用的落砂机、抛丸机等,还有供特种铸造用的机器和设备以及许多运输和物料处理的设备。

铸造生产有与其他工艺不同的特点,主要是适应性广,需用的材料和设备多,环境污染大。铸造生产会产生粉尘、有害气体和噪声,对环境的污染比起其他机械制造工艺来更为严重,需要采取措施进行控制。

对于铸造工程师以及机械结构设计工程师而言,热处理是一项非常有意义的用以改进材料品质的方法。热处理可以改变或影响铸铁的组织及性质,同时可以获得更高的强度、硬度而改善其磨耗抵抗能力等。

由于目的不同,热处理的种类非常多,基本主要可分成两大类:第一类是组织构造不会经由热处理而发生变化或者也不应该发生改变的;第二类是基本的组织结构会发生变化的。第一类热处理程序,主要用于消除内应力,而此内应力系在铸造过程中由于冷却状况及条件不同而引起,其组织、强度及其他机械性质等不因热处理而发生明显变化。对于第二类热处理而言,基本组织发生了明显的改变,可大致分为 5 类:

①软化退火:其目的主要在于分解碳化物,将其硬度降低而提高加工性能。对于球墨铸铁而言,其目的在于获得更多的铁素体组织。

②正火处理:主要目的是获得珠光体和索氏体组织以提高铸件的机械性能。

③淬火:主要为了获得更高的硬度或磨耗强度,同时得到甚高的表面耐磨特性。

④表面硬化处理:主要为获得表面硬化层,同时得到甚高的表面耐磨特性。

⑤析出硬化处理:主要是为获得高强度,而伸长率并不因此发生激烈的改变。

任务 12.2 铸造工艺的分类、工作原理和特点

铸造是将金属熔炼成符合一定要求的液体并浇进铸型里,经冷却凝固、清整处理后得到有预定形状、尺寸和性能的铸件的工艺过程。铸造毛坯因近乎成型而达到免机械加工或少量加工的目的,降低了成本,并在一定程度上减少了制作时间。铸造是现代装置制造工业的基础工艺之一。

12.2.1 铸造工艺分类

铸造种类很多,按造型方法习惯上分为:

①普通砂型铸造,又称砂铸、翻砂,包括湿砂型、干砂型和化学硬化砂型 3 类。

②特种铸造,按造型材料又可分为以天然矿产砂石为主要造型材料的特种铸造(如熔模铸造、泥型铸造、壳型铸造、负压铸造、实型铸造、陶瓷型铸造,消失模铸造等)和以金属为主要铸型材料的特种铸造(如金属型铸造、压力铸造、连续铸造、低压铸造、离心铸造等)两类。

按照成型工艺可分为:

①重力浇铸,即砂铸或硬模铸造,它依靠重力将熔融金属液浇入型腔。

②压力铸造,即低压浇铸或高压铸造,它依靠额外增加的压力将熔融金属液瞬间压入铸造型腔。

铸造工艺通常包括:

①铸型(使液态金属成为固态铸件的容器)准备。铸型按所用材料可分为砂型、金属型、陶瓷型、泥型、石墨型等,按使用次数可分为一次性型、半永久型和永久型。铸型准备的优劣是影响铸件质量的主要因素。

②铸造金属的熔化与浇注。铸造金属(铸造合金)主要有各类铸铁、铸钢和铸造有色金属及合金。

③铸件处理和检验。铸件处理包括清除型芯和铸件表面异物,切除浇冒口,铲磨毛刺和披缝等凸出物以及热处理、整形、防锈处理和粗加工等。

铸造工艺可分为三个基本部分,即铸造金属准备、铸型准备和铸件处理。铸造金属是指铸造生产中用于浇注铸件的金属材料,它是以一种金属元素为主要成分并加入其他金属或非金属元素而组成的合金,习惯上称为铸造合金,主要有铸铁、铸钢和铸造有色合金。金属熔炼不仅仅是单纯的熔化,还包括冶炼过程,使浇进铸型的金属在温度、化学成分和纯净度方面都符合预期要求。为此,在熔炼过程中要进行以控制质量为目的的各种检查测试,液态金属在达到各项规定指标后方能允许浇注。有时,为了达到更高要求,金属液在出炉后还要经炉外处理,如脱硫、真空脱气、炉外精炼、孕育或变质处理等。熔炼金属常用的设备有冲天炉、电弧炉、感应炉、电阻炉、反射炉等。

值得注意的是,铸造热是由于吸入在熔炼铜时产生的高分散度的氧化锌烟雾所引起的一种急性发热反应。有研究称,吸入铅、锡、锑、镍等的金属氧化物烟雾亦可引起此症。因此,防止金属烟雾的逸散是预防铸造热的根本办法。故在熔炼、浇铸等操作时要加强密闭化,安装局部排风除尘设备,回收氧化锌。同时,加强全面通风、戴防烟雾口罩可作为辅助性措施。

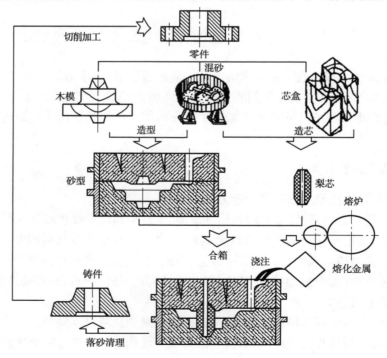

图 12.1　砂型铸造工艺过程

12.2.2　砂型铸造

砂型铸造是一种最基本的铸造方法,其工艺过程有制造模型和芯盒,混砂,造型和造芯,烘干合箱,熔化等几个步骤。

(1)工艺设计

1)确定铸造工艺方案

首要考虑浇注位置的选择、铸型分型面的选择。还应注意机械加工余量、拔模斜度、铸件收缩率、冒口位置及尺寸等。

2)绘制铸造工艺图（例如图12.2所示）

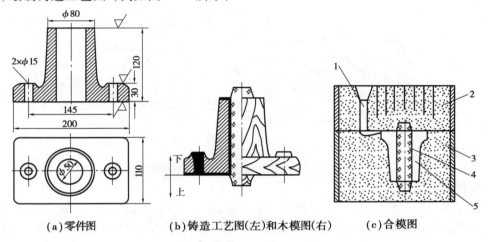

(a)零件图　　(b)铸造工艺图(左)和木模图(右)　　(c)合模图

图 12.2　支座的铸造工艺图、模型图及合箱图
1—浇注系统;2—上箱;3—下箱;4—型芯;5—铸件

(2)造型和制芯准备

1)造型材料

制造铸型和型芯(芯子)用的材料称为造型材料。用于制造砂型的材料称为型砂;用于制造型芯的材料称为芯砂,它们由原砂、黏结剂(黏土、水玻璃、树脂等)、水和附加物(煤粉、木屑等)等按一定比例配制而成。型(芯)砂应具备下列性能。

①强度:铸型、型芯能承受外力时,不易被破坏的能力。若型砂、芯砂的强度不够,易产生塌箱、冲砂、砂眼等缺陷。

②透气性:型砂、型芯孔隙通过气体的能力。浇注时,型腔内的空气及铸型产生的挥发气体要通过砂型逸出。透气性不好,铸件易产生气孔缺陷。

③耐火性:型(芯)砂在高温液态金属作用下不软化、不熔融和不粘结的能力。耐火度差,铸件易产生粘砂缺陷,会影响铸件的清理和切削加工。

④退让性:铸件凝固冷却收缩时,型(芯)砂被压缩的能力。退让性差的型(芯)砂将会阻碍铸件收缩,会使铸件产生内应力,引起变形甚至产生裂纹。

型芯在浇注时处于金属液的包围之中,故要求芯砂性能应高于型砂。图12.3所示为二氧化碳硬化法硬化水玻璃。

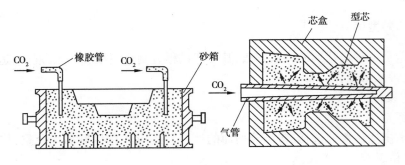

(a)插管法硬化示意

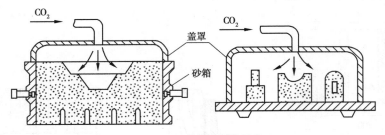

(b)盖罩法硬化示意

图 12.3　二氧化碳硬化法硬化水玻璃

2)模样及芯盒

模样用来形成砂型的型腔;芯盒用来制造型芯,以形成铸件的内腔。一般情况下,模样的外形与铸件的外形相似,其尺寸要大于铸件。模样应具有足够的强度和刚度,以及与铸件相适应的表面粗糙度和尺寸精度,通常分为木模样、金属模样和塑料模样等。

芯盒的腔型与铸件的内腔、孔洞相似,其尺寸应考虑铸件内腔的加工余量和收缩量。它有木芯盒和金属芯盒之分,金属芯盒的材料一般是铸造铝合金。

3)造型与造芯工艺

用造型材料及模样等工艺装备制造铸型的过程称为造型。它是砂型铸造过程中重要的工序之一,分为手工造型和机器造型两大类。造型的基本工艺过程为:模样置于砂箱中→填砂→紧实→制作出气道→起模→制作浇注系统与冒口→安放砂芯→合箱。

①手工造型。手工造型是指全部用手工或手动工具完成的造型。其特点是操作灵活,工艺装备简单,主要用于单件小批量生产,具有生产准备时间短、适应性强等优点。它可通过分离模、活块、挖砂、三箱、劈箱等方法生产出形状复杂、难以起模的铸件。但是,手工造型对工人的技术水平要求较高,生产率低,劳动强度大,铸件尺寸精度和表面质量较差,主要用于单件、小批生产。特大型铸件只能采用手工造型。

手工造型按模样特征可分为整模造型、分模造型、活块造型、挖砂造型、假箱造型、刮板造型;按砂箱特征可分为两箱造型、三箱造型、脱箱造型、地坑造型,具体特点及应用如表 12.1 所示。

表 12.1　常用手工造型方法的特点及应用

造型方法	主要特点	适用范围
两箱造型	模样沿最大截面分为两半,型腔位于上、下两个砂箱,造型简便	用于最大截面在中部,一般为对称性铸件,如套、管、阀类零件单件、小批量生产
三箱造型	模样为整体,但分型面不是平面。造型时,手工挖去阻碍取模的型砂,生产率低,技术水平高	用于分型面不是平面铸件的单件、小批量生产
刮板造型	整体模,平面分型面,型腔在一个砂箱内;造型简单,铸件精度、表面质量较好	用于最大截面位于一端并为平面的简单铸件的单件、小批量生产
脱箱造型	采用活动砂箱造型,合型后脱出砂箱	用于小铸件的生产
地坑造型	在地面砂床中造型,不用砂箱或只用上箱	用于要求不高的中、大型铸件的单件、小批量生产

②机器造型。机器造型是指用机器全部或至少完成紧砂操作的造型工序。其特点是生产效率高,铸型质量好(紧实度高而均匀、型腔轮廓清晰),铸件质量较高,但设备和工艺装备费用高,生产准备时间较长,需要专用的设备、砂箱和模板,且只能是两箱造型。它是现代化铸造生产的基本造型方法,适用于中、小型铸件的成批、大量生产。

③造芯。型芯用来形成铸件的内腔,制造型芯的过程称为造芯。单件、小批量生产时,常采用手工造芯;大批大量生产时,采用机器造芯。

④浇注系统与冒口。为使液态金属平稳地导入,填充型腔与冒口的通道称为浇注系统。浇注系统通常由浇口杯、直浇道、横浇道和内浇道组成,如图 12.4 所示。其作用是导入金属、挡渣、补缩与调节铸件的冷却顺序等。

图 12.4　浇注系统的组成
1—浇口杯;2—直浇道;3—横浇道;4—内浇道

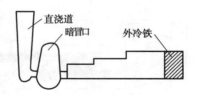

图 12.5　冒(暗)口及冷铁的放置

冒口:在铸型内,储存和供补缩铸件用熔融金属的空腔,液态金属凝固后此腔充填金属。其作用是补缩(对铸件的最后凝固部位供给金属液)、排气和除渣。冒口一般设置在铸件厚壁处、最高处或最后凝固部位,有明冒口和暗冒口两种,如图 12.5 所示为暗冒口。

⑤烘干、合箱。型芯通常要烘干,而铸型在不能保证铸件质量时才要烘干。烘干主要是增强型芯和铸型的强度、透气性。将铸型的各个部分组成一个完整铸型的操作过程,称为合箱。合箱工艺要保证铸型型腔的尺寸与形状,以及型芯相对位置的稳固,以免出现抬箱、跑火、错箱等缺陷。

（3）砂型铸造的特点

①适用面最广，几乎适用于所有零部件。

②分为手工铸造和机器铸造，后者精度高、质量好、可批量生产。

③铸件组织晶粒粗大，易成分偏析。

④表面粗糙度较高。

12.2.3　金属型铸造

通过重力作用进行浇注，将熔融金属浇入金属铸型获得铸件的方法称为金属型铸造。

用金属材料制成的铸型称为金属型，它常用灰铸铁或铸钢制成。型芯可用砂芯或金属芯：砂芯常用于高熔点合金铸件；金属芯常用于有色金属铸件。图 12.6 所示为采用水平分型方式及垂直分型方式的金属型。

与砂型铸造比较，金属型铸造有如下特点：

①可以多次使用，浇注次数可达数万次而不损坏，因此可节省造型工时和大量的造型材料。

②加工精确，型腔变形小，型壁光洁，因此铸件形状准确，尺寸精度高（IT12～IT10），表面粗糙度 R_a 值小（12.5～6.3 μm）。

③传热迅速，铸件冷却速度快，因此晶粒细，力学性能较好。

④生产率高，无粉尘，劳动条件得到改善。

⑤设计、制造、使用及维护要求高，制造成本高，生产准备时间较长。

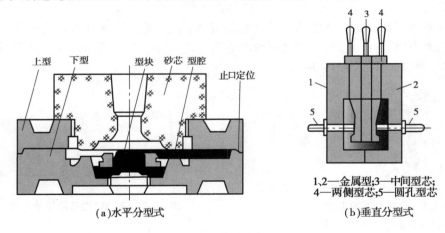

（a）水平分型式　　　　　　　（b）垂直分型式

1、2—金属型；3—中间型芯；
4—两侧型芯；5—圆孔型芯

图 12.6　金属型的结构

金属型铸造主要应用于非铁合金铸件的大批量生产，其铸件不宜过大，形状不能太复杂，壁不能太薄。

12.2.4　压力铸造

使熔融金属在高压下高速冲型并在压力下凝固的铸造方法称为压力铸造，简称压铸（详见项目 11），通常在压铸机上进行。压铸机主要由压射装置和合型机构组成，按压铸型是否预热分为冷室压铸机和热室压铸机，按压射冲头的位置又可分为立式和卧式。生产上以卧式冷室压铸机应用较多。

压力铸造工作原理为:将熔融金属注入压室后,压射冲头(俗称活塞、柱塞)向前推进,将熔融金属压入闭合的压铸型型腔,稍停片刻,使金属在压力下凝固,然后向后退回压射冲头,分开压铸型,推杆顶出压铸件。

压力铸造有如下特点:

①可以铸造形状复杂的薄壁铸件。

②铸件质量高,强度和硬度都较砂型或金属型铸件高,尺寸精度可达 IT12 ~ IT10,表面粗糙度 R_a 值可达 3.2 ~ 0.8 μm。

③生产率高,容易实现自动化生产。

④压铸机投资大,压铸型制造复杂、生产周期长、费用高。

压力铸造是实现少切削或无切削的有效途径之一。目前,压铸件的材料范围已由非铁合金扩大到铸铁、碳素钢和合金钢。

12.2.5　离心铸造

使熔融金属浇入绕水平轴、倾斜轴或立轴旋转的铸型,在离心力作用下,凝固成型的铸件轴线与旋转铸型轴线重合,这种铸造方法称为离心铸造。离心铸造在离心铸造机上进行,铸型可以用金属型,也可以用砂型。图 12.7 为离心铸造的工作原理图。其中,图(a)为绕立轴旋转的离心铸造,铸件内表面呈抛物面(重力与离心力共同作用),铸件壁上下厚度不均匀,并随铸件高度增大而越加严重,所以只适用于高度较小的环类、盘套类零件;图(b)为绕水平轴旋转的离心铸造,铸件壁厚均匀,适用于制造管、套(包括双金属衬套)、筒及辊轴等铸件。

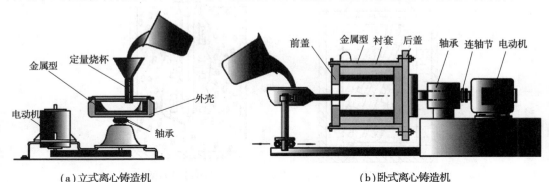

(a)立式离心铸造机　　　　　　　　　　　(b)卧式离心铸造机

图 12.7　离心铸造

在离心力作用下,金属结晶从铸型壁(铸件的外层)向铸件内表面顺序进行,呈方向性结晶,熔渣、气体、夹杂物等集中于铸件内表层,铸件其他部分结晶组织细密,无气孔、锁孔、夹渣等缺陷,因此铸件力学性能较好。对于中空铸件,可以留足余量,以便将劣质的内表层用切削的方法去除,以确保内孔的形状和尺寸精度。此外,离心铸造不需浇注系统,无浇冒口等处熔融金属的消耗,铸造中空铸件时还可省去型芯,因此设备投资少,效率高。

离心铸造主要适用于铸造空心回转体,如各种管子、缸套、圆筒形铸件,还可以进行双层金属衬套、轴瓦的铸造。

12.2.6 熔模铸造

用易熔材料(如蜡料)制成模样,在模样上包覆若干层耐火材料制成型壳,熔出模样后经高温焙烧然后进行浇注的铸造方法称为熔模铸造。熔模铸造又称失蜡铸造,其工艺过程如图12.8、图12.9所示。

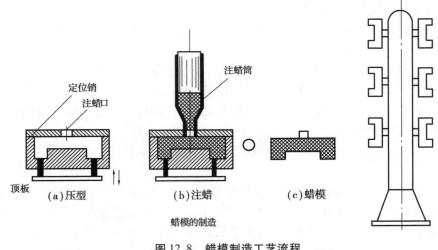

图 12.8　蜡模制造工艺流程

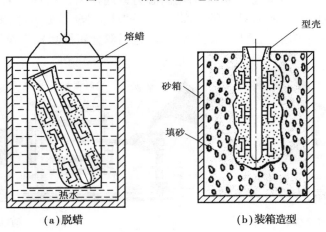

图 12.9　脱蜡与造型

标准铸件用钢或铜合金制成,用来制造压型。压型是用于压制模样的型,一般用钢、铝合金等制成,小批量生产可用易熔合金、环氧树脂、石膏等制成。熔模是可以在热水或蒸汽中熔化的模样,用蜡基材料(常用50%石蜡和50%硬脂酸)制成的熔模称为蜡模。它是将液态或糊状的易熔模料压入压型制成单个熔(蜡)模,然后将若干个单个蜡模黏合在蜡制的浇注系统上以形成模组。型壳的制造工艺是:将模组浸入以水玻璃与石英粉配成的熔模涂料中,取出后撒上石英砂再在氧化铵溶液中硬化,重复多次直到结成厚5~10 mm、具有足够强度的型壳;将型壳浸入80~95 ℃的热水中,使蜡模熔化浮离型壳,再将型壳焙烧除尽残蜡得到空腔的型壳。在型壳(铸型)外填砂是为了增强其强度和稳固性,便于进行浇注。

熔模铸造有如下特点：

①可以制造形状很复杂的铸件，因为形状复杂的整体蜡模可以由若干形状简单的蜡模单元组合而成。

②铸件的尺寸精度高(IT12～IT9)，表面粗糙度 R_a 值小(12.5～1.6 μm)，而且不必设置起模斜度和分型面。

③适应性广。因为型壳的耐火性好，所以既可以浇注熔点低的有色合金铸件，也可生产高熔点的金属铸件，如耐热合金钢铸件。

④生产工艺复杂，生产周期长，成本较高，铸件质量不能太大。

熔模铸造主要用于铸造各种形状复杂的精密小型零件的毛坯，如汽轮机和航空发动机的叶片、刀具、汽车、拖拉机、机床上的小型零件等。

【项目小结】

砂型铸造是用型砂紧实成铸型的铸造方法，其铸型为一次性的，应用最为普遍。工艺过程如图 12.10 所示。

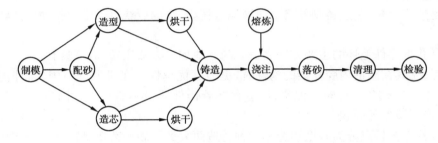

图 12.10　砂型铸造生产过程

表 12.2 所示为几种铸造方法的比较。在实际生产中，应根据各种铸造方法的特点合理选用铸造方法及工艺。

表 12.2　几种铸造方法的比较

比较项目＼铸造方法	砂型铸造	熔模铸造	金属型铸造	压力铸造	低压铸造
适用金属	任意	不限制，以铸钢为主	不限制，以有色合金为主	铝、锌、镁等低熔点合金	以有色合金为主，也可用于黑色金属
适用铸件大小	任意	小于 25 kg，以小铸件为主	以中、小铸件为主	一般为 10 kg 以下，也可用于中型铸件	以中、小铸件为主
批量	不限制	一般用于成批、大量生产，也可用于小批量	大批、大量	大批、大量	成批、大量
铸件尺寸公差/mm	100±1.0	100±0.3	100±0.4	100±0.3	100±0.4

续表

铸造方法 \ 比较项目	砂型铸造	熔模铸造	金属型铸造	压力铸造	低压铸造
铸件表面粗糙度 R_a/μm	粗糙	25～3.2	25～12.5	6.3～1.6	25～6.3
铸件内部质量	结晶粗	结晶粗	结晶细	表层结晶细，内部多有气孔	结晶细
铸件加工余量	多	少或不加工	少	少或不加工	较少
生产率(一般机械化程度)	低、中	低、中	中、高	最高	中
铸件最小壁厚/mm	3.0	通常为0.7	铝合金2～3；铸铁4.0	0.5～1.0	一般为2.0

(1)铸造及其特点

铸造是熔炼金属、制造铸型并将金属液浇入铸型，凝固后获得一定形状和性能铸件的成型方法。

铸造是获得零件毛坯的主要方法之一。与其他加工方法比较，铸造具有适应性广、生产成本低的优点，尤其在制造内腔复杂的构件时，更显其优越性。在机械产品中，铸件占有很大的比例，如机床中为60%～80%。但是，铸造存在着铸件质量不稳定、尺寸精度不高、工人劳动强度大、工作环境差等问题。

铸造按其工艺特点分为砂型铸造和特种铸造两大类。砂型铸造是最基本和应用最广泛的铸造方法，它是以型砂制造铸型的。

(2)锻造及其特点

锻造是在加压设备及模具的作用下使坯料、铸锭产生局部或全部塑性变形，以获得一定几何尺寸、形状和质量的锻件的成型方法。锻造可分为自由锻、模锻、胎模锻。

各类塑性良好的金属材料，如钢、铝、铜及其合金等都具有良好的锻造性能。

锻件内部组织致密、均匀，力学性能优于相同化学成分的铸件，能承受较大的载荷和冲击，因此力学性能要求较高的重要零件一般都采用锻件毛坯，如主轴、传动轴、齿轮、凸轮、连杆等。锻造还可节省金属材料，节省切削加工工时，提高生产率。但锻件形状的复杂程度不如铸件，尤其是不能加工脆性材料(如铸铁)和难以锻出具有复杂内腔的零件毛坯。

(3)焊接及其特点

焊接是通过加热或加压(或两者并用)并且用(或不用)填充材料，使工件形成原子间结合的连接方法。

焊接实现的连接是不可拆卸的永久性连接。与铆接相比，焊接具有节省金属材料、生产率高、连接质量优良、劳动条件好、易于实现自动化等优点。

在机械制造工业中，焊接广泛用于制造各种金属结构件(如厂房屋架、桥梁、船舶、车辆、压力容器、管道等)及某些机械零件的毛坯，还常用于修补铸件、锻件的某些缺陷和局部受损坏的零件，在生产中有较大的经济意义。

（4）**热处理及其特点**

热处理是采用适当的方式对金属材料或工件进行加热、保温和冷却以获得所预期的组织结构与性能的工艺。

热处理能显著提高钢的力学性能，满足零件使用要求和延长寿命，还可改善钢的加工性能，提高加工质量和劳动生产率，因此热处理在机械制造中应用很广。如汽车、拖拉机中有70%～80%的零件要进行热处理；各种刀具、量具、模具等几乎100%要进行热处理。

热处理按目的与作用不同，分为以下三类：

①整体热处理指对工件整体进行穿透加热的热处理，主要包括退火、正火、淬火和回火等。

②表面热处理指为改变工件表面的组织和性能仅对其表面进行热处理的工艺，主要包括火焰淬火、感应淬火等。

③化学热处理指将工件置于适当的活性介质中加热、保温，使一种或几种元素渗入工件的表层，以改变其化学成分、组织和性能的热处理。它主要包括渗碳、渗氮、碳氮共渗等。

【思考与练习】

1. 常用工艺装备有哪几种？

2. 如何区分模样或芯盒的凸体尺寸和凹体尺寸？这样划分尺寸的目的是什么？

3. 模样向模板上怎样固定和怎样定位才能防止错箱？

4. 为何较大尺寸的高压造型用砂箱设计成双层壁？

5. 哪种芯盒造芯最简便？哪种芯盒造芯最不方便？

6. 多触头造型机有很多触头的目的何在？

7. 为何射压造型有更均匀的紧实度？请从理论上说明。

8. 普通金属芯盒用于大量生产中（比如汽车制造厂），怎样保证每一代芯盒的尺寸精度都基本一致？

项目 13　锻造模具一般结构

【学习目标】1.掌握锻造的概念和特点。
　　　　　　2.掌握锻造模具分类及基本要求。
　　　　　　3.掌握冷锻模具结构组成。
【能力目标】1.掌握热加工与冷加工的区别与联系。
　　　　　　2.掌握冷锻模具的结构特点。
　　　　　　3.掌握分析锻造模具工作过程的方法。

任务 13.1　铸造工艺概述

锻造,是利用锻压机械对金属坯料施加压力,使其产生塑性变形以获得具有一定机械性能、一定形状和尺寸的锻件的加工方法,是锻压(锻造与冲压)的两大组成部分之一。锻造能消除金属在冶炼过程中产生的铸态疏松等缺陷,优化微观组织结构,同时由于保存了完整的金属流线,锻件的机械性能一般优于同样材料的铸件。机械中负载高、工作条件严峻的重要零件,除形状较简单的可用轧制的板材、型材或焊接件外,多采用锻件。

锻造按坯料在加工时的温度可分为冷锻和热锻。冷锻一般是在室温下加工,热锻是在高于坯料金属的再结晶温度上加工,有时还将处于加热状态但温度不超过再结晶温度时进行的锻造称为温锻。不过,这种划分在生产中并不完全统一。

冷锻,又叫冷体积成型,作为一种制造工艺和加工方法(即生产技术),它已得到广泛应用。冷锻变形理论的研究也得到重要发展并获得丰硕成果。目前,冷锻已成为一门独立的应用技术科学。与冲压加工一样,冷锻加工也是由材料、模具和设备三要素构成。冲压加工中的材料主要是指板料,而冷锻加工中的材料主要是用棒料与线材。

由于热锻严格限制了工件的加工温度范围,故为了考虑加热工件在加工过程中的时效性,热锻模具不可能太复杂。因此,本项目着重介绍相对复杂的冷锻模具结构。

13.1.1　冷锻的定义

所谓冷锻,是指在冷态条件下的锻造加工,或者说是在室温条件下,利用安装在设备上的模具使金属材料(坯料)压缩为成型零件的一种塑性加工中二次加工的方法。

13.1.2　对定义的几点说明

①"室温"或"冷态"只是习惯上的说法,是对应热锻(Hot Forging)必须把坯料加热后进行锻造而言的。这里的"冷态"实际上是指再结晶温度以下。因此,严格地说,冷锻是指在金属的再结晶温度以下进行的各种体积成型。表13.1是一些铁金属和非铁金属的最低再结晶温度。由此可以清楚地看出,即使在室温下,对铅、锡的成型加工都不能称作冷锻,而是热锻了。

表 13.1　一些金属的再结晶温度

金　属	最低再结晶温度/℃
铁和钢	360～450
铜	200～270
铝	100～150
锡	0
铅	0

②冷锻是一个总的名称，它包括墩锻、挤压、压印等工序，现阶段研究得最为活跃的部分是冷挤压。尽管如此，冷挤压仍是冷锻加工的一部分而不是全部。所以，在某些场合，有人把"冷锻""冷挤"视为同名词或并列词，这显然是不太符合冷锻定义的。同样，仅把冷锻看作是冷墩、冷模锻等也是不尽合理的。

此外，冷轧、冷拉、冷拔也是属于冷变形（加工）范畴，但因一般又把这些加工划为塑性加工中的一次加工而不是二次加工，所以本项目的内容构成并没有把它们包括进来。

综上所述，冷锻应该定义为在金属最低再结晶温度以下，利用设备和模具对其坯料进行压缩变形为主而获得成型零件的一种塑性加工方法。冷锻加工中的具体方法或技术经验可称为冷锻工艺，其使用的模具即为冷锻模。按照中国模协对模具的分类，它属于锻造模，应包括热锻模和冷锻模等。

任务 13.2　冷锻工艺特点和典型冷锻模具

13.2.1　锻造工艺分类

锻造按照其工艺过程可分为自由锻和模锻两类。

自由锻是将坯料加热到锻造温度后，在自由锻设备和简单工具的作用下，通过人工操作控制金属变形以获得所需形状、尺寸和质量的一种锻造方法。由于所使用的工具简单，通用性强，灵活性大，故适合单件和小批量锻件生产。但是，自由锻是靠人工操作控制锻件的形状和尺寸，故锻件精度差，生产效率低，劳动强度大。

利用模具使坯料变形而获得锻件的锻造方法称为模锻。与自由锻相比，模锻生产的锻件精度高，加工余量小，形状较为复杂。

锻造按照加工温度不同还可分为热锻以及冷锻，其加工温度范围主要取决于工件材料的再结晶温度范围。

13.2.2　冷锻的特点

在生产技术中，冷锻与切削、热锻、粉末冶金及铸造相比，具有以下主要优点：

①工件精度高，强度性能更好；

②材料消耗少，没有因加热而污染环境；

③生产率高，更易实现自动化；

④加工总成本较低。

如能克服下述方面的工艺难点，冷锻还会有更大的发展。这些方面主要是指发展对小批量生产的零件、高强度材料的零件、大型零件和异形零件等进行比较经济的冷锻，进而可以在更加广泛的工业领域里较为顺利地进行冷锻加工。温锻时,由于材料的硬化比冷锻时小、塑性变形可增大,故适宜于制造大尺寸和形状更复杂的零件。温锻零件的尺寸精度和表面状态并不亚于冷锻件。此外,实践证明,上述成为难点问题的零件有一部分可以巧妙地利用冷锻工序的组合或冷锻与其他种类加工工序(包括温锻)的结合生产出来。

由于冷锻加工具有重要的优点,再加上对加工难点的不断克服,所以它在国民经济的很多部门有着越来越广泛的应用。比如,国外汽车及发动机产品的性能和质量均要优于我国的产品,其中一个原因正是采用了冷锻加工。图 13.1 是汽车发动机中的一部分冷锻件的照片。

冷锻的优点往往不能用简单的方法发挥出来,因为对冷锻加工有这样一些特殊的要求(尤其是某些合金钢的冷挤或径向精整):

图 13.1 发动机中的冷锻件

①设备吨位较大,这是由于冷锻的变形抗力大,比如冷挤压时的单位挤压力达到毛坯材料强度极限的 4~6 倍甚至更高;变形程度更大,有的可达到 80%~90%。

②模具材料要求更高,模具制造复杂。这是因为单位冷锻力时常接近甚至超过现有模具材料的抗压强度极限。比如,冷挤压时的单位挤压力达 2 500~3 000 N/mm²,压印或精压时有的竟达 3 500 N/mm²。所以,模具材料要求更高,且都要设计、制造二、三层的预应力组合凹模。

③毛坯往往要进行软火退火和表面磷化等润滑处理。

13.2.3　冷锻模的分类及要求

(1)冷锻模的特点

冷锻模,即为冷锻加工用的专用模具,它是安装在冷锻设备上的专用工具。冷锻模对冷锻变形的顺利进行和冷锻产品质量的稳定起保护作用。对应不同的冷锻工序,需要有不同的模具。按完成冷锻工序的角度来分,冷锻模可分为:下料模、型锻模、预成型模、顶墩模、正挤模、反挤模、复合挤模、墩挤模、压印模、缩径模、变薄拉伸模……

凡是一种冷锻基本工序(包括复合变形工序)都有相应的模具名称。因此,这种分类方法可以有几十种模具名称,且工艺应用普遍。

(2)对冷锻模的基本要求

冷锻模具中,下料、型锻及模锻基本上与热锻相同或相似;而整径、变薄模又与冲模基本相同或相似。因此,具有冷锻特点的模具主要是冷墩模、挤压模和压印模等。这些冷锻模由于工作时要承受很高的压力,所以,应特别重视模具的强度、刚度和使用寿命等问题。对冷锻模的基本要求是:

①合理的模具结构,如常用组合式模具;

②模具的工作部分的形状及尺寸的设计,应以利于金属坯料的塑料变形、降低单位冷锻力为合理;

③选用合适的模具材料、正确的加工方案和热处理规范;

④模具应有良好的导向,以保证冷锻件的精度和模具寿命;

⑤模具安装及模具易损件的更换、拆卸应当方便;

⑥制造容易、成本低廉;

⑦操作简单,使用安全。

(3)冷锻模的结构特点

1)典型模的结构特点

冷锻模中最典型、最重要的是冷挤模。冷挤模与冷冲模相比,有共同之处也有其特点。

相同的地方:两种模具都可以分为工艺结构零件和辅助结构零件两部分。工艺结构零件部分包括工作零件、定位零件及压料、顶料零件;辅助结构零件包括导向零件、固定零件及标准紧固件。

冷挤模不同于冷冲模的地方主要有:

①凹模一般为组合式(凸模也常常用组合式)结构;

②上、下模板更厚、材料选择得更好;

③导柱直径尺寸较大;

④工作零件尾部位置均加有淬硬的垫板;

⑤结构更大、重量更重。

这种比较是在冷挤和冷冲零件尺寸大小基本上存在可比性的前提下进行的,若与像汽车覆盖件这类大型冲压模相比,那就不适合了。

图 13.2 是照相机镜筒的挤压模具,这是一种比较典型的冷挤压模具的结构模式。从图中完全可以看出冷挤压模具以上所述的一些结构特点。

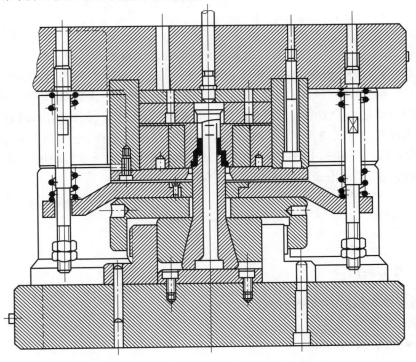

图 13.2　照相机镜筒冷挤压模

2）冷锻模的通用模架

与冷冲压件的成本一样,在冷锻件的成本计算中,冷锻模具的成本占总成本的比例很大。为此,生产实际中常常把冷锻模的模架做成通用的,一般称为通用模架。如汽车上的 4 种轴类零件:前避震器上轴、前避震器下轴、后避震器上轴、后避震器下轴,因尺寸很相近,故某厂对四种零件作冷缩径复合工艺生产就是采用的一副通用模架,如图 13.3 所示。

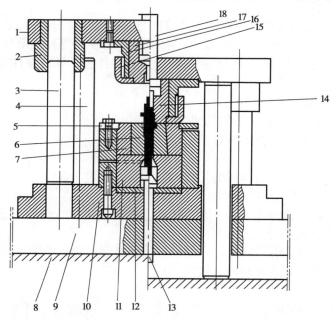

图 13.3　冷缩径镦粗采用的通用模架

1—上底板;2—导套;3—导柱;4—压棒;5—凹模压圈;6—凹模;7—紧固套;8—压台气垫;9—压床台面;
10—下底板;11—顶料套;12—垫板;13—下顶棒;14—外套;15—螺帽;16—上模托圈;17—上模;18—上顶棒

这副通用模架是用于济南第二机床厂生产的 K265 型压床上,压床的滑块行程为 460 mm,在压床台面下面安装有气垫 8。为了利用气垫的压力来推出工件,在模具上采用了两根压棒 4。在气垫 8 压下时,下顶棒 13 亦同时向下退让,此时压棒 4 给予气垫的压力消失,气垫 8 就弹回到原来的位置,同时推动下顶棒 13,将工件向上顶出。

任务 13.3　技能训练

13.3.1　冷锻实例

（1）胶轮手推车掣肘的精密冷缩径

工艺过程:

①热轧坯去锈,磷化、皂化。

②冷缩 ϕ30 mm(m7),如图 13.4(a)所示。

③冷缩 ϕ26 mm,如图 13.4(b)所示。

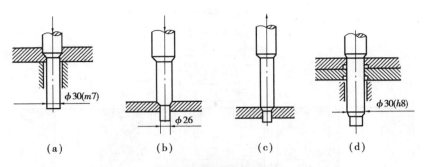

图13.4　胶轮手推车掣肘的精密冷缩径工艺流程

④整形 ϕ26 mm,如图 13.4(c)所示。

⑤冷缩 ϕ30 mm(h8),如图 13.4(d)所示。

⑥滚螺纹 M26 mm(此为后续工序)。

西安东风车辆厂的生产应用结果证明,冷缩径工艺优于原车削工艺。具体表现为:生产率高;尺寸精度和表面粗糙度均保证了要求;提高了车轴强度。

(2)铝压力锅锅身的变薄拉深

零件:如图 13.5 所示。材料:L3(L5)。料厚:4.5～5.0 mm

工艺过程:

①落圆料。

②滚油(润滑)。

③拉深。

④润滑。

⑤变薄拉深。

⑥切边冲槽。

⑦抛光。

说明:对于不锈钢材料的压力锅锅身,其加工工艺大致相同但有其特点。

(3)冷挤仪表旋钮帽的通用模架

模具设计要点:

①通用模架如图 13.6 所示,可用于正挤压、反挤压或复合挤压。其中,反挤压零件如图 13.7 所示。

②凹模为三层组合结构,位置精度由零件 2 保证。

③采用半刚性卸件板卸件。

④采用反拉杆机构,由零件 5、6、1 组成,通过零件 3 顶件。

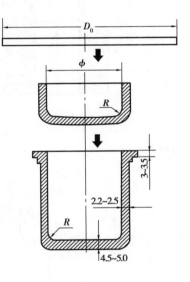

图13.5　变薄拉深

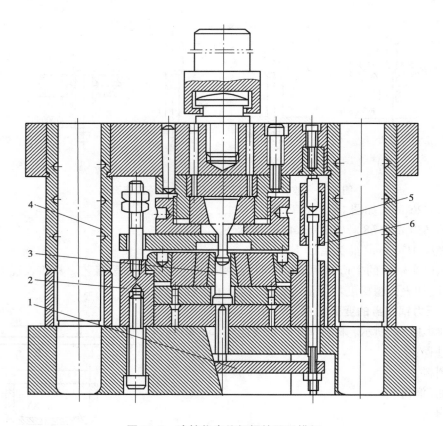

图 13.6 冷挤仪表旋钮帽的通用模架

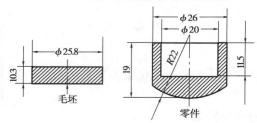

图 13.7 反挤压零件

13.3.2 空心杆镦锻成型模具

空心杆是端部加厚钢管的一种,在石油钻采业上被大量采用。随着机械采油工艺的不断发展,空心管在油田上的用量不断增加。在浅井中由于空心杆的强度不是制约因素,使用空心杆具有降低悬点负荷、节能的优点。通过空心杆的空心通道向井内注入热蒸汽、热水或热油、降黏剂和防腐剂,能有效地降低开采难度。随着高含蜡、高凝固点和特、超稠油油田的不断开发,空心杆的应用范围逐年扩大,空心杆采油工艺技术也得到了较大发展。

但是,空心杆管端部的变形长度长,镦粗时易发生塑性失稳而产生折叠,特别是在法兰部位;同时,管坯的六方部不易充满。

（1）锻件工艺分析

图 13.8 所示的锻件为某型号空心杆锻件图,材料为 35CrMn,其主要外形尺寸如图所示。管坯的外径 $D = 36$ mm,内径为 $d = 24$ mm,其壁厚为 $t_0 = 6$ mm,锻件的总长度为 120 mm。在锻件前端的圆台的平均壁厚为 $t_1 = 9.12$ mm;最大壁厚在法兰部位,其壁厚约为 $t_2 = 13.75$ mm;六方处的平均壁厚为 $t_3 = 9.39$ mm。

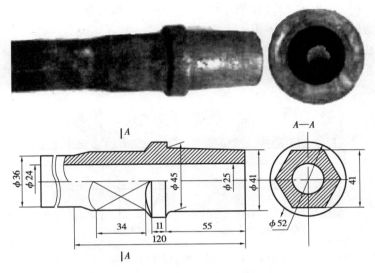

图 13.8　空心杆锻件示意图

经计算,锻件变形部分的体积为 121 518 mm³。拟采用闭式聚料、开式终锻,取飞边的厚度为 2 mm,宽度为 10 mm;毛坯的烧损率取 $\delta = 0.5\%$。根据体积不变原则,管坯的变形长度为 $l_0 = 223$ mm,其锻比为:

$$l_0/t_0 = 210/(D - d) = 2 \times 223/(36 - 24) \approx 37 \gg 3.0$$

因此,要正确成型该锻件,避免管坯失稳而产生纵向弯曲和形成折叠,要进行多次聚料,最后终锻成型。该锻件采用成型工艺为:闭式聚料、开式终锻成型,最后切除飞边。

（2）**管坯镦锻规则**

1）管坯端部镦粗成型

管坯局部镦粗要避免失稳而产生纵向弯曲进而形成折叠,应满足局部镦粗规则:

当 $l/t_0 \le 3.0$ 时,可在一次行程中自由镦粗到任意形状和尺寸。

当 $l/t_0 > 3.0$ 时,应进行聚料,其厚度 t 的变化规则为:

$$t_n = (1.5 \sim 1.3) \cdot t_{n-1}$$

式中　l——管坯的镦锻变形长度;

　　　t_0——管坯的壁厚;

　　　t_{n-1}——管坯第 $n-1$ 次聚料时的管坯厚度;

　　　t_n——管坯第 n 次聚料时的管坯厚度。

2）管坯中部法兰镦粗成型

如图 13.9 所示,两端夹持、管坯中部镦粗成型法兰时,管坯的内径、外径同时增大,管坯壁厚增加;当管坯的变形长度超过某一临界值时,随着镦锻量的增加,将会在管坯内壁形成向外凹陷(图13.9(a)),进而产生折叠(图13.9(b)),从而使锻件报废。

管坯的外径为 D_0,内径为 d_0。在管坯中部镦粗成型凸缘,如图13.10所示,凸缘的直径为 D_f,长度为 H_f,管坯其余部分尺寸保持不变。若要一次镦锻出凸缘而不产生折叠,必须同时满足以下两个条件,即:

$$V_f \leqslant 3V_p(体积条件);H_f \leqslant 1.8t(长度条件)$$

式中　V_f——成型后法兰部分的体积;

　　　V_p——与法兰等长度的管坯体积。

两式的含义是:在满足体积条件后,管坯可一次镦锻出长度条件所限定长度的法兰。

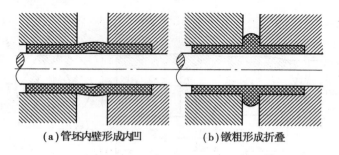

(a)管坯内壁形成内凹　　　(b)镦粗形成折叠

图13.9　管坯内壁的内凹和折叠

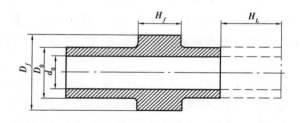

图13.10　管坯中部镦粗形式

(3)锻造工步图

空心杆成型时,内径基本不变,外径增大。管坯镦粗时,杆部夹持不动,端部和冲头直接接触,所以坯料金属的变形速率 ε_z 沿管坯的轴向呈线性分布,端部最大,向杆部逐渐减小,直至 $\varepsilon = 0$。但是,靠近杆部的方部和法兰处的壁厚相对较大,所需的金属体积最多。为了使锻件的方部和法兰处充型饱满,锻出合格的锻件,在聚料工步将优先增加方部处的相应管坯壁厚。由于管坯的变形长度大、壁薄,镦锻时稳定性较差,容易发生折叠缺陷,故增加管坯镦锻的稳定性是首要的问题。所以分两次聚料,使变形尽可能均匀。根据管坯的镦锻规则,此种规格的空心杆的镦锻工步图为两次闭式聚料、一次开式镦锻成型。该管坯工步图如图13.11所示。

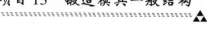

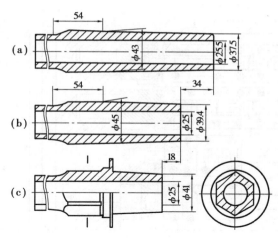

图 13.11　锻造工步图

（4）**管坯平锻模具**

根据制订的镦锻工步图,设计的空心杆平锻模如图 13.12 所示,模具的闭合长度为 1 020 mm。该模具安装在水平分模 6 300 kN 平锻机上,共 4 个工步,在最后工步上切除在第 3 成型工步上形成的横向飞边。为了便于操作,减短成型工步和切飞边工步凸模部分的长度,节约模具钢,聚料工步 1、聚料工步 2 对齐;第 3 步成型工步和第 4 步切飞边工步对齐,且相对于聚料工步前移 167 mm,操作时管坯向前移动相应的距离。

（5）**镦锻试验**

管坯采用中频感应圈加热。由于管坯的壁厚较薄,和杆部相连的变形部分由于热传导的作用,该处温度相对较低,端部温度最高,会使金属发生过烧。加热时,应使管坯在整个变形长度上温度尽可能均匀,尽量避免端部出现过烧及杆部相连的部分低于始锻温度的情况。锻造时,可采用水基石墨润滑剂来润滑模具。

图 13.8 上图为切边后的锻件图照片。从图中可以看出,锻件的前端和法兰充满良好,方部基本充满,锻件的内壁光滑,基本上没有出现内凹。该锻件基本上达到了图纸的技术要求,可以满足使用。

（6）**小结**

对于大变形量的空心杆端部局部镦粗成型,根据设计的平锻工步图,设计的平锻模具结构合理可靠,镦锻比分配合理,在第一次聚料时能使管坯相对于锻件凸缘和六方部位聚集较多的金属且不发生锻造缺陷;进行第二次聚料时,相应于凸缘和六方部位进一步聚集金属,使该部分在第三步成型时有足够的金属充满模腔。聚料毛坯前端设计成锥形,增加了聚料时毛坯的稳定性。从得到的锻件看,六方、凸缘和前端部分金属都充满了模腔且没有发生成型缺陷。

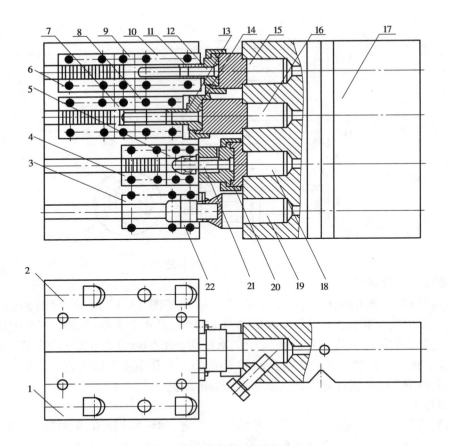

图 13.12 管坯平锻模具图

1—上凹模体；2—下凹模体；3—扶正模；4—三道夹紧模；5—成型凹模；6—夹紧模；
7—二道聚料凹模 1；8—二道聚料凹模 2；9—一道聚料凹模 1；10—一道聚料凹模 2；11—一道凸模；
12—一道芯轴；13—二道芯轴；14—二道凸模；15—一道模柄；16—二道模柄；17—夹持器；
18—三道模柄；19—切边凸模；20—成型凸模；21—三道芯轴；22—切边凹模

【项目小结】

表 13.2 各种加工方法的尺寸精度

ISO 等级 加工方法	尺寸精度值											
	5	6	7	8	9	10	11	12	13	14	15	16
热模锻、热挤						⋯⋯		──				
温 锻					──							
冷 锻			⋯⋯	──								
研 磨	──											

注：1. ISO 国际标准化组织。

2. 实线表示能达到的精度。

3. 虚线表示大部分工件能达到的精度。

　　目前,我国冷锻加工零件的材料有铝及其合金,铜及其合金;银、镍、镁、锌、镉合金、可伐合金(kovar)等非铁金属;铁金属中除碳钢、合金结构钢、轴承钢之外,还有若干品种的高速钢。

【思考与练习】

1. 冷锻和冷冲的区别与联系各是什么?

2. 对冷锻模具材料的基本性能要求是什么?

3. 常用的冷锻模具材料有哪些? 你知道另外一两种新的冷锻模具钢吗?

项目 14　简易模具结构

【学习目标】1. 了解简易模具分类。
　　　　　　2. 掌握低熔点合金简易模具的性能及工艺特点。
【能力目标】1. 能通过低熔点合金简易模具的工艺特点进行与锌基合金简易模具工艺特点的区别与联系。
　　　　　　2. 能仿照简易冷冲模设计流程进行简易冷冲模分析、设计,并拟定工艺流程。

任务 14.1　简易模具概述

　　模具的造价高,通常用于大批量生产。为了提高产品质量,研制高精度、高效率、高寿命的模具是十分必要的。但从另一方面来看,在小批量生产和新产品试制的情况下,并不要求高精度、高效率和高寿命,而是要求在短时间内用简易的方法以低成本制造出模具。这种情况在模具制造中占有一定的分量。因此,开发各种简易制模新技术是生产发展的需要,也是模具技术中的一个重要研究课题。

　　近年来,简易模具迅速发展。日本 NKR 精工开发出了一种采用特殊单体铸塑尼龙(Monomer Casting Nylon)的注射成型简易模具。其特点是加工简单,可快速完成模具制造,可用于小批量产品生产领域。

　　这种特殊的单体铸塑尼龙是该公司与日本 Nansin 公司共同开发的。过去的简易模具树脂只有 200 ℃ 左右的耐热性,所以无法用于小批量产品的生产。而新型模具具有高达 250 ℃ 的耐热性以及数千至数万次冲击寿命,可把过去需 2 周的交货期缩短至 2 天,其制造成本也可削减至 1/3 左右。

任务 14.2　简易模具的分类和典型简易模具

　　目前,简易制模方法繁多,主要有锌基合金、低熔点合金铸造和利用金属超塑性制模等。下面仅介绍锌基合金和低熔点合金铸造模具的方法。

14.2.1　简易模具分类

简易模具按照其工艺及选用材料可以分为以下几种:
①简易冷冲模,包括薄板冲模、钢带冲模、通用冲模、组合冲模等。
②低熔点合金简易模具,包括低熔点合金冷冲模、低熔点合金压蜡模(压型)、低熔点合金铸造模、低熔点合金注塑模等。
③锌基合金简易模具,包括锌基合金冲裁模、锌基合金拉延—成型模、锌基合金塑料模、超

塑(性)锌基合金塑料模等。

④铝合金简易模具,包括铝合金精铸压蜡模(压型)、铝合金注塑模、其他铝合金塑料模、铝合金橡胶制品模、铝合金有机玻璃、石英玻璃成型模等。

⑤聚氨酯橡胶简易模,包括聚氨酯橡胶冲裁模、聚氨酯橡胶弯曲模、聚氨酯橡胶拉延—成型模等。

⑥天然橡胶简易模具,主要以橡皮冲模为主。

⑦环氧树脂简易模具,包括环氧树脂冷冲模、环氧树脂塑料模、环氧树脂熔模精铸压蜡模(压型)等。

⑧铍铜合金简易模具,包括铍铜合金塑料成型模、其他铍铜合金模具等。

⑨陶瓷型制模技术及简易陶瓷模,包括陶瓷塑料成型模、陶瓷铸造模、其他陶瓷简易模具等。

⑩石膏简易模具,包括石膏简易精铸压蜡模(压型),铝合金精铸石膏模,首饰,文物、工艺美术品铸造(复制)用石膏模等。

⑪硅橡胶简易模具,包括硅橡胶塑料制品成型模,硅橡胶压蜡模(压型),古玩、文物、艺术品铸造(复制)用硅橡胶模等。

⑫其他简易模具,包括电铸模、火焰喷镀模、金属粉末烧结模、合金堆焊模等。

本项目仅就工业生产中的常用的锌基合金简易模具、低熔点合金简易模具及冷冲简易模具作简单介绍。

14.2.2　低熔点合金模具

(1)概述

低熔点合金模具是采用熔点较低的有色金属合金为制模材料,以样件为基准,在熔箱内铸造成型的一种模具。低熔点合金可以用来制作成型、弯曲、翻边等模具。若以低熔点合金作基体,采取镶拼钢刃口的方法还可制成冲孔、落料、切边等模具。此外,还可制成塑料模具生产儿童玩具、日用品及其他塑料产品。

与钢模具相比,低熔点合金模具制模工艺较为简单,省去了大量的机械加工工作量;制模周期短,凸、凹模可以同时铸成,凸、凹模之间的间隙均匀,省去了研配、调整型腔间隙等工作,铸后即可使用,制模周期一般比钢模缩短 60% ～80%;制模成本低廉,低熔点合金模具除冲孔、切边等模具刃口部分需要少量钢外,其他的模具只用少量普通钢材,模具失效后,低熔点合金可以重熔再铸新模反复使用,因此,制模成本与钢模相比可降低 70% 左右。此外,低熔点合金模具尺寸精度较高,间隙均匀,合金硬度较低,用低熔点合金模具加工出来的零件表面不易出现拉伤、划痕等缺陷,表面平整光洁,质量较好,但寿命比钢模低。

低熔点合金模具这一新技术在我国得到推广和应用,开始只能对冲压零件进行拉深、弯曲等成型加工;继而采用镶钢刃口后,低熔点合金模具也可以进行冲裁加工;之后,还成功地制成低熔点合金镶钢刃口复合模具。这样,一般钢模具能完成的冲压工序,低熔点合金模具也得到应用。随着低熔点合金模具在我国的应用和发展,近年来,我国研制成功了低熔点合金自铸模专用压力机并投入生产。

（2）制模用低熔点合金的性能

低熔点合金常由熔点较低的有色金属铋、铅、锡、锑等组成,配合的合金比原来金属的熔点更低,但强度较高。常用三种低熔点合金的成分见表 14.1。

表 14.1　三种低熔点合金的成分

合金成分＼质量分数	名称	元　素				合金熔点/℃
		Bi	Pb	Sn	Sb	
	熔点/℃	271	237.4	232	630.5	
Ⅰ		48	28.5	14.5	9	120
Ⅱ		45	35	15	5	100
Ⅲ		58		42		138.5

表中合金 Ⅰ 性能最佳,不仅浇注性能好,而其有足够的强度。其浇注温度为 150 ~ 200 ℃,抗拉强度为 91.2 MPa,抗压强度为 111.2 MPa,冷胀率为 0.002,密度为 9.04 g/cm^3,布氏硬度 HBS 为 19,伸长率 δ < 1%。

（3）低熔点合金模具的铸模工艺

低熔点合金模具的铸模工艺可分为自铸模工艺与浇铸模工艺两大类。分别简介如下:

1）自铸模工艺

这是指熔箱本身带有熔化合金的加热装置。熔化后的合金在熔箱内,以样件为基准,通过样件使液态合金分隔,冷却凝固后,同时铸出凸模、凹模和压边圈等零件。铸模工作可以在专用压力机或通用压力机上进行,也可以在压力机下专用的铸模装置上进行。该装置具备同压力机上铸模一样的功能和动作,把模具铸好后可再次安装到压力机上使用。

低熔点合金模具都是依靠样件铸造的。所谓样件,是用与零件厚度相同的金属板材或塑料、玻璃钢等非金属材料制成的铸模工艺零件。样件的形状及尺寸决定着模具型腔的形状及精度,它必须满足模具结构及成型工艺要求。

图 14.1 为一专用压力机上自铸模工艺过程示意图,主要的过程有:

①熔化合金,如图 14.1(a)所示。

压力机上设置带有电加热器的熔箱,它是一个熔化合金进行铸模的容器,同时又是模具的组成部分。熔箱由主熔箱与副熔箱组成,并有加热、冷却、加压、测量和排放合金的装置。主熔箱是熔化合金进行铸模的一个箱体;副熔箱与主熔箱连通,相当一个合金的贮藏器。在铸模过程中,可通过副熔箱调整主熔箱内的合金液面高度。加热装置用以供给熔化合金的热量;水冷或风冷装置用以加快铸模后合金的凝固过程;加压装置是与副熔箱联接在一起的,通过压缩空气对合金液面施加压力,使合金从副熔箱流入主熔箱,以调整主熔箱内合金液面的高度。在铸模过程中,可通过测温装置测量温度。熔箱最低位置处设有合金排放管,供熔化的合金从熔箱中流出。铸模时,应首先通电加热使合金熔化。

②浸放样件,如图 14.1(b)所示。在熔箱上安装有凹模板,在压力机的主滑块上安装有凸模架和样件。当合金达到铸模温度后,将滑块下降,使样件和凸模架浸入合金溶液中。

③通气加压和冷却,如图 14.1(c)所示。

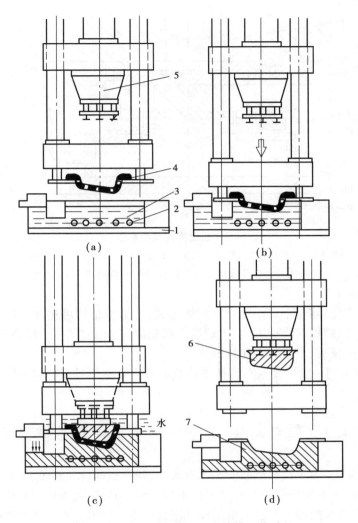

图 14.1   专用压力机上自铸模工艺过程

1—熔箱;2—电加热器;3—合金;4—样件;5—凸模架;6—合金凸模;7—合金凹模

在副熔箱内通入压缩空气加压,调整主熔箱内合金液面高度,使合金充满至凸模板。达到铸模要求后,通水冷却,加速合金凝固并继续通气加压。

④分模,如图 14.1(d)所示。

合金冷却凝固后,压力机滑块上升,凸、凹模分开,取样件,铸模即完成。将模具上的溢流柱等稍加清理后,即可进行冲压工作。

2)浇铸模工艺

这是指熔箱本身不带熔化合金的加热装置。它是先将熔箱与样件、模架等组装好后,通过另外的加热装置将合金熔化,然后把液态合金浇注在熔箱内制模。它同样可以在压力机上或压力机下进行。

如图 14.2 所示为一机上浇铸模示意图,凸模架与熔箱分别固定在压机的滑块和工作台上,将样件放入熔箱后,再将滑块下降到适当位置并固定。由另外的熔化装置熔化好合金溶液

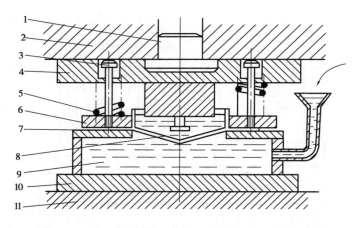

图 14.2　机上浇铸模示意图

1—模柄;2—压机滑块;3—螺杆;4—连接板;5—弹簧;6—卸料板;
7—样件;8—合金凸模;9—合金凹模;10—熔箱;11—工作台

后,便可浇注到熔箱内。

这种铸模的优点是:熔箱不设熔化合金的加热装置,熔箱结构可更加紧凑;模具各部件相对位置容易得到保证;铸模时操作方便;占用压力机的时间较少,有利于提高压机的利用率和维护;不足之处是:铸模后,重熔合金比较困难。

除此之外,尚可采用一般砂型或石膏型来铸造低熔点合金模具,这些均属于浇铸制模工艺范畴。

任务 14.3　项目实施:关于防磨盖板的简易模具设计

在电站锅炉产品中,为了延长产品的使用寿命,有些易损部位在管子或管屏外边需要与之相配的防磨盖板。由于不同的管径及产品部位不同,所需的防磨盖板的尺寸也不尽相同。

一直以来,防磨盖板的加工方法均采用模具压制成型。随着盖板种类的增多,尺寸也越来越大,若采用常规的模具压制方法,势必会使生产成本大大提高。能不能找到一种简易的方法,既能完成各种防磨盖板的压制,又能使生产的成本降下来。

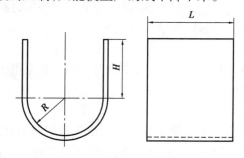

图 14.3　防磨盖板

(1)防磨盖板零件介绍

图 14.3 所示工件为防磨盖板,制件的材质为 1Cr13,各种防磨盖板的具体尺寸见表 14.2。

H 尺寸为 0 ~ 440 mm，R 为 27 mm、30 mm、31 mm、33 mm、34 mm、37 mm 等各种不同规格尺寸，L 尺寸最大可达 2400 mm，$\delta = 3$ mm。

表 14.2　防磨盖板尺寸形式

序　号	R/mm	H/mm	L/mm	数量/件
1	27	0 ~ 295	25 ~ 600	490
2	30	0 ~ 400	25 ~ 2 350	2 500
3	31	3	600	95
4	33	0 ~ 440	25 ~ 600	1 920
5	34	3	600	570
6	37	3	600	380

（2）工艺性分析

该产品的精度要求不是十分严格，但由于该产品不同规格的有十几种，而且尺寸较大，若采用常规方法，不同尺寸规格的产品各对应一套模具，生产成本会大大提高。经仔细分析、考虑，决定采用一种简单的通用性模具，上模采用生产中的管子，下模做成可以调节的模块。

（3）模具结构

现采用一种简单的模具结构。如图 14.4 所示，上模采用壁厚较厚的管子，下模采用镶块式结构。对于压制不同 R 的防磨盖板时，上模只需更换不同管径的管子即可。由于下模采用镶块式，开口宽度由镶块两边的垫片来调节。上模（管子）用夹片固定在肋板两端上，在验证模具时发现，上下模合模时，由于工件对上模产生很大的包紧力，以致出模时上模产生变形，上模中间出现挠度。为了解决这个问题，可在上模的中间位置焊上螺栓并将其固定在肋板上。实际表明，这种方法是有效的。

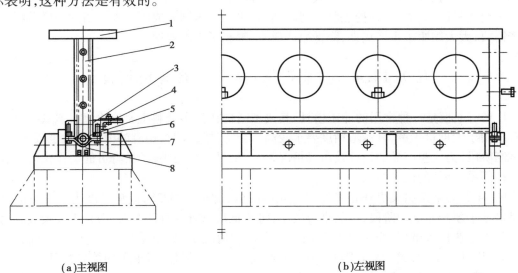

(a)主视图　　　　　　　　　　　　　　(b)左视图

图 14.4　模具结构

1—盖板；2—肋板；3—下模镶块；4—定位板；5—上模（管子）；6—垫片；7—夹片；8—垫铁

（4）模具设计中注意的一些问题

1）肋板的设计

①肋板的厚度。防磨盖板最小的半径 R 为 25.5 mm，直段最长为 440 mm。肋板的厚度必须小于防磨盖板最小直径，高度必须大于防磨盖板的最大直段。故在本套模具中，防磨盖板的厚度取 46 mm，高度取 445 mm。为了减重，在肋板上开了 7 个 ϕ200 mm 孔。

②肋板与管子的接触面。肋板与上模（管子）之间的接触面采用了"V"形。圆弧面固然效果最好，可由于防磨盖板的规格多种多样，通用肋板与上模（管子）的接触面若采用弧面就不可能都吻合，而直线接触的受力状态不好。现在采用了"V"形，这样，接触面与管子是两条对称的线接触，受力均匀。

③肋板的长度。目前工件的长度最长为 2 380 mm，模具的长度采用 2 400 mm。为了模具在工作时各部分不产生干涉，肋板的长度选择 2 500 mm。

2）下模的设计

下模由两个镶块构成，下模的开口宽度由添加或减少垫片来实现。应根据车间实际情况选择一个合适的下模座。并根据防磨盖板尺寸的不同加工出合适的调整垫片。

3）垫铁的设计

垫铁在这套模具里既起到校形的作用，又起到卸料的作用。垫铁放在下模的最底端，垫铁的两端焊上两个螺母，通过钢丝绳与上模肋板相连，等压完工件后，上模上行时带动垫铁上行，将工件带出下模，起到卸料的作用。垫铁的长度是一个很重要的参数，太长了，固定上模的夹片会与垫铁干涉，工件不能很好地成型，太短了又起不到卸料的作用。这套模具里垫铁的长度取为 2 400 mm。

（5）工作过程

上模通过盖板与设备连接，将坯料放在下模上，用定位板定好位，随着上模向下移动，坯料成型。上模继续下行，起到校形的作用。上模上行，带动垫铁将工件从下模中脱出，拿下工件；上模下行，将垫铁放回原来位置，完成一次压制周期。

本套模具简单、方便、快捷、通用性强。它几乎可以压制完成所有大规格的防磨盖板，满足生产需要，大大缩短了生产周期，降低生产成本，提高了生产效率。

任务 14.4　技能训练:简易 U 形弯曲模设计

U 形弯曲模是一种常用的冲压模具，其典型结构在许多资料上都有介绍。典型的 U 形弯曲模适用于大批量生产，其制造精度要求较高。当零件较大时，相应的模具尺寸也较大。在产品试制阶段，为检验产品的设计及市场情况，生产批量一般较小，产品有可能会作修改，因此要求一种简易、轻便的模具结构。

图 14.5 为某型温泉机外壳组件中的壳体部分，材料为 Q235，板料厚度为 0.8 mm。由于温泉机处于新产品试制阶段，产品批量较小，每个批次只有一百件左右，而且零件较大。另外，厂家要求尽快投入市场，模具制造工期短。在这种情况下，如果采用正式模具不仅制造工期长，而且模具重量大，成本高。因此，为了降低成本和便于操作，考虑采用简易模具。

（1）模具设计要点

板料展开尺寸经过计算为 406 mm×333 mm。毛坯尺寸较大，精度要求不高，因此可以采用剪板机下料。弯曲力约为 3.5 kN,由于模具较大,工作行程较长,因此冲压设备选用现有 630 kN 开式压力机。

模具设计的关键在于保证零件的形状精度,由于相对弯曲半径 $R/t = 50$,远远大于一般资料上提供的计算回弹角的相对弯曲半径值,因此回弹角将可能达 10°以上,这将造成后续焊接的困难。控制 U 形件回弹量一般可以采用以下两种方法:

①选择凸、凹模间隙小于板料厚度,使板料流入凹模受到的摩擦阻力增大,相当于在变形区的切向施加了很大的拉应力,改变了变形区的应力状态,从而使得回弹量变小。但这种方法会造成板料变薄、模具磨损加剧、容易擦伤零件表面等问题。

②采用带底凹模,用弹性反顶板作凹模底,这样可以在弯曲的后期对工件的底部产生压平作用,从而减小回弹。

但是,以上两种方法在工件的相对弯曲半径较大时,并不能完全使 U 形件侧边和底部夹角达到 90°,因此本模具考虑通过一定的措施使得工件在模具中的弯曲角度超过 90°,从而补偿工件的回弹。

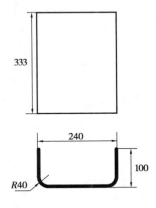

图 14.5 温泉机外壳

(2)模具结构

模具结构的设计需要满足结构简单、容易制造、易于搬运的要求。简易 U 形弯曲模结构如图 14.6 所示。上模中的凸模采用两段直径为 80 mm 的厚壁钢管制成,两端用焊接的方法封口,然后与固定板焊接在一起,固定板上装有模柄。下模中的凹模采用同样的两段钢管,两端用焊接的方法封口,在封口钢板中间钻有固定孔,用直径 14 mm 冷拉棍制作芯轴,从钢管中间穿过固定于两侧连接板上,连接板采用 90 mm × 90 mm 角钢制成。这样,用 4 根钢管解决了凸、凹模的圆角加工的问题。同时,由于凹模在弯曲模工作时可以绕着芯轴转动,使得工件毛坯容易进入凹模中,不容易产生划伤现象。下模中的顶板用通用弹顶器提供顶出力,对工件起到底部压平和顶出工件的作用。工件毛坯定位采用外加定位板的方法,不和模具制作在一起。

由于 U 形弯曲模需要保证凸、凹模之间的间隙,工件弯曲半径较大,需要采取措施来减小凸、凹模间隙,或者采用补偿措施。本模具采用在凸、凹模之间放橡胶板的形式,既简化了模具结构,又起到了补偿的作用。

由于橡胶板有一定的弹性,而工件厚度不大,弯曲力也不大,橡胶板弹性产生的力就可以将板料弯曲成型。在加入橡胶板后,凸、凹模间隙要求就可以降低,制造变得容易了。橡胶板的重要作用在于可以起到补偿 U 形件回弹的作用。

图 14.7 为加橡胶板后 U 形弯曲模的工作图。弯曲模凸、凹模间隙小于橡胶板厚度,这样在弯曲终了时,U 形件竖边在橡胶板弹性的作用下向内侧弯曲,由此可以补偿工件的回弹。选用不同厚度的橡胶板或者调节两个凹模的距离就可以得到不同的弯曲补偿量,从而得到合格的工件。

(3)小结

采用简易 U 形弯曲模在温泉机的试生产中起到了制模快速和降低成本的作用,整个模具机械加工量很少。橡胶板的采用使得弯曲回弹得到补偿,减少了后续加工的困难。经过生产

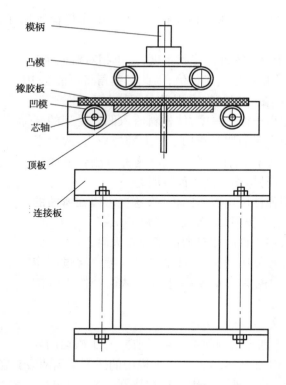

模柄
凸模
橡胶板
凹模
芯轴
顶板
连接板

图 14.6　简易 U 形弯曲模结构

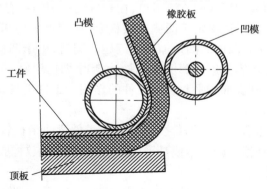

凸模
橡胶板
凹模
工件
顶板

图 14.7　U 形弯曲模工作图

使用,效果显著,制件符合要求。这一模具结构对于小批量生产和较大相对弯曲半径的 U 形件的生产有借鉴意义。

【项目小结】

(1)低熔点合金模具的特点

①模具制造工艺简单、制模周期短、制造成本低。

②凸模和凹模可以通过铸模同时形成,间隙均匀,使用时无需大的调整。可以在压力机上直接铸模,铸后即可使用,合金材料可以反复熔铸使用。

③低熔点合金强度低,冲压过程中材料不易拉伤和产生划痕,有利于提高冲压零件的表面质量,同时由于模具间隙均匀,冲压零件的几何形状和尺寸精度容易保证。

（2）熔点合金模具的应用

低熔点合金模具适于加工的材料有:铜与铜合金、铝与铝合金、冷热轧钢板、不锈钢及软钢板。冲压板材厚度以 08F 冷轧板为例,一般低于 2.5 mm,有的可用于 4 mm 板料拉深。

低熔点合金模具可用于单工序拉深、成型,也可用于冲裁、大型覆盖件拉深,效果十分明显。

低熔点合金模具应用的技术经济效果表现为:制模周期可缩短 80% ,耗用钢材可减少 10% ~80% ,模具制造成本可降低 60% ~80% 。

（3）低熔点合金材料

合金材料的成分和性能用于模具制造的低熔点合金材料主要如下:

①铋基合金,包括铋锡二元共晶合金和非共晶合金、铋基四元合金。

②锌基合金,包括锌铝铜三元合金和锌铝铜镁合金。

③铅锡锑铜四元合金。

实际生产中,将用铋基合金制作的模具称为低熔点合金模具,将用锌基合金制作的模具称为锌基合金模具。

【思考与练习】

1. 常用简易模具可分为哪几类？ 每一种简易模具又有怎样的应用？

2. 常用低熔点合金模具采用的低熔点合金有哪几种？ 其性能又如何？

3. 简述锌基合金简易模具的制造过程。

主要参考文献

[1] 屈华昌. 塑料成型工艺与模具设计[M]. 北京:高等教育出版社,2005.

[2] 蒋贵芝,王丽. 我国模具技术的发展现状及其发展趋势[J]. 机电产品开发与创新, 2008(4).

[3] 陈础云. 塑件强制脱模机构设计[J]. 模具工业,2009(8).

[4] 郭新玲. 侧凹(侧凸)塑料制品的强制脱模注射模设计[J]. 工程塑料应用,2006(7).

[5] 周慧兰,周新建. 正—斜双联齿轮四板注塑模设计[J]. 中国塑料,2010(3).

[6] 陈未峰. 塑料注射模扇叶模具的设计[J]. 塑料制造,2009(11).

[7] 卢险锋. 冲压工艺模具学[M]. 2版. 北京:机械工业出版社,2006.

[8] 佘银柱,赵跃文. 冲压工艺与模具设计[M]. 北京:北京大学出版社,2005.

[9] 陈浩. 车窗玻璃升降器外壳冲压模具设计[J]. 机械管理开发,2009(3).

[10] 杨裕国. 压铸工艺与模具设计[M]. 北京:机械工业出版社,2000.

[11] 王廷和,田福祥. 斜销—齿条—转盘机构径向抽拔多型芯压铸模[J]. 特种铸造及有色合金,2010(1).

[12] 王文清,李魁盛. 铸造工艺学[M]. 北京:机械工业出版社,2002.

[13] 余岩. 工程材料与加工基础[M]. 北京:北京理工大学出版社,2007.

[14] 卢险锋. 冷锻工艺与模具[M]. 北京:机械工业出版社,1999.

[15] 谢昱北. 模具设计与制造[M]. 北京:北京大学出版社,2005.

[16] 程俊伟,李思忠. 空心杆镦锻成型模具设计[J]. 金属铸锻焊技术,2009(7).

[17] 黄毅宏,李明辉. 模具制造工艺[M]. 北京:机械工业出版社,1999.

[18] 李晓红,于启峰,曲郁禅. 关于防磨盖板的简易模具设计[J]. 锅炉制造,2007(2).

[19] 王智,文全兴. 简易U形弯曲模设计[J]. 北华航天工业学院学报,2007(1).

[20] 郭军团. 电动机门部件注射模 CAD/CAE/CAM[J]. 南昌大学,2007(7)